Repetitorium Leichtbau

von
Franz G. Rammerstorfer

R. Oldenbourg Verlag Wien München 1992

Die Deutsche Bibliothek — CIP-Einheitsaufnahme

Rammerstorfer, Franz G.:
Repetitorium Leichtbau / von Franz G. Rammerstorfer. — Wien
; München : Oldenbourg, 1992
ISBN 3-486-22398-4 (München)
ISBN 3-7029-0345-3 (Wien)

Umschlagentwurf: Mendell & Oberer, München
Druck: Druckerei G. Grasl, Bad Vöslau

ISBN 3-7029-0345-3 R. Oldenbourg Verlag Wien
ISBN 3-486-22398-4 R. Oldenbourg Verlag München

Vorwort

Das vorliegende Repetitorium des Leichtbaus hat in erster Linie das Ziel, den Studierenden einen wesentlichen Ausschnitt des Fachgebietes „Leichtbau“ – nämlich vorwiegend Leichtbau-Rechenmethoden – in geraffter Form (auch zur Prüfungsvorbereitung) zur Verfügung zu stellen. Leichtbau-Konstruktionsprinzipien werden hier aus Platzgründen nicht behandelt.

So soll das vorliegende Buch nicht als Lehrbuch des Leichtbaus gesehen werden, denn es wird vorausgesetzt, daß sich der Leser mit dem Stoff in entsprechenden Lehrveranstaltungen (konkret liegt dem Repetitorium die vom Verfasser als zweistündige Pflichtvorlesung für Studierende des Maschinenbaus an der TU Wien gehaltene Vorlesung „Grundzüge des Leichtbaus“ als Ausgangspunkt zugrunde) bereits in bisweilen detaillierterer Form befaßt hat. Aus diesem Grunde wird auf Herleitungen weitgehend verzichtet, und auch Literaturangaben werden nur in einem sehr eingeschränkten Ausmaß (vorwiegend als Quellennachweis) gemacht. Dafür sind erklärende „Merksätze“ und durchdokumentierte Rechenbeispiele sowie eine große Anzahl von typischen Aufgabenstellungen mit Lösungen (im Lösungsteil am Ende des Buches) – dem Charakter eines Repetitorium entsprechend – aufgenommen.

Es wurde bei der Stoffauswahl davon ausgegangen, daß der Leser mit jenen Fachgebieten vertraut ist, deren Kenntnis zum Besuch der Lehrveranstaltungen des Leichtbaues an der TU Wien notwendig sind; d.h. mit Mechanik, einschließlich Festigkeitslehre, mit Werkstoffkunde und Konstruktionslehre und all jenem Fachwissen, das notwendig ist, um übliche Bauteilbemessungen unter monotoner und zyklischer Belastung durchzuführen.

Bei den Leichtbau-Rechenmethoden beschränkt sich das Repetitorium auf jene, die trotz effizienter numerischer Verfahren (die hier nicht behandelt werden, da sie Gegenstand eigener Lehrveranstaltungen sind) in der Ingenieurspraxis Bedeutung haben und deren Kenntnis bisweilen zum Verständnis computerorientierter Methoden und der damit erzielten Ergebnisse als notwendig betrachtet werden können. Da diesem Repetitorium das Lehrveranstaltungsumfeld des Maschinenbaus zugrundeliegt, wurden etliche, dem Leichtbau in gewisser Weise zuzuordnende Gebiete nicht behandelt oder nur gestreift. Dies gilt zum Beispiel auch für die Bauteiloptimierung, die in einer Spezialvorlesung behandelt wird. Auf weitere Spezialgebiete des Leichtbaus, wie z.B. Krafteinleitungsprobleme, wird hier nicht eingegangen, doch es wird empfohlen, sich die vertieften Kenntnisse in weiterführenden Lehrveranstaltungen und durch das Studium vorhandener Literatur anzueignen.

Bei der Aufbereitung der Beispiele und Aufgaben wurden die Annahmen und Daten eher nach didaktischen Aspekten ausgewählt, obgleich viele dieser Beispiele durchaus praktische Relevanz besitzen.

Danken möchte ich meinen Mitarbeitern am Institut für Leichtbau und Flugzeugbau der TU Wien, insbesondere Herrn Dipl.-Ing. Christian Schyr, der in mühevoller Arbeit die Beispiele und Aufgaben durchrechnete und die Druckvorlagen anfertigte sowie Frau Dipl.-Ing. Isabella Skrna-Jakl und Herrn Dipl.-Ing. Thomas Reiter, die wesentlich am Ausarbeiten der Beispiele und Aufgaben beteiligt waren und auch beim Korrekturlesen mithalfen.

Mehrere Beispiele und Aufgaben entstammen der Beispielsammlung meiner ehemaligen Mitarbeiter, vorwiegend der Herren Dr. Konrad Dorninger und Dr. Alois Starlinger, und das Kapitel 4.3 wurde gemeinsam mit Herrn Dipl.-Ing. Karl Erlacher erarbeitet. Einige Diagramme sind diversen Fachbüchern entnommen; ich danke den Verlagen bzw. Autoren dafür, daß sie ihre Zustimmung dazu gaben. Schließlich danke ich dem Oldenbourg-Verlag für die Einladung, dieses Repetitorium zu verfassen und für die beratende Begleitung bei der Erstellung des Manuskriptes.

Den Studierenden des Leichtbaus und all jenen, die dieses Buch vielleicht auch als brauchbares Nachschlagwerk für ihre praktische Tätigkeit benützen, wünsche ich, daß es ihnen eine Hilfe sein möge.

Wien, im Mai 1992 Franz G. Rammerstorfer

Inhalt

1. Einleitung

Leichtbau ist die Lehre vom Gestalten von Bauteilen in der Weise, daß sie – bei Erfüllung der Anforderungen hinsichtlich ihres Einsatzes – möglichst leicht sind.

In vielen maschinenbaulichen Konstruktionen ist Gewichtseinsparung nicht nur aus Kostengründen (geringerer Materialverbrauch) erwünscht, sondern oftmals ist sie auch zielführend bis notwendig – auch um den Preis höherer Herstellungskosten (z.B. durch Verwendung teurerer Hochleistungs-Leichtbauwerkstoffe und kostenintensiverer Bearbeitungsverfahren) – um die Funktion zu gewährleisten (z.B. Luftfahrt, Raumfahrt), die Genauigkeit und Effizienz zu steigern (z.B. Robotik), den Komfort zu erhöhen (z.B. Sportartikel) oder den Einsatz des Produktes ökonomischer zu gestalten (z.B. Fahrzeugbau, Transport- und Lagerwesen).

Moderne Leichtbau-Werkstoffe (vorwiegend Verbundwerkstoffe und Werkstoffverbunde) sowie neuartige Herstellungsverfahren (z.B. in Verbindung mit Integralbauweise), Beschichtungs- und Fügetechniken (z.B. in der Differentialbauweise), verbunden mit genaueren Berechnungsverfahren und Testmethoden erschließen dem Maschinenbau neue Wege der Entwicklung und führen dazu, daß der Leichtbau auch im „klassischen" Maschinenbau mehr und mehr gefragt ist.

Die in den nachfolgenden Aufgaben gestellten Fragen sind zur Einführung in das Fachgebiet gedacht. Die im Lösungsteil dargelegten Antworten sind durchaus ergänzungsbedürftig. Die aus der Beantwortung gewonnenen Erkenntnisse sollen motivieren, sich mit den Folgekapiteln eingehend zu befassen.

Aufgaben zu Kapitel 1:

Aufgabe 1.01: Wo und wann ist geringes Gewicht besonders wesentlich?

Aufgabe 1.02: Welche Mittel oder Maßnahmen stehen zur Gewichtseinsparung zur Verfügung und welchen Einschränkungen unterliegen diese Maßnahmen?

Aufgabe 1.03: Wie groß ist der prozentuelle Rentabilitätsgewinn (ausgedrückt durch Erhöhung der Zuladung), wenn bei einem Flugzeug, das bei einer klassischen Ausführung 50% Zellengewicht, 25% Treibstoffgewicht und 25% Zuladung aufweist, durch den Einsatz von Verbundwerkstoffen der Anteil des Zellengewichtes am Gesamtgewicht von 50% auf 45% – also um 10% – reduziert werden kann – vgl. [15]?

Aufgabe 1.04: Welche Auslegungskriterien sind bei Leichtbaukonstruktionen zu beachten?

Aufgabe 1.05: Welche grundsätzlichen konstruktiven Maßnahmen sind aus der Sicht des Leichtbaues zu beachten?

Aufgabe 1.06: Wie groß ist das Gewichtsverhältnis zweier stabförmiger Zugglieder aus gleichem linear elastischem Material mit konstantem Kreisquerschnitt, wenn Stab 1 kreisbogenförmig gekrümmt ($R = 2,5$ m) und Stab 2 gerade ist, und von jedem der beiden Stäbe eine Zugkraft $F = 20$ N bei gleicher maximaler Axialspannung $\sigma_{zul} = 20$ N/cm^2 von Punkt A zu Punkt B übertragen werden muß. A und B sind voneinander 1 m entfernt. (Berechnung nach Theorie I. Ordnung – vgl. [6])

2. Grundlagen der Spannungsanalyse

2.1 Der Spannungstensor

Der Spannungsvektor (als Kraftdichte) läßt sich ausdrücken durch:

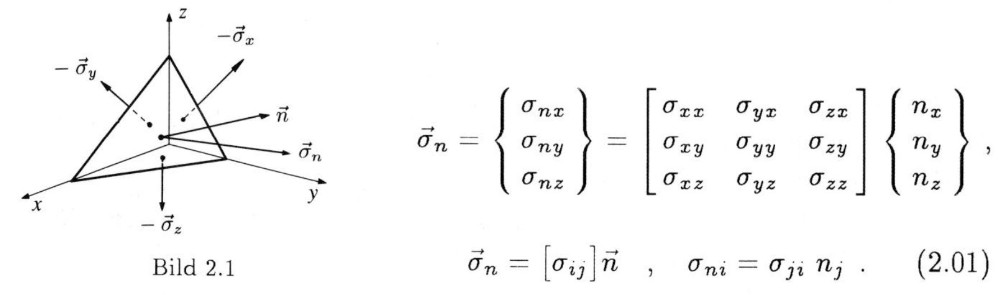

$$\vec{\sigma}_n = \begin{Bmatrix} \sigma_{nx} \\ \sigma_{ny} \\ \sigma_{nz} \end{Bmatrix} = \begin{bmatrix} \sigma_{xx} & \sigma_{yx} & \sigma_{zx} \\ \sigma_{xy} & \sigma_{yy} & \sigma_{zy} \\ \sigma_{xz} & \sigma_{yz} & \sigma_{zz} \end{bmatrix} \begin{Bmatrix} n_x \\ n_y \\ n_z \end{Bmatrix} ,$$

Bild 2.1

$$\vec{\sigma}_n = [\sigma_{ij}]\vec{n} \quad , \quad \sigma_{ni} = \sigma_{ji}\, n_j \ . \qquad (2.01)$$

(2.1) Der *Spannungstensor* $[\sigma_{ij}]$ beschreibt (bei Vorgabe eines raumfesten Koordinatensystems) den *örtlichen Spannungszustand* im Punkt $P(x, y, z)$ eindeutig, während der Spannungsvektor $\vec{\sigma}_n$ in P abhängig ist von der Lage der Bezugsfläche.

(2.2) Die *lokalen Gleichgewichtsbedingungen* lauten (unabhängig vom Materialverhalten):

$$\frac{\partial \sigma_{ji}}{\partial x_j} + k_i = 0 \quad , \quad \sigma_{ij} = \sigma_{ji} \quad , \quad \vec{k} \ \ldots \ \text{Volumskraftdichte} \ . \qquad (2.02)$$

(2.3) Die *Hauptnormalspannungen* werden als die drei Wurzeln der kubischen Gleichung

$$-\sigma^3 + I_1\,\sigma^2 - I_2\,\sigma + I_3 = 0 \qquad (2.03)$$

berechnet. Die Koeffizienten I_1, I_2, I_3 sind die *Invarianten* des Spannungstensors (sie bleiben bei einer Drehung des Koordinatensystems unverändert).

$$I_1 = \sigma_{ii} = \sigma_{xx} + \sigma_{yy} + \sigma_{zz} = \sigma_1 + \sigma_2 + \sigma_3 \ , \qquad (2.04)$$

$$I_2 = \begin{vmatrix} \sigma_{xx} & \sigma_{yx} \\ \sigma_{xy} & \sigma_{yy} \end{vmatrix} + \begin{vmatrix} \sigma_{yy} & \sigma_{zy} \\ \sigma_{yz} & \sigma_{zz} \end{vmatrix} + \begin{vmatrix} \sigma_{xx} & \sigma_{zx} \\ \sigma_{xz} & \sigma_{zz} \end{vmatrix} = \sigma_1\sigma_2 + \sigma_2\sigma_3 + \sigma_3\sigma_1 \ , \qquad (2.05)$$

$$I_3 = \det\,[\sigma_{ij}] = \sigma_1\,\sigma_2\,\sigma_3 \ . \qquad (2.06)$$

(2.4) Die Lage der *Spannungshauptachsen* läßt sich wie folgt berechnen:

Richtung der k-ten Spannungshauptachse:

$$\vec{n}^{(k)} \quad \text{aus} \quad (\sigma_{ij} - \sigma_k\delta_{ij})\, n_j^{(k)} = 0 \quad \text{mit Nebenbedingung} \quad n_j^{(k)} n_j^{(k)} = 1 \ , \qquad (2.07)$$

$$\delta_{ij} \ \ldots \ \text{Kroneckersymbol:} \quad \delta_{ij} = 1 \ \text{für} \ i = j; \quad \delta_{ij} = 0 \ \text{für} \ i \neq j.$$

(2.5) Die Lagen der Flächennormalen für die *Hauptschubspannungen* (Extremwerte der Schubspannungen)

$$\tau_I,\ \tau_{II},\ \tau_{III} \quad \text{mit} \quad \tau_k = \frac{1}{2}(\sigma_i - \sigma_j) \quad \begin{matrix} i,j,k=1,2,3 & (I,II,III) \\ k\neq i\neq j & ,\quad k\neq j \end{matrix} \qquad (2.08)$$

sind 45° gegen die Spannungshauptachsen gedreht.

(2.6) Die Bezugsflächen mit extremalen Schubspannungen *(Hauptschubspannungsachsen)* sind i.a. *nicht normalspannungsfrei*, während die den Spannungshauptachsen zugeordneten Bezugsflächen schubspannungsfrei sind.

Beispiel 2.1: Zugstab mit $\sigma_1 = \sigma_{xx}\ ,\quad \sigma_2 = \sigma_3 = 0$

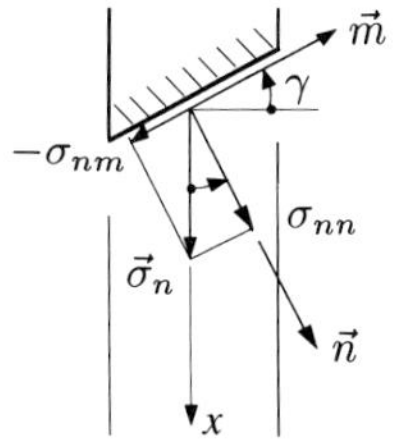

$$\vec{\sigma}_n = \frac{F}{A}\cos\gamma\,\vec{e}_x\ , \qquad |\vec{\sigma}_n| = \frac{F}{A}\cos\gamma\ ,$$

$$-\sigma_{nm} = \tau = \frac{F}{A}\cos\gamma\,\sin\gamma = \frac{1}{2}\frac{F}{A}\sin 2\gamma\ ,$$

$$\tau_{max} \text{ bei } \gamma = \frac{\pi}{4}: \quad \tau = \frac{1}{2}\sigma_{xx} = \sigma_{nn} \neq 0\ .$$

Bild 2.2

Im Leichtbau ist vorwiegend der *ebene Spannungszustand* (ESZ) wichtig; speziell bei dünnwandigen Bauteilen. Vereinfachend wird geschrieben:

$$\sigma_{zi} \equiv 0 \quad {\scriptstyle i=x,y,z}\ ; \quad [\sigma_{ij}] = \begin{bmatrix} \sigma_{xx} & \sigma_{yx} \\ \sigma_{xy} & \sigma_{yy} \end{bmatrix}\ . \tag{2.09}$$

(2.7) Die Hauptachsenlage und die Hauptnormalspannungen werden für den ESZ bei gegebenen σ_{xx}, σ_{yy}, σ_{xy}-Werten wie folgt gewonnen:

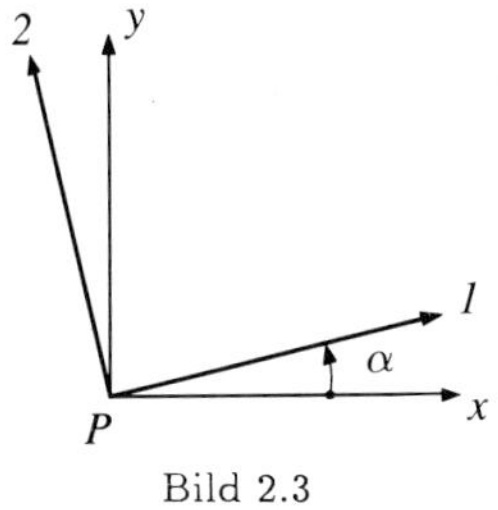

$$\tan 2\alpha_1 = \frac{2\,\sigma_{xy}}{\sigma_{xx} - \sigma_{yy}}\ , \quad \alpha_2 = \alpha_1 + \frac{\pi}{2}\ , \tag{2.10}$$

$$\sigma_{1,2} = \frac{\sigma_{xx} + \sigma_{yy}}{2} \pm \frac{1}{2}\sqrt{(\sigma_{xx} - \sigma_{yy})^2 + 4\,\sigma_{xy}^2}\ . \tag{2.11}$$

Bild 2.3

(2.8) Die allgemeinen Transformationsgleichungen $\sigma_{nn} = \vec{\sigma}_n \cdot \vec{n}\ ,\ \sigma_{nm} = \vec{\sigma}_n \cdot \vec{m}$ lauten für den ebenen Spannungszustand:

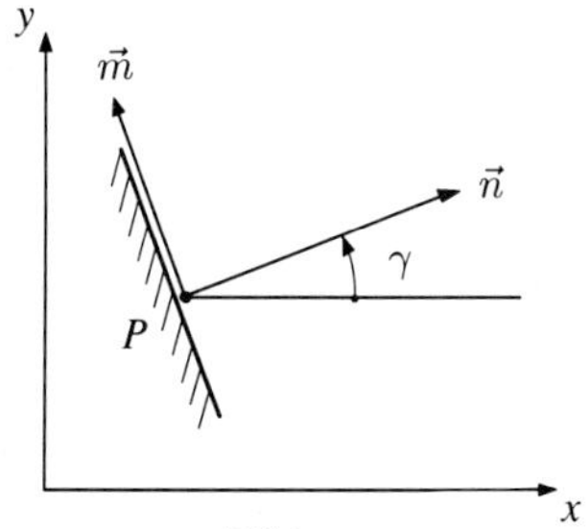

$$\sigma_{nn} = (\sigma) = \frac{\sigma_{xx} + \sigma_{yy}}{2} + \frac{\sigma_{xx} - \sigma_{yy}}{2}\cos 2\gamma + \sigma_{xy}\sin 2\gamma\ , \tag{2.12}$$

$$\sigma_{nm} = (\tau) = -\frac{\sigma_{xx} - \sigma_{yy}}{2}\sin 2\gamma + \sigma_{xy}\cos 2\gamma\ . \tag{2.13}$$

Bild 2.4

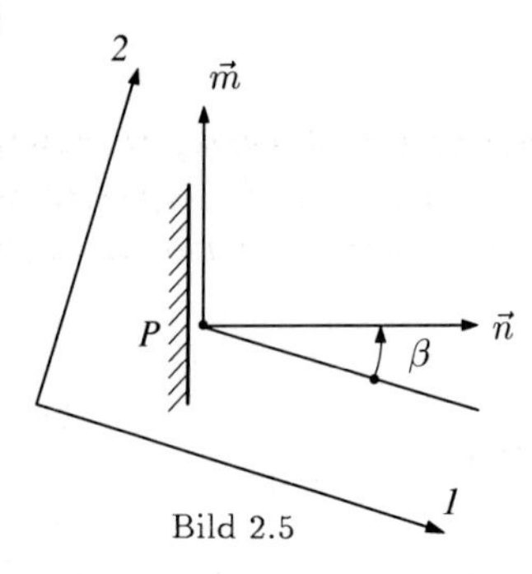

Bild 2.5

Wird speziell x, y zu $1, 2$ gewählt, dann gilt:

$$\sigma_{nn} = \frac{\sigma_1 + \sigma_2}{2} + \frac{\sigma_1 - \sigma_2}{2} \cos 2\beta \ , \tag{2.14}$$

$$\sigma_{nm} = -\frac{\sigma_1 - \sigma_2}{2} \sin 2\beta \ , \tag{2.15}$$

woraus sich der *Mohrsche Spannungskreis* ableitet (Bild 2.6 und 2.7).

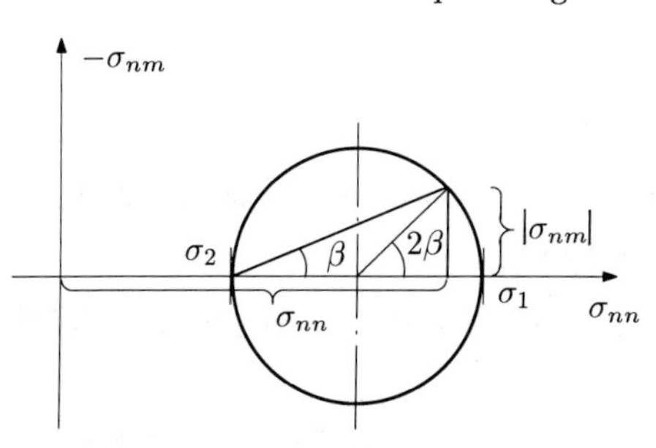

Bild 2.6: Ebener Spannungszustand

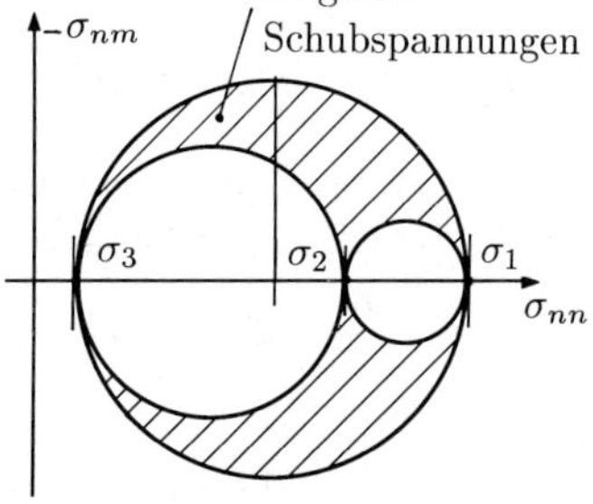

mögliche Schubspannungen

$-\sigma_{nm}$ σ_3 σ_2 σ_1 σ_{nn}

Bild 2.7: Dreiachsige Betrachtung

(2.9) Anmerkung: Der Maximalwert der Schubspannung $\tau_{max,ESZ} = (\sigma_1 - \sigma_2)/2$ ist nicht in jedem Fall die tatsächlich auftretende maximale Schubspannung, da für $\sigma_2 > 0$ wegen $\sigma_3 = 0$ eine maximale Schubspannung $\tau_{max} = (\sigma_1 - \sigma_3)/2 = \sigma_1/2$ in einer Fläche mit einer Flächennormalen, die nicht in der x-y-Ebene liegt, auftritt.

Beispiel 2.2: Man bestimme die Hauptachsenlage und die Größen der Hauptnormalspannungen bei einer „rein auf Schub“ beanspruchten Rechteckscheibe (reines Schubfeld, vgl. Kap. 4.1); siehe Bild 2.8.

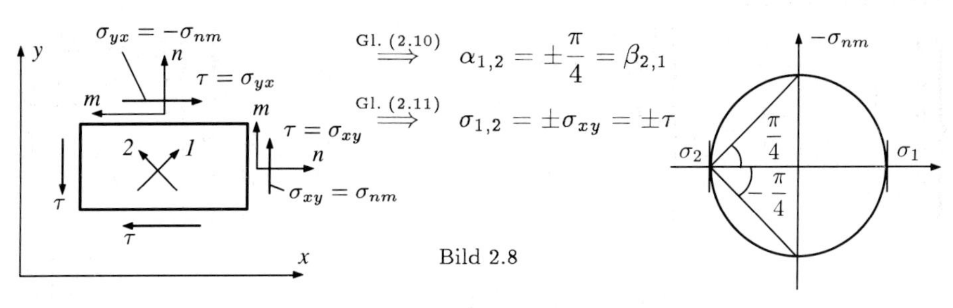

Bild 2.8

2.2 Der Verzerrungstensor

(2.10) Die *linearisierten* Verschiebungs-Verzerrungs-Beziehungen lauten allgemein:

$$\varepsilon_{ij} = \frac{1}{2}\left(\frac{\partial u_i}{\partial x_j} + \frac{\partial u_j}{\partial x_i}\right) \ . \tag{2.16}$$

(2.11) Analog zum Spannungstensor kann ein *Verzerrungstensor* $[\varepsilon_{ij}]$ gebildet werden.

(2.12) Die Verzerrungskomponenten sind nicht voneinander unabhängig; es muß der Materialzusammenhang in jedem Punkt gewährleistet sein, d.h. die Verzerrungen müssen kompatibel sein. Die entsprechenden Verträglichkeitsbedingungen lauten [36]:

$$\begin{aligned} 2\,\frac{\partial^2 \varepsilon_{ij}}{\partial x_i\,\partial x_j} &= \frac{\partial^2 \varepsilon_{ii}}{\partial x_j^2} + \frac{\partial^2 \varepsilon_{jj}}{\partial x_i^2}\ , \\ \frac{\partial^2 \varepsilon_{kk}}{\partial x_i\,\partial x_j} &= \frac{\partial}{\partial x_k}\left(-\frac{\partial \varepsilon_{ij}}{\partial x_k} + \frac{\partial \varepsilon_{jk}}{\partial x_i} + \frac{\partial \varepsilon_{ki}}{\partial x_j}\right) \qquad {\scriptstyle i \neq j \neq k}\ , \end{aligned} \tag{2.17}$$

wobei in diesen Gleichungen die Einsteinsche Summation nicht angewendet werden darf.

2.3 Linearisierte Elastizitätstheorie

(2.13) Unter Annahme homogenen, isotropen, linear elastischen Materialverhaltens und kleiner Verzerrungen gilt (Hookesches Gesetz):

$$\sigma_{ij} = 2G\big(\varepsilon_{ij} + \frac{\nu}{1-2\nu} e \delta_{ij} - \frac{1+\nu}{1-2\nu} \alpha \Delta T \delta_{ij}\big)\ , \quad e = \varepsilon_{kk} = \varepsilon_{xx} + \varepsilon_{yy} + \varepsilon_{zz}\ , \tag{2.18}$$

$$\varepsilon_{ij} = \frac{1}{2G}\big(\sigma_{ij} - \frac{\nu}{1+\nu} 3\, s\, \delta_{ij}\big) + \alpha\, \Delta T\, \delta_{ij}\ , \quad s = \frac{1}{3}\sigma_{kk} = \frac{1}{3}\big(\sigma_{xx} + \sigma_{yy} + \sigma_{zz}\big)\ , \tag{2.19}$$

mit dem aus dem Elastizitätsmodul E und der Poissonschen Konstanten ν zu bildenden Schubmodul G:

$$G = \frac{E}{2\,(1+\nu)}\ , \tag{2.20}$$

α ... linearer Wärmedehnungskoeffizient,

ΔT ... Temperaturdifferenz gegenüber einer Referenztemperatur, bei der der Körper ohne Wärmespannungen ist.

(2.14) In Matrix-Schreibweise lautet das Hookesche Gesetz für den isotropen, linear elastischen Werkstoff:

$$\begin{Bmatrix} \sigma_{xx} \\ \sigma_{yy} \\ \sigma_{zz} \\ \sigma_{xy} \\ \sigma_{yz} \\ \sigma_{zx} \end{Bmatrix} = \frac{E}{(1+\nu)(1-2\nu)} \begin{Bmatrix} 1-\nu & \nu & \nu & & & \\ \nu & 1-\nu & \nu & & \underset{\approx}{\mathbf{0}} & \\ \nu & \nu & 1-\nu & & & \\ & & & \frac{1-2\nu}{2} & 0 & 0 \\ & \underset{\approx}{\mathbf{0}} & & 0 & \frac{1-2\nu}{2} & 0 \\ & & & 0 & 0 & \frac{1-2\nu}{2} \end{Bmatrix} \begin{Bmatrix} \varepsilon_{xx} - \alpha\,\Delta T \\ \varepsilon_{yy} - \alpha\,\Delta T \\ \varepsilon_{zz} - \alpha\,\Delta T \\ \gamma_{xy} \\ \gamma_{yz} \\ \gamma_{zx} \end{Bmatrix} \tag{2.21}$$

$$\text{kurz:} \qquad \underset{\sim}{\sigma} = \underset{\approx}{\mathbf{E}}\left(\underset{\sim}{\varepsilon} - \underset{\sim}{\alpha}\,\Delta T\right)\ . \tag{2.22}$$

Beispiel 2.3: Spezialisierung des Hookeschen Gesetzes für den ESZ bei isotropem Materialverhalten im isothermen Zustand:

Für den ESZ gilt: $\sigma_{zz} = \sigma_{zx} = \sigma_{zy} = 0$, damit folgt aus Gl. (2.18):

$$\sigma_{ij} = 2\,G\Big(\varepsilon_{ij} + \frac{\nu}{1-\nu}\big(\varepsilon_{xx} + \varepsilon_{yy}\big)\delta_{ij}\Big) \quad {\scriptstyle i,j \neq z}\ ; \text{ also:}$$

$$\begin{aligned}
\sigma_{xx} &= 2\,G\left(\varepsilon_{xx} + \frac{\nu}{1-\nu}\big(\varepsilon_{xx}+\varepsilon_{yy}\big)\right) , \\
\sigma_{yy} &= 2\,G\left(\varepsilon_{yy} + \frac{\nu}{1-\nu}\big(\varepsilon_{xx}+\varepsilon_{yy}\big)\right) , \\
\sigma_{xy} &= 2\,G\,\varepsilon_{xy} = G\,\gamma_{xy} .
\end{aligned} \tag{2.23}$$

Beispiel 2.4: Bestimmung des ESZ an der unbelasteten Oberfläche eines Körpers über eine 45°-DMS-Rosette (siehe Bild 2.9) bei folgenden Daten:

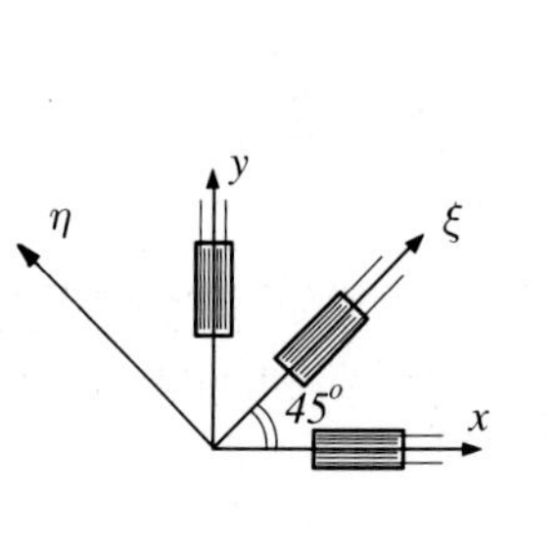

Bild 2.9

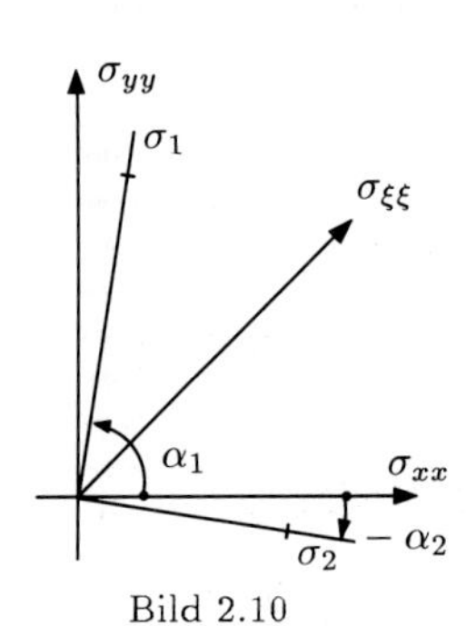

Bild 2.10

Aus der Messung: $\varepsilon_{xx} = 2,27 \cdot 10^{-5}$, $\varepsilon_{yy} = 5,73 \cdot 10^{-5}$, $\varepsilon_{\xi\xi} = 5,00 \cdot 10^{-5}$; Material: $E = 2,0601 \cdot 10^5\ \mathrm{N/mm^2}$, $\nu = 0,3$. Die Transformationsgleichung für den Verzerrungstensor analog zu (2.8) lautet:

$$\varepsilon_{\xi\xi} = \left\{ \left[\varepsilon_{ij}\right] \cdot \vec{n}_\xi \right\} \cdot \vec{n}_\xi = \varepsilon_{xx}\, n_x^2 + 2\,\varepsilon_{xy}\, n_x\, n_y + \varepsilon_{yy}\, n_y^2 .$$

Mit
$$\vec{n}_\xi = \begin{pmatrix} \cos\alpha \\ \sin\alpha \end{pmatrix} = \begin{pmatrix} \frac{1}{\sqrt{2}} \\ \frac{1}{\sqrt{2}} \end{pmatrix}$$

folgt aus der vorigen Beziehung

$$\varepsilon_{xy} = \varepsilon_{\xi\xi} - \frac{1}{2}\big(\varepsilon_{xx} + \varepsilon_{yy}\big) = 1,0 \cdot 10^{-5} .$$

$$\overset{\text{Gl.(2.20) und (2.23)}}{\Longrightarrow} \quad \begin{aligned}
\sigma_{xx} &= \frac{E}{1-\nu^2}\big(\varepsilon_{xx} + \nu\,\varepsilon_{yy}\big) &&= 9,03\ \mathrm{N/mm^2} , \\
\sigma_{yy} &= \frac{E}{1-\nu^2}\big(\varepsilon_{yy} + \nu\,\varepsilon_{xx}\big) &&= 14,51\ \mathrm{N/mm^2} , \\
\sigma_{xy} &= 2\,G\,\varepsilon_{xy} &&= 1,58\ \mathrm{N/mm^2} .
\end{aligned}$$

Die Hauptnormalspannungen ergeben sich mit Gl. (2.11) zu $\sigma_1 = 14,93\ \mathrm{N/mm^2}$ und $\sigma_2 = 8,61\ \mathrm{N/mm^2}$, die Hauptschubspannung folgt mit (2.10) zu

$$\tau_{max} = \frac{1}{2}\,(\sigma_1 - \sigma_3) = 7,47\ \mathrm{N/mm^2} .$$

Die Richtungen der Spannungshauptachsen folgen mit Gl. (2.10) zu $\alpha_1 = 75,01°$, $\alpha_2 = -14,99°$, welche im Bild 2.10 eingetragen sind.

Beispiel 2.5: Welche Normalspannungen σ_{yy} treten in einem querdehnungsbehinderten, gezogenen Plattenstreifen (siehe Bild 2.11) auf?

σ_{xx} aufgebracht, $\varepsilon_{yy} = 0$ (vollständig behinderte Querdehnung), $\sigma_{xy} = 0$ (Symmetrie) $\Longrightarrow$ $\varepsilon_{xy} = 0$;

$$\overset{\text{Gl. (2.23)}}{\Longrightarrow} \quad \begin{aligned} \sigma_{yy} &= 2\,G\left(0 + \frac{\nu}{1-\nu}\,\varepsilon_{xx}\right)\,, \\ \sigma_{xx} &= 2\,G\left(\varepsilon_{xx} + \frac{\nu}{1-\nu}\,\varepsilon_{xx}\right)\,; \end{aligned} \quad \Longrightarrow \quad \begin{aligned} \varepsilon_{xx} &= \sigma_{xx}\,\frac{1-\nu^2}{E}\,, \\ \sigma_{yy} &= \nu\,\sigma_{xx}\,. \end{aligned}$$

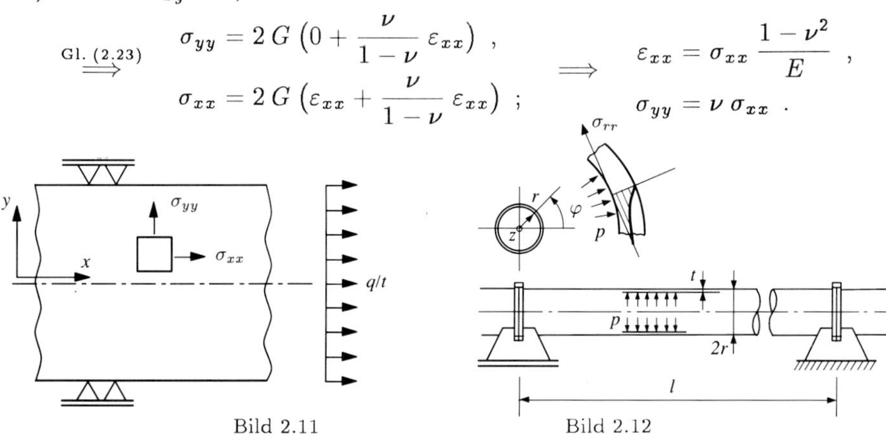

Bild 2.11 Bild 2.12

Beispiel 2.6: Wie groß ist die Gleitlagerbewegung einer Druckrohrleitung (Bild 2.12) bei unbehinderter Axialdehnung, wenn der innere Überdruck von 0 auf p ansteigt und die „Deckelkräfte" zufolge des Innendruckes im betrachteten Rohrstück nicht wirksam sind ($\sigma_{zz} \equiv 0$)? (Näherung durch reinen Membranspannungszustand)

$$2\,\sigma_{\varphi\varphi}\,t - p\,2\,r = 0 \quad \Longrightarrow \quad \sigma_{\varphi\varphi} = \frac{p\,r}{t}\,,$$

$$\sigma_{rr}|_{r_i} = -p \ll \sigma_{\varphi\varphi} \;\text{ für }\; \frac{r}{t} \gg 1\,, \quad \sigma_{rr}|_{r_a} = 0\,; \quad \Longrightarrow \quad \sigma_{rr} \approx 0\,, \text{ also ESZ}\,.$$

$$\varepsilon_{\varphi\varphi} = \frac{u}{r} = \frac{\sigma_{\varphi\varphi}}{E} \quad \Longrightarrow \quad \text{Aufweitung } r^* = r + u\,.$$

Verkürzung der Rohrleitung zufolge Innendruck (Poisson-Effekt):

$$\varepsilon_{zz} = \frac{1}{E}\Big(\sigma_{zz} - \nu\big(\sigma_{rr} + \sigma_{\varphi\varphi}\big)\Big) = -\frac{\nu}{E}\,\sigma_{\varphi\varphi} = -\frac{p\,r\,\nu}{E\,t}\,,$$

$$\varepsilon_{zz} = \frac{\partial w}{\partial z} = \text{konst.} \quad \Longrightarrow \quad \Delta l = \int_0^l \varepsilon_{zz}\,dz = \varepsilon_{zz}\,l = -\frac{p\,r\,\nu}{E\,t}\,l\,.$$

$$\text{Z.B.:}\quad \begin{aligned} l &= 200\text{ m} & p &= 40\text{ bar} = 4\text{ N/mm}^2 \\ r &= 750\text{ mm} & E &= 2{,}1\cdot 10^5\text{ N/mm}^2 \\ \nu &= 0{,}3 & t &= 20\text{ mm} \end{aligned} \quad \Longrightarrow \quad \begin{aligned} \sigma_{\varphi\varphi} &= 150\text{ N/mm}^2 \\ \Delta l &= 42{,}8\text{ mm} \end{aligned}$$

(2.15) Bei orthotropem, linear elastischem Materialverhalten (z.B. in den Einzelschichten von Faserverbund-Schalen; vgl. Kap. 3.2.2) ist die Lage der (materialabhängigen) Orthotropieachsen gegenüber dem gewählten Koordinatensystem bei der Formulierung des Werkstoffgesetzes zu berücksichtigen.

Wird z.B. für den ESZ als Bezugssystem speziell das System der Orthotropieachsen (l, q) gewählt, dann gilt:

$$\begin{Bmatrix} \sigma_l \\ \sigma_q \\ \sigma_{lq} \end{Bmatrix} = \begin{Bmatrix} \frac{E_l}{1-\nu_{lq}\nu_{ql}} & \frac{\nu_{ql}E_l}{1-\nu_{lq}\nu_{ql}} & 0 \\ \frac{\nu_{lq}E_q}{1-\nu_{lq}\nu_{ql}} & \frac{E_q}{1-\nu_{lq}\nu_{ql}} & 0 \\ 0 & 0 & G_{lq} \end{Bmatrix} \begin{Bmatrix} \varepsilon_l - \alpha_l \,\Delta T \\ \varepsilon_q - \alpha_q \,\Delta T \\ \gamma_{lq} \end{Bmatrix} \tag{2.24}$$

mit der Nebenbedingung $\nu_{lq}\, E_q = \nu_{ql}\, E_l$, wobei $\nu_{lq} = -\frac{\varepsilon_q}{\varepsilon_l}$ bei einachsiger σ_l-Belastung.

(2.16) Für die *Verzerrungs- bzw. Ergänzungsenergie* gilt unter Berücksichtigung von Wärmespannungen:

$$U = G \int_V \Big[\frac{1-\nu}{1-2\nu} e^2 - 2\big(\varepsilon_{xx}\varepsilon_{yy} + \varepsilon_{yy}\varepsilon_{zz} + \varepsilon_{zz}\varepsilon_{xx}\big) + $$

$$+ \frac{1}{2}\big(\gamma_{xy}^2 + \gamma_{yz}^2 + \gamma_{zx}^2\big) - \frac{2\,(1+\nu)}{1-2\nu}\alpha\,\Delta T\, e\Big] dV \tag{2.25}$$

$$U^* = \frac{1}{4G} \int_V \Big[\frac{(3s)^2}{1+\nu} - 2\big(\sigma_{xx}\sigma_{yy} + \sigma_{yy}\sigma_{zz} + \sigma_{zz}\sigma_{xx}\big) + $$

$$+ 2\big(\sigma_{xy}^2 + \sigma_{yz}^2 + \sigma_{zx}^2\big) + \alpha\,\Delta T\,(3s)\Big] dV \quad . \tag{2.26}$$

2.4 Die Airysche Spannungsfunktion

(2.17) Aus den Gleichgewichtsbedingungen Gl. (2.02), dem Hookeschen Gesetz Gl. (2.19) und den Verträglichkeitsbedingungen Gl. (2.17) lassen sich für Spannungsfunktionen $F(x, y)$ (aus deren Ableitungen die Spannungskomponenten bestimmbar sind) Bestimmungsgleichungen herleiten:

$$\sigma_{xx} = \frac{\partial^2 F}{\partial y^2} \quad , \quad \sigma_{yy} = \frac{\partial^2 F}{\partial x^2} \quad , \quad \tau_{xy} = -\frac{\partial^2 F}{\partial y\, \partial x} \quad , \tag{2.27}$$

$$\Delta\Delta F = \frac{\partial^4 F}{\partial x^4} + 2\,\frac{\partial^4 F}{\partial x^2\, \partial y^2} + \frac{\partial F}{\partial y^4} = 0 \ . \tag{2.28}$$

F wird als *AIRYsche Spannungsfunktion* bezeichnet.

Für ebene Flächentragwerke (Platten, Scheiben) gilt (unter Annahme der Gültigkeit der Kirchhoffschen Hypothese und kleiner Verdrehungen) für einen mit z von der Mittelebene entfernten materiellen Punkt:

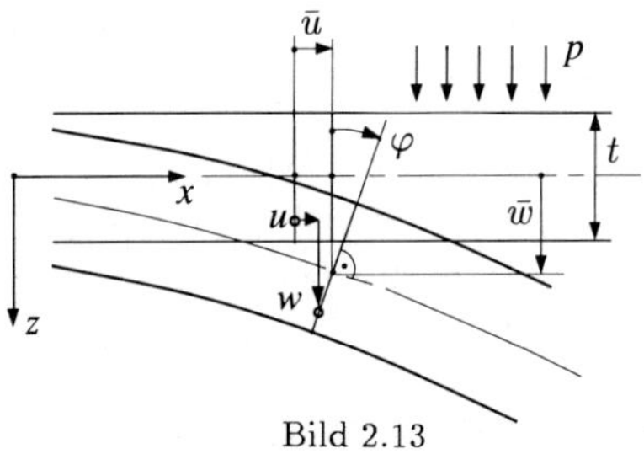

Bild 2.13

$$u = \bar{u} - z\frac{\partial w}{\partial x} = \bar{u} - z\varphi \ ,$$

$$v = \bar{v} - z\frac{\partial w}{\partial y} \ , \tag{2.29}$$

$$w = \bar{w} \ ,$$

woraus sich die Verzerrungen ableiten lassen.

Mit den Schnittgrößen (Spannungsresultanten je Längeneinheit)

$$n_{ij} = \int_{-\frac{t}{2}}^{\frac{t}{2}} \sigma_{ij}\, dz \quad \text{und} \quad m_{ij} = \int_{-\frac{t}{2}}^{\frac{t}{2}} \sigma_{ij}\, z\, dz \ , \tag{2.30}$$

wobei t die Plattendicke bedeutet, läßt sich die *AIRYsche Spannungsfunktion* Φ für die Membranschnittgrößen wie folgt definieren:

$$n_{xx} = \frac{\partial^2 \Phi}{\partial y^2}\,, \quad n_{yy} = \frac{\partial^2 \Phi}{\partial x^2}\,, \quad n_{xy} = -\frac{\partial^2 \Phi}{\partial x\, \partial y}\ . \tag{2.31}$$

Wenn in den Verschiebungs-Verzerrungsbeziehungen Glieder zweiter Ordnung mitberücksichtigt werden:

$$\varepsilon_{xx} = \frac{\partial u}{\partial x} + \frac{1}{2}\left(\frac{\partial w}{\partial x}\right)^2, \quad \varepsilon_{yy} = \frac{\partial v}{\partial y} + \frac{1}{2}\left(\frac{\partial w}{\partial y}\right)^2, \quad \gamma_{xy} = \frac{\partial u}{\partial y} + \frac{\partial v}{\partial x} + \frac{\partial w}{\partial y}\frac{\partial w}{\partial x}\ ,$$

lassen sich nun unter Beachtung der Verträglichkeitsbedingungen – vgl. (2.12) – für isotropes, homogenes, linear elastisches Material die isothermen v. Kármánschen Plattengleichungen herleiten:

$$K\,\Delta\Delta w - \frac{\partial^2 \Phi}{\partial y^2}\frac{\partial^2 w}{\partial x^2} - \frac{\partial^2 \Phi}{\partial x^2}\frac{\partial^2 w}{\partial y^2} + 2\,\frac{\partial^2 \Phi}{\partial y\,\partial x}\,\frac{\partial^2 w}{\partial x\,\partial y} = p\ , \tag{2.32}$$

$$\Delta\Delta\,\Phi = E\,t\left[\left(\frac{\partial^2 w}{\partial x\,\partial y}\right)^2 - \frac{\partial^2 w}{\partial y^2}\,\frac{\partial^2 w}{\partial x^2}\right]\ ; \tag{2.33}$$

K ... Plattenbiegesteifigkeit $\frac{E\,t^3}{12\,(1-\nu^2)}$, p ... Plattenflächenbelastung.

Die Gl. (2.32) berücksichtigt den Einfluß der Membrankräfte auf die Durchbiegung (wir werden sie auch bei der Behandlung des Plattenbeulens im Kapitel 6.4 verwenden), und in Gl. (2.33) wird die Ausbildung von Membrankräften zufolge Durchbiegung mitberücksichtigt.

(2.18) Für den Spezialfall reiner Scheibenprobleme ($p \equiv 0$, $w \equiv 0$) bleibt von der Bipotentialgleichung (2.33) die „Scheibengleichung“

$$\Delta\Delta\Phi = 0 \tag{2.34}$$

als Bestimmungsgleichung für die Airysche Spannungsfunktion.

(2.19) Airysche Spannungsfunktionen für Scheibenprobleme müssen die Bipotentialgleichung erfüllen, und die mittels Gl. (2.31) aus Φ ermittelten Schnittkräfte und Verschiebungen müssen den Randbedingungen (zumindest „im Mittel“) genügen.

Beispiel 2.7: Eine auskragende Rechteckscheibe der Dicke t und der Breite $2h$ wird auf einer Längskante durch eine konstante Streckenlast q belastet (siehe Bild 2.14). Es sollen die Scheibenschnittkräfte $n_{ij}(x,y)$ berechnet und die Ergebnisse mit jenen verglichen werden, die sich bei der Behandlung des Problems als Kragbalken ergeben.

Der folgende Potenzreihenansatz für die Airysche Spannungsfunktion

$$\Phi = a_{ik}\, x^i\, y^k\,, \quad \text{speziell:}\ \Phi = ax^2 + bx^2y + cx^2y^3 + dy^3 + ey^5 \tag{2.35}$$

erfüllt bei spezieller Wahl der Koeffizienten $a \ldots e$ die Bipotentialgleichung (2.34) und soll die folgenden Randbedingungen möglichst exakt erfüllen; vgl. [4]:

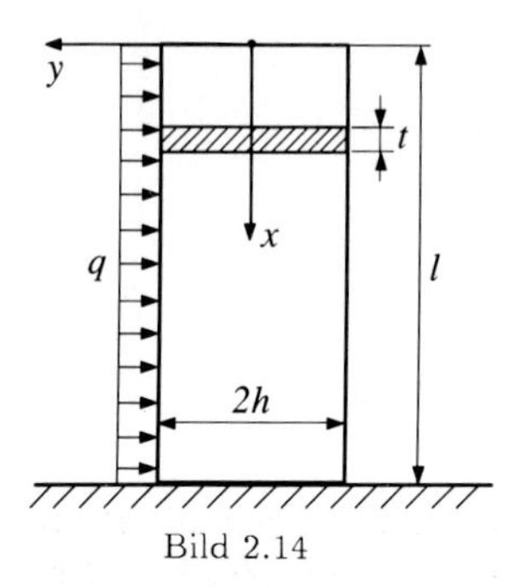

Bild 2.14

$$x = 0: \quad n_{xx}(0,y) \equiv 0\,, \quad n_{xy}(0,y) \equiv 0 \tag{2.36}$$

$$x = l: \quad u(l,y) \equiv 0\,, \quad v(l,y) \equiv 0 \tag{2.37}$$

$$y = h: \quad n_{yy}(x,h) \equiv -q\,, \quad n_{xy}(x,h) \equiv 0 \tag{2.38}$$

$$y = -h: \quad n_{yy}(x,-h) \equiv 0\,, \quad n_{xy}(x,-h) \equiv 0 \tag{2.39}$$

Aus Gl. (2.35) folgt mit Gl. (2.31):

$$n_{xx} = 6\,c\,x^2\,y + 6\,d\,y + 20\,e\,y^3\,,\ n_{yy} = 2\,a + 2\,b\,y + 2\,c\,y^3\,,\ n_{xy} = -2\,b\,x - 6\,c\,x\,y^2\,. \tag{2.40}$$

Wegen Gl. (2.34) muß gelten: $$c + 5\,e = 0\,. \tag{2.41}$$

Aus Gl. (2.38) folgt: $$2\left(a + b\,h + c\,h^3\right) = -q\,, \quad -b - 3\,c\,h^2 = 0\,, \tag{2.42}$$

und wegen Gl. (2.39a) gilt: $$a - b\,h - c\,h^3 = 0\,, \tag{2.43}$$

wobei die Gl. (2.39b) keine neue Information liefert, siehe Gl. (2.42b). Aus Gl. (2.41) bis (2.43) folgen a, b, c und e zu:

$$a = -\frac{q}{4}\,, \quad b = -\frac{3\,q}{8\,h}\,, \quad c = \frac{q}{8\,h^3}\,, \quad e = -\frac{q}{40\,h^3}\,. \tag{2.44}$$

Für die Bestimmung von d stehen noch vier Gleichungen (2.36, 2.37) zur Verfügung, die offenkundig durch den Ansatz Gl. (2.35) nicht alle exakt erfüllt werden können, d.h. Gl. (2.35) stellt nur einen Näherungsansatz dar. Die Randbedingung Gl. (2.36b) ist wegen Gl. (2.40c) automatisch erfüllt; Gl. (2.36a) soll wenigstens „im Mittel" erfüllt werden:

$$\int_{-h}^{h} n_{xx}\,(0,y)\,dy = \int_{-h}^{h} (6\,d\,y - \frac{q}{2\,h^3}\,y^3)\,dy = 0\,. \tag{2.45}$$

Diese Bedingung, die dem Verschwinden einer resultierenden Längskraft entspricht, ist für jedes d erfüllt, und es kann also auch gefordert werden, daß das resultierende Moment (als „gewichtetes Mittel") verschwinden muß:

$$\int_{-h}^{h} n_{xx}(0,y)\,y\,dy = \int_{-h}^{h} (6\,d\,y^2 - \frac{q}{2\,h^3}\,y^4)\,dy = 4\,d\,h^3 - \frac{q\,h^2}{5} = 0\,, \tag{2.46}$$

woraus folgt: $$d = \frac{q}{20\,h}\,. \tag{2.47}$$

Schließlich sind die Membran-Schnittkräfte bestimmt:

$$
\begin{aligned}
n_{xx} &= \frac{q}{4h^3}\left(3x^2y - 2y^3 + \frac{6}{5}h^2y\right) \ , \quad n_{yy} = \frac{q}{4h^3}\left(y^3 - 3h^2y - 2h^3\right) \ , \\
n_{xy} &= \frac{3q}{4h^3}\, x\left(h^2 - y^2\right) \ .
\end{aligned}
\tag{2.48}
$$

Nach der Bernoulli-Euler-Biegetheorie ergäbe sich für den Kragbalken:

$$
\begin{aligned}
n_{xx} &= -\frac{M_z\, t}{J_z}\, y = \frac{q\frac{x^2}{2}t}{t\,\frac{(2h)^3}{12}}\, y = \frac{3q}{4h^3}\, x^2 y \quad , \quad n_{yy} = 0 \ , \\
n_{xy} &= \frac{Q_y\, S_z(y)}{J_z} = \frac{q\,x\,\frac{(h+y)(h-y)}{2}\,t}{t\,\frac{(2h)^3}{12}} = \frac{3\,q\,x}{4h^3}\left(h^2 - y^2\right) \ .
\end{aligned}
\tag{2.49}
$$

Der Vergleich zwischen Gl. (2.48) und (2.49) zeigt, daß die Schubmembrankräfte exakt übereinstimmen, die Normalkräfte n_{yy} durch die Balkenlösung aber gar nicht erfaßt werden und die Normalkräfte n_{xx} für $x \gg h$ aus der Scheibenlösung mehr und mehr in die Balkenlösung übergehen. Weitere Anwendungen der Airyschen Spannungsfunktion sind in Kapitel 4.3 enthalten.

2.5 Grundzüge der klassischen Plastizitätstheorie

Der Leichtbau erfordert in speziellen Situationen auch eine Materialausnutzung über den rein elastischen Bereich hinaus. Deshalb sind im folgenden einige Aspekte der klassischen Plastizitätstheorie zusammengefaßt.

2.5.1 Beschreibung des Materialverhaltens durch den einachsigen Zugversuch

Für den Referenzzustand wird in der klassischen Plastizitätstheorie auch auf das Materialverhalten bei einachsiger Beanspruchung zurückgegriffen.

- Elasto-plastisches Material (σ-ε-Diagramm):

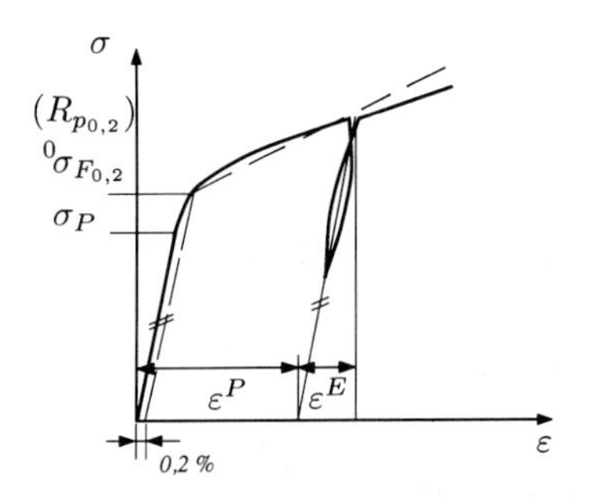

Bild 2.15: keine ausgeprägte Streckgrenze

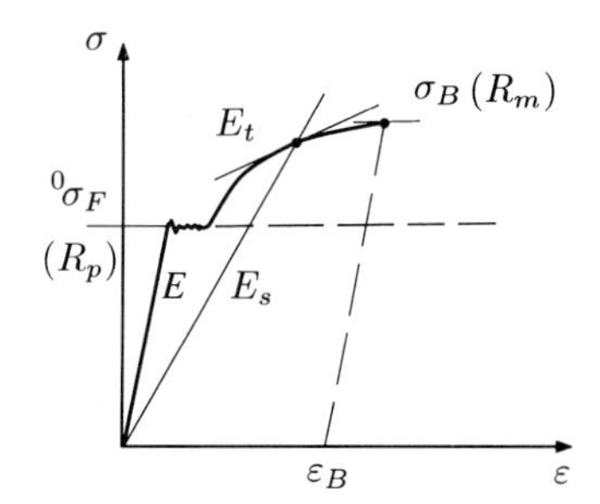

Bild 2.16: ausgeprägte Streckgrenze

(2.20) Verfestigung: $\sigma_F = \sigma_F(\varepsilon^P, \ldots)$

(2.21) Es ist oft sinnvoll, das σ-ε-Verhalten näherungsweise analytisch zu beschreiben; eine Möglichkeit stellt die Ramberg-Osgood-Formel für Werkstoffe mit nicht ausgeprägter Streckgrenze (z.B. Aluminium) dar:

$$\varepsilon = \varepsilon^E + \varepsilon^P = \frac{\sigma}{E} + \left(\frac{\sigma}{B}\right)^n \tag{2.50}$$

B, n werden durch Vorgabe der $\sigma_{0,2}$ - Fließgrenze und z.B. E_t bei bestimmten σ, bzw. σ bei $E_s = 0,7E$ $\left(\sigma_{0,7}\right)$ ermittelt.

2.5.2 Die Bedeutung des Tangenten- und Sekantenmoduls – Stabilitätsverlust im überelastischen Bereich

(2.22) Aus dem σ-ε-Diagramm oder aus den Parametern der Ramberg-Osgood-Formel lassen sich folgende Moduli bestimmen:

Tangentenmodul $E_t = \dfrac{d\sigma}{d\varepsilon}$

Verfestigungsmodul $E_p = \dfrac{d\sigma}{d\varepsilon^p} = \dfrac{EE_t}{E - E_t}$

Sekantenmodul $E_s = \frac{\sigma}{\varepsilon}$

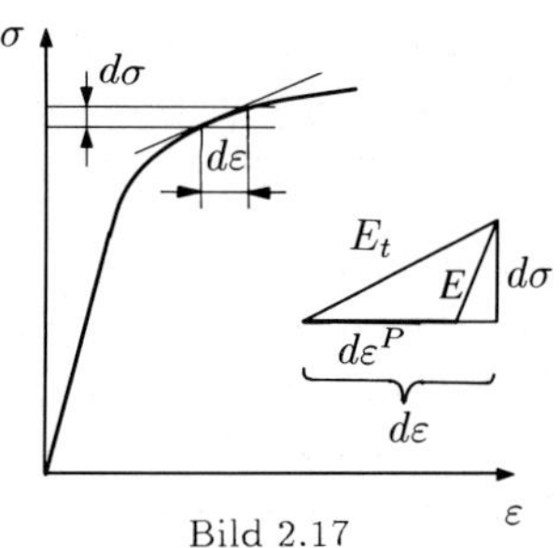

Bild 2.17

(2.23) Der *Tangentenmodul* gibt Aufschluß über das augenblickliche Materialverhalten hinsichtlich der *inkrementellen Steifigkeit*, während der *Sekantenmodul* das augenblickliche Verhalten hinsichtlich der *globalen Steifigkeit* charakterisiert.

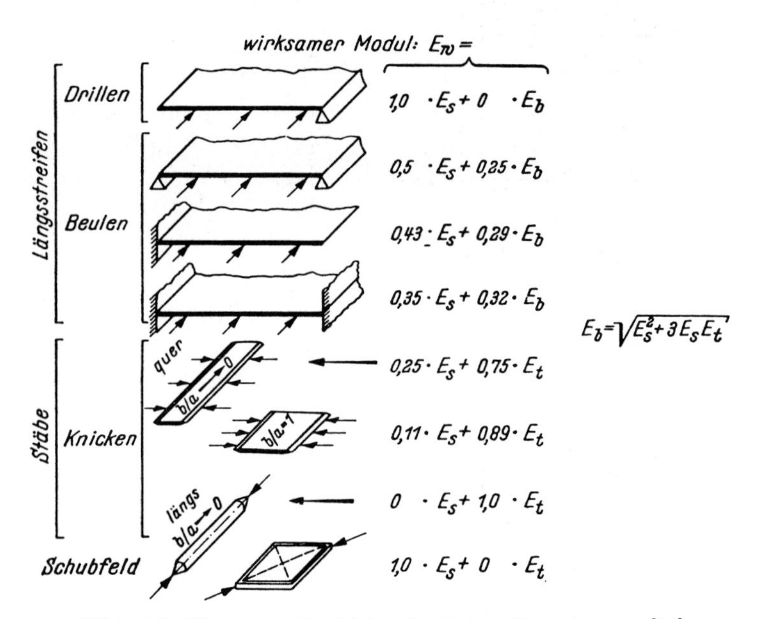

Bild 2.18: Wirksamer Modul im plastischen Bereich – aus [10]

(2.24) Bei „homogenen“ Spannungszuständen läßt sich mit Hilfe dieser Moduli ein *wirksamer Modul* ermitteln, der zur *Abschätzung der Stabilitätsgrenze bei überelastischen Grundspannungszuständen* herangezogen werden kann. Im Bild 2.18 sind für Standard-Leichtbaukomponenten Formeln zur Berechnung des wirksamen Moduls angegeben, der anstelle des E-Moduls in die Formeln zur Berechnung der Stabilitätsgrenze (siehe Kapitel 6) einzusetzen ist, um auch im Falle überelastischer Grundspannungszustände den Stabilitätsverlust abschätzen zu können.

Die Beziehungen im Bild 2.18 liefern i.a. konservative Abschätzungen für E_w, insbesondere gilt dies für die auf Engesser (vgl. [4]) zurückgehende Annahme $E_w = E_t$ für das überelastische Stabknicken. Eine genauere Beziehung wird im folgenden Beispiel hergeleitet.

Beispiel 2.8: Bestimmung des wirksamen Moduls für das überelastische Knicken eines Stabes mit symmetrischem Querschnitt (Es wird das Knicken in Richtung der Symmetrieachse betrachtet):

Der triviale Spannungszustand aus der Längsdruckkraft $\sigma^P = -\frac{P}{A}$ (mit σ wird hier σ_{xx} und mit ε wird ε_{xx} bezeichnet) wird beim Auftreten eines nichttrivialen (d.h. ausknickenden) Verformungszustandes entsprechend Bild 2.19 gestört, und zwar so, daß in Querschnittsteil a sofort elastische Entlastung auftritt und im Querschnittsteil b das Plastifizieren voranschreitet.

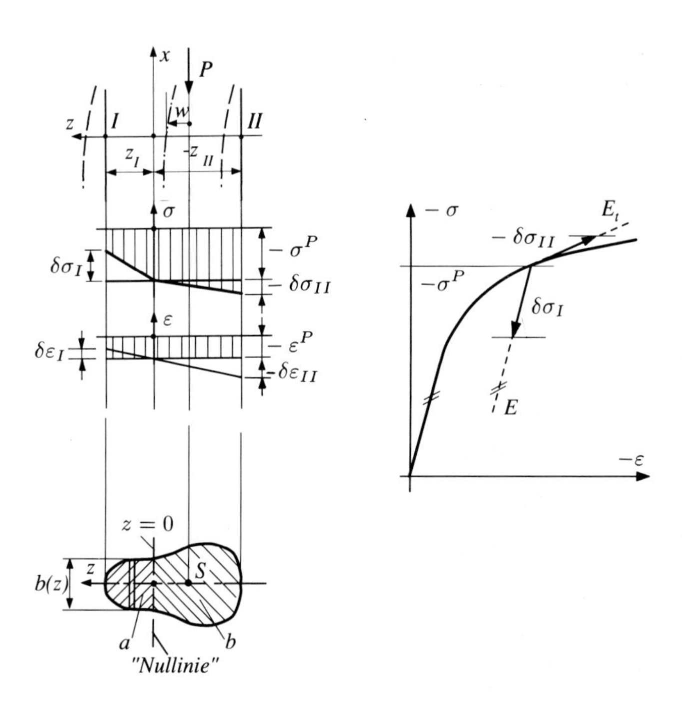

Bild 2.19: Überelastisches Stabknicken

Bei Annahme der Gültigkeit der Bernoulli-Hypothese gilt:

$$\frac{\delta\varepsilon_I}{z_I} = \frac{\delta\varepsilon_{II}}{z_{II}} = -w'' \ . \tag{2.51}$$

Da der Beginn des Ausknickens (d.h. Zustände am Verzweigungspunkt) für die Betrachtung maßgeblich sind, kann $\delta\sigma$ im gesamten Bereich a mit E und im gesamten Bereich b mit E_t bestimmt werden, woraus folgt, daß $\delta\sigma$ in beiden Teilbereichen linear veränderlich ist:

$$\delta\sigma^{(a)} = \delta\sigma_I \frac{z}{z_I} = E \frac{\delta\varepsilon_I}{z_I} z \ , \quad \delta\sigma^{(b)} = \delta\sigma_{II} \frac{z}{z_{II}} = E_t \frac{\delta\varepsilon_{II}}{z_{II}} z \ . \tag{2.52}$$

Da das Gleichgewicht bezüglich der axialen Kräfte über σ^P hergestellt ist, muß gelten

$$\delta F_x = 0 \quad \Longrightarrow \quad \int\limits_{z_{II}}^{z_I} \delta\sigma \, b(z) \, dz = 0 \tag{2.53}$$

$$\overset{\text{Gl. (2.51)}}{\Longrightarrow} \quad E \int\limits_0^{z_I} b(z) \, z \, dz = E_t \int\limits_0^{z_{II}} b(z) \, z \, dz \ . \tag{2.54}$$

Mit den – für beide Bereiche a und b hier positiv definierten – statischen Momenten

$$S_a = \left| \int\limits_0^{z_I} b(z) \, z \, dz \right| \quad \text{und} \quad S_b = \left| \int\limits_0^{z_{II}} b(z) \, z \, dz \right| \tag{2.55}$$

gilt also:

$$E \, S_a = E_t \, S_b \ , \tag{2.56}$$

woraus die bislang unbekannte Lage der „Nullinie“ $(z = 0)$ folgt. Das resultierende Biegemoment der Spannungverteilung im ausgelenkten Zustand lautet unter Beachtung von Gl. (2.52):

$$M = \int\limits_{z_{II}}^{z_I} \delta\sigma \, b(z) \, z \, dz = \frac{\delta\varepsilon_I}{z_I} E \int\limits_0^{z_I} b(z) \, z^2 \, dz + \frac{\delta\varepsilon_{II}}{z_{II}} E_t \int\limits_{z_{II}}^{0} b(z) \, z^2 \, dz \ . \tag{2.57}$$

Mit dem auf die „Nullinie“ bezogenen Flächenträgheitsmoment der Teilflächen

$$J_a = \int\limits_0^{z_I} b(z) \, z^2 \, dz \quad \text{und} \quad J_b = \int\limits_{z_{II}}^{0} b(z) \, z^2 \, dz \tag{2.58}$$

und Gl. (2.51) gilt:

$$M = -w'' \left(E \, J_a + E_t \, J_b \right) \ . \tag{2.59}$$

Wird mit $E_w = \dfrac{E \, J_a + E_t \, J_b}{J}$, J bezogen auf die Schwerachse, (2.60)

der wirksame Modul eingeführt, so erhalten wir für den überelastischen, längsdruckbelasteten Stab schließlich aus Gl. (2.59) die Differentialgleichung

$$w'' + \frac{P}{E_w \, J} w = 0 \ , \tag{2.61}$$

die sich von jener Differtialgleichung, die Ausgangspunkt für das Knicken des Stabes ist, nur durch E_w anstelle von E unterscheidet (vgl. Kap. 6.2.2). Setzt man nun in Gl. (2.60) die Beziehungen für einen Rechteckquerschnitt ein, so folgt

$$E_w = \frac{4\,E\,E_t}{\left(\sqrt{E}+\sqrt{E_t}\right)^2} \quad . \tag{2.62}$$

Für einen extremen I-Querschnitt (unendlich dünner Steg) ergibt sich

$$E_w = \frac{2\,E\,E_t}{E+E_t} \quad . \tag{2.63}$$

(2.25) In Ergänzung zu den Angaben im Bild 2.18 kann aus einer Vielzahl von Versuchen festgestellt werden, daß für im Leichtbau übliche längsversteifte Platten unter Druck in Steifenrichtung weitgehend unabhängig von der Profilform der Steifen der wirksame Modul durch

$$E_w = 0,5\,\left(E_t + E_s\right)$$

angenähert werden kann.

(2.26) Die Vorgehensweise bei der Ermittlung der Stabilitätsgrenze ist für spezielle Elemente im folgenden beschrieben, wobei hier σ als Druckspannung aufzufassen ist:

Es wird der werkstoff-, bauteil- und beanspruchungsartabhängige Kurvenverlauf $\frac{\sigma}{E_w}(\sigma)$ dargestellt. Für die entsprechende (einachsig beanspruchte) Struktur wird $c = \frac{\sigma^*}{E}$ aus den Knick- oder Beulformeln ausgedrückt, z.B.:

Stab: $c = \left(\frac{\pi}{\lambda_K}\right)^2$, vgl. Gl. (6.17); Platte: $c = k\left(\frac{t}{b}\right)^2$, vgl. Gl. (6.42).

Jene Spannung, bei der $c = \frac{\sigma}{E_w}$ gilt (also der Schnittpunkt zwischen der Horizontalen $y \equiv c$ und der Kurve $y = \frac{\sigma}{E_w}$), liefert die kritische Spannung σ^* (siehe Bild 2.20).

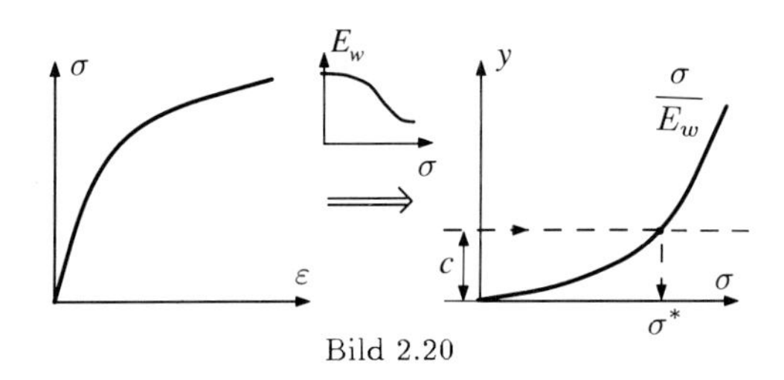

Bild 2.20

Beispiele zur Anwendung dieser Vorgehensweise sind im Kapitel 6 zu finden.

2.5.3 Mehrachsige Spannungszustände

Den folgenden Betrachtungen liegen stark vereinfachende Annahmen zugrunde.

(2.27) Die *Fließbedingung* gibt Aufschluß darüber, ob im betrachteten Körperpunkt ein elastischer oder elasto-plastischer Materialzustand vorliegt.

Jedem Körperpunkt Q kann aufgrund des dort herrschenden Spannungszustandes (beschrieben durch den Spannungstensor $[\sigma_{ij}]^Q$ bzw. in Hauptachsenlage $(\sigma_1, \sigma_2, \sigma_3)^Q$) ein Punkt im „Spannungsraum" zugeordnet werden: S^Q.

Der Spannungsraum kann, wenn die Spannungszustände durch die Hauptnormalspannungen charakterisiert werden, als dreidimensionaler Raum dargestellt werden (siehe Bild 2.21).

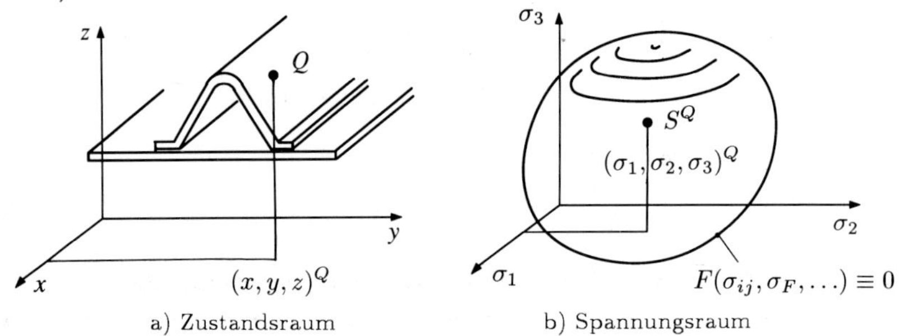

a) Zustandsraum b) Spannungsraum

Bild 2.21

(2.28) Im Spannungsraum stellt die *Fließfläche* eine Begrenzung zwischen rein elastischen (S^Q innerhalb des von der Fließfläche einschlossenen Raumes) und elastoplastischen Spannungszuständen (S^Q auf der Fließfläche) dar.

(2.29) Die Fließfläche ist durch folgende Beziehung beschrieben:

$$F = \bar{\sigma}(\sigma_{ij}, \alpha_{ij}) - \sigma_F(\kappa, \ldots) = 0 \quad . \tag{2.64}$$

(2.30) $\bar{\sigma}$ ist die *Vergleichsspannung*. Sie stellt eine skalare Größe dar, mittels derer der mehrachsige Spannungszustand (Spannungstensor) mit einem einachsigen Zustand *verglichen* werden kann.

(2.31) Für den Punkt Q gilt:

$F^Q < 0$ ... rein *elastischer* Zustand in Q,

$F^Q = 0$ ... *elasto-plastischer* Zustand in Q,

$F^Q > 0$ ... *gibt es nicht* (Spannungszustände außerhalb der Fließfläche gibt es nicht; d.h. elastoplastische Spannungszustände können sich bei Laständerung nur so verändern, daß sie auf der sich bei plastischer Verfestigung vergrößernden bzw. verschiebenden Fließfläche bleiben).

(2.32) Laut der *Gestaltänderungsenergiehypothese nach v. Mises* tritt Fließen dann ein, wenn im betrachteten Körperpunkt die Gestaltänderungsenergiedichte ein „kritisches" Maß erreicht hat.

Die Gestaltänderungsenergiedichte läßt sich aus der Verzerrungsenergiedichte nach Abzug jenes Anteiles, der aus der reinen Volumsänderung herrührt, bestimmen:

$$\frac{\partial U_g^*}{\partial V} = \frac{\partial U^*}{\partial V} - \frac{\partial U_V^*}{\partial V} = \frac{1}{2}\sigma_{ij}\,\varepsilon_{ij} - \frac{3(1-2\nu)}{4(1+\nu)G}\,s^2 \quad . \tag{2.65}$$

(2.33) Aus dem Vergleich mit dem einachsigen Spannungszustand ergibt sich die v. Mises-Vergleichsspannung

$$\bar{\sigma} = \sqrt{\frac{1}{2}\left[\left(\sigma_{xx} - \sigma_{yy}\right)^2 + \left(\sigma_{yy} - \sigma_{zz}\right)^2 + \left(\sigma_{zz} - \sigma_{xx}\right)^2 + 6\left(\sigma_{xy}^2 + \sigma_{yz}^2 + \sigma_{zx}^2\right)\right]} \tag{2.66}$$

$$\text{bzw.} \quad \bar{\sigma} = \sqrt{\frac{3}{2} s_{ij} s_{ij}} = \sqrt{I_1^2 - 3\, I_2} = \sqrt{3\, J_2} \ , \tag{2.67}$$

$$\text{mit} \quad s_{ij} = \sigma_{ij} - s\, \delta_{ij} \ , \qquad s = \frac{1}{3}\sigma_{ij} \ , \qquad J_2 = 3\, s^2 - I_2 \ ;$$

J_2 ... 2. Invariante des Spannungsdeviators $[s_{ij}]$.

(2.34) Speziell gilt für den ESZ:

$$\bar{\sigma} = \sqrt{\sigma_{xx}^2 - \sigma_{xx}\sigma_{yy} + \sigma_{yy}^2 + 3\sigma_{xy}^2} \ . \tag{2.68}$$

(2.35) Laut der *Schubspannungshypothese nach Tresca* tritt Fließen dann ein, wenn an der betrachteten Stelle die größte Hauptschubspannung einen kritischen Wert erreicht hat (der wieder aus dem einachsigen Zugversuch ermittelbar ist). Somit lautet die Vergleichsspannung nach Tresca:

$$\bar{\sigma} = \sigma_1 - \sigma_3 \ , \quad \text{mit} \quad \sigma_1 > \sigma_2 > \sigma_3 \ . \tag{2.69}$$

(2.36) Anmerkung: Beim ESZ darf bei Anwendung obiger Ungleichung die definitionsgemäß Null-gesetzte Hauptnormalspannung normal zur Bezugsebene nicht vergessen werden – siehe auch (2.9)!

(2.37) Veränderung der Fließfläche bei plastischer Verfestigung:

isotrope Verfestigung

$$F\left(\sigma_{ij},\, \kappa\right) = \bar{\sigma}\left(\sigma_{ij}\right) - \sigma_F\left(\kappa\right) = 0$$

κ ... Verfestigungsparameter

kinematische Verfestigung

$$F\left(\sigma_{ij},\, \alpha_{ij}\right) = \bar{\sigma}\left(\sigma_{ij},\, \alpha_{ij}\right) - {}^0\sigma_F = 0$$

$$\bar{\sigma} = \bar{\sigma}\left(\hat{\sigma}_{ij}\right) \qquad \hat{\sigma}_{ij} = \sigma_{ij} - \alpha_{ij}$$

α_{ij} ... Fließflächenverschiebungstensor

(2.38) Da Verfestigungsparameter bzw. Fließflächenverschiebungstensor sich ortsabhängig verändern, wird selbst bei homogenem Material die Fließfläche bei plastischer Verfestigung i.a. *ortsabhängig*!

(2.39) Während durch die Fließbedingung geklärt ist, welcher Materialzustand im betrachteten Punkt vorliegt, soll – im Falle elasto-plastischen Zustandes – durch die *Fließregel* geklärt werden, in welcher „Richtung" die *plastischen* Verzerrungsanteile sich bei einer inkrementellen Veränderung des Spannungszustandes (mit fortschreitender Plastifizierung) verändern.

Für *assoziiertes Fließen* gilt:

$$d\,\varepsilon_{ij}^P = d\mu\, \frac{\partial F}{\partial \sigma_{ij}} \quad \text{mit} \quad d\mu > 0 \ . \tag{2.70}$$

(2.40) Diese als *Normalitätsgesetz* bezeichnete Beziehung besagt, daß das Inkrement der *plastischen* Verzerrungsanteile im Spannungsraum bei koaxialem plastischem Verzerrungsgeschwindigkeitsraum *senkrecht auf die Fließfläche* steht.

Mit dem plastischen *Vergleichsverzerrungsinkrement*

$$d\bar{\varepsilon}^P = \sqrt{\frac{2}{3} d\varepsilon_{ij}^P \, d\varepsilon_{ij}^P} \tag{2.71}$$

läßt sich die *Fließregel* formulieren:

$$d\varepsilon_{ij}^P = d\bar{\varepsilon}^P \frac{\partial \bar{\sigma}}{\partial \sigma_{ij}} \ . \tag{2.72}$$

(2.41) Mit der v. Mises-Vergleichsspannung kann ein inkrementelles plastisches Materialgesetz formuliert werden:

$$d\varepsilon_{ij}^P = \frac{3}{2} \frac{d\bar{\sigma}}{\bar{\sigma} \, E_P} s_{ij} \ . \tag{2.73}$$

Die Anwendung dieser Beziehung setzt voraus, daß

- elasto-plastischer Materialzustand vorliegt: $F = 0$,
- *B*elastung (und somit keine elastische *Ent*lastung) vorliegt: $d\bar{\varepsilon}^P > 0 \ , \ d\bar{\sigma} \geq 0$.

(2.42) Für den Fall elasto-plastischen Materialzustandes und weiterer Belastung gilt als *inkrementelles elasto-plastisches Materialgesetz*:

$$\begin{aligned} d\varepsilon_{ij} &= d\varepsilon_{ij}^E + d\varepsilon_{ij}^P = \frac{1}{2G} \left[d\sigma_{ij} - \frac{\nu}{1+\nu} d\sigma_{kk} \, \delta_{ij} \right] + \frac{3}{2} \frac{d\bar{\sigma}}{\bar{\sigma} E_P} s_{ij} \\ &\text{bei} \quad F = 0, \ \ d\bar{\sigma} > 0 \ . \end{aligned} \tag{2.74}$$

Diese Beziehung heißt „Prandtl-Reuß-Gleichung“. Sie darf i.a. nur inkrementell angewendet und nicht integriert werden (Ausnahme: radiale Belastung bzw. Deformationstheorie).

Beispiel 2.9: Druckbelastete Bohrung in elastisch ideal-plastischem Material unter Annahme eines ebenen Verzerrungszustandes (EVZ):

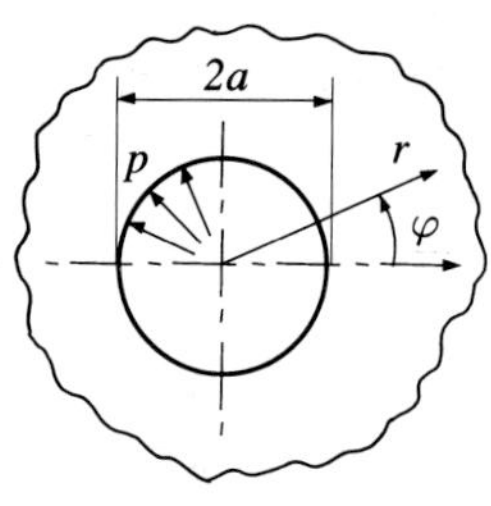

Bild 2.22

Nach Tresca:

$$F = (\sigma_1 - \sigma_3) - \sigma_F \ ,$$

Mit Gl. (2.70) läßt sich leicht zeigen, daß

$$d\varepsilon_1^P + d\varepsilon_2^P + d\varepsilon_3^P = d\mu - d\mu = 0 \ ,$$

also die Volumskonstanz der plastischen Verzerrungen verifiziert ist.

Falls $\sigma_{rr} < \sigma_{zz} < \sigma_{\varphi\varphi}$ gilt: $F = \sigma_{rr} - \sigma_{\varphi\varphi} - \sigma_F$, und somit $d\varepsilon_{zz}^P \equiv 0$, also:

$$\varepsilon_{zz} = \frac{1}{E} \left[\sigma_{zz} - \nu \left(\sigma_{\varphi\varphi} + \sigma_{rr} \right) \right] \overset{\text{(EVZ)}}{=} 0 \quad \Longrightarrow \quad \sigma_{zz} = \nu \left(\sigma_{\varphi\varphi} + \sigma_{rr} \right) \ .$$

Überprüfung ob $\sigma_{rr} < \sigma_{zz} < \sigma_{\varphi\varphi}$ durch Grenzübergang für $\nu \in \left[0, \ \frac{1}{2}\right]$:

$$\text{Druck } p > 0: \quad \Longrightarrow \quad \sigma_{rr} < 0 \ , \ \sigma_{\varphi\varphi} > 0 \ .$$

Damit und mit obiger Gleichung folgt:

$$\left.\begin{array}{ll} \nu = 0 : & \sigma_{zz} = 0 \\ \nu = \frac{1}{2} : & \sigma_{zz} = \frac{\sigma_{\varphi\varphi} + \sigma_{rr}}{2} \end{array}\right\} \Longrightarrow \quad \sigma_3 = \sigma_{rr} < \sigma_{zz} < \sigma_{\varphi\varphi} = \sigma_1 \ \text{wzbw.}$$

Speziell wird im folgenden ein dickwandiges Rohr behandelt:

Im elasto-plastischen Bereich gilt:

$$\sigma_{\varphi\varphi} - \sigma_{rr} = \sigma_F \ \text{für} \ a \le r \le R \ .$$

Mit der Gleichgewichtsbedingung

$$\frac{d\sigma_{rr}}{dr} + \frac{\sigma_{rr} - \sigma_{\varphi\varphi}}{r} = 0$$

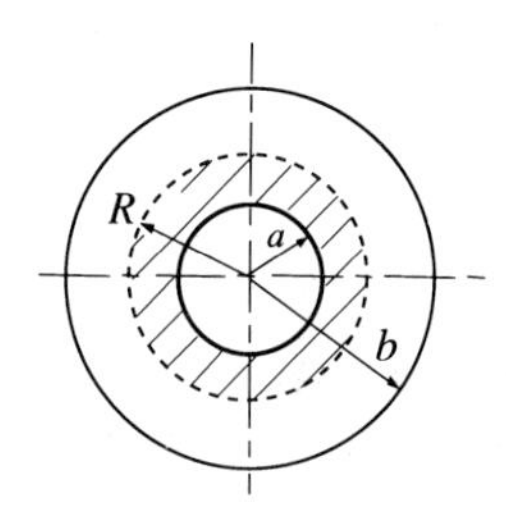

Bild 2.23

folgt
$$\frac{d\sigma_{rr}}{dr} = \frac{\sigma_F}{r} \quad \Longrightarrow \quad \sigma_{rr} = \sigma_F \ \ln r + C \ .$$

$$\text{RB.:} \quad r = a: \quad \sigma_{rr} = -p \quad \Longrightarrow \quad C = -\sigma_F \ \ln a - p$$

$$\Longrightarrow \quad \left.\begin{array}{l} \sigma_{rr} = -p + \sigma_F \ \ln \frac{r}{a} \\ \sigma_{\varphi\varphi} = -p + \sigma_F \left(1 + \ln \frac{r}{a}\right) \end{array}\right\} \ \text{für} \ a \le r \le R \ .$$

Bestimmung der Grenze der plastischen Zone bei R aus der Übergangsbedingung:

$$r = R: \quad \sigma_{rr}^{EP} = \sigma_{rr}^{E} \ .$$

Die elastische Lösung für das dickwandige Rohr wird als bekannt vorausgesetzt, siehe z.B. [36]:

$$\sigma_{rr} = A + \frac{B}{r^2} \quad , \quad \sigma_{\varphi\varphi} = A - \frac{B}{r^2}$$

für $R \le r \le b$ und mit A, B aus den Bedingungen:

$$\left.\begin{array}{ll} \text{RB.:} & r = b: \ \sigma_{rr} = 0 \\ \text{Grenzbed.:} & r = R: \ \sigma_{\varphi\varphi} - \sigma_{rr} = \sigma_F \end{array}\right. \quad \Longrightarrow \quad \begin{array}{l} A = -\frac{B}{b^2} \\ B = -\frac{\sigma_F \ R^2}{2} \end{array}$$

$$\Longrightarrow \quad \left.\begin{array}{l} \sigma_{rr} = \frac{1}{2}\sigma_F \ R^2 \left(\frac{1}{b^2} - \frac{1}{r^2}\right) \\ \sigma_{\varphi\varphi} = \frac{1}{2}\sigma_F \ R^2 \left(\frac{1}{b^2} + \frac{1}{r^2}\right) \end{array}\right\} \quad R \le r \le b \ .$$

Aus der Übergangsbedingung:

$$r = R: \ \sigma_{rr}^{EP} = \sigma_{rr}^{E} \quad \Longrightarrow \quad -p + \sigma_F \ln\frac{R}{a} = \sigma_F \frac{R^2}{2}\left(\frac{1}{b^2} - \frac{1}{R^2}\right)$$

folgt R nach numerischer Lösung dieser impliziten Gleichung. Bestimmung des Druckes für den Plastifizierungsbeginn p_F:

$$p \to p_F \iff R \to a \quad \Longrightarrow \quad p_F = \frac{\sigma_F}{2}\left(1 - \frac{a^2}{b^2}\right) .$$

Bestimmung der Traglast p^*:

$$p \to p^* \iff R \to b \quad \Longrightarrow \quad p^* = \sigma_F \ln\frac{b}{a} .$$

2.5.4 Restspannungen (Eigenspannungen) nach Entlastung aus dem elastoplastischen Zustand

Restspannungen können – wenn sie gezielt in einem Bauteil eingebracht werden – gewichtseinsparende Wirkung haben. (siehe Beispiel 2.12)

(2.43) Da die Entlastung rein elastisch erfolgt (solange nicht Plastifizieren in „Gegenrichtung“ auftritt), kann für viele Fälle der Restspannungzustand nach völliger Entlastung wie folgt abgeschätzt werden:

λ ... Laststeigerungsfaktor (mit dem die Nenn-Belastung multipliziert wird),

${}^{\lambda}\sigma_{ij}^{EP}(x,y,z)$ ... *elasto-plastischer* Spannungszustand bei λ,

${}^{\lambda}\sigma_{ij}^{E}(x,y,z)$ ... Spannungzustand bei λ unter *Annahme rein elastischen* Materialverhaltens,

$\sigma_{ij}^{R}(x,y,z)$ ... *Restspannungzustand* (bei $\lambda = 0$).

Da ab dem ersten Augenblick der Entlastung linear elastisches Verhalten vorliegt, kann der belastungslose Zustand ($\lambda = 0$) durch Superposition der folgenden Lösungen erreicht werden:

$$\begin{gathered} \sigma_{ij}^{R}(x,y,z) = {}^{\lambda}\sigma_{ij}^{EP}(x,y,z) - {}^{\lambda}\sigma_{ij}^{E}(x,y,z) , \\ \text{solange gilt: } F\left(\sigma_{ij}^{R}\right) < 0 \quad \forall (x,y,z) \end{gathered} \tag{2.75}$$

und Entlastung an allen Stellen gleichzeitig eintritt.

Analog können die Restverschiebungen (bleibenden Deformationen) unter gleichen Einschränkungen ermittelt werden:

$$u_i^R = {}^{\lambda}u_i^{EP} - {}^{\lambda}u_i^{E} . \tag{2.76}$$

Beispiel 2.10: Die Ausbreitung der plastischen Zone in einem Biegeträger mit rechteckigem Querschnitt aus elastisch ideal-plastischem Material (siehe Bild 2.24) soll unter stark vereinfachenden Annahmen (Balkentheorie) untersucht werden:

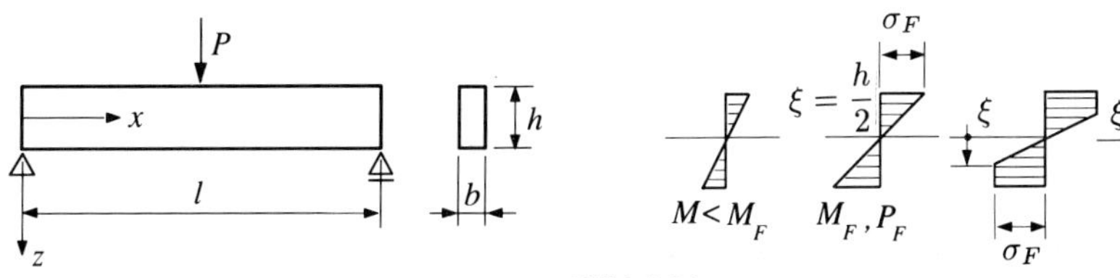

Bild 2.24

Unter der Voraussetzung der Gültigkeit der Bernoulli-Hypothese ($\varepsilon_{xx} = -z\,w''$) und Vernachlässigung der Schubspannungen kann man für das Moment anschreiben:

$$M = 2\,b\Big[\int_0^{\xi}\big(\sigma_F\frac{z}{\xi}\big)z\,dz + \int_{\xi}^{h/2}\sigma_F\,z\,dz\Big] = \frac{b\,\sigma_F}{12}\big(3\,h^2 - 4\,\xi^2\big) \qquad \text{für } 0 \le \xi \le \frac{h}{2}\ ;$$

$$\Longrightarrow \quad \begin{aligned} M_F &= M\big(\xi = \frac{h}{2}\big) = \frac{b\,h^2}{6}\sigma_F && \text{für Fließbeginn,} \\ M_P &= M\big(\xi = 0\big) = \frac{b\,h^2}{4}\sigma_F && \text{für Durchplastifizieren (Traglast).} \end{aligned}$$

Bei einer mittigen Einzellast gilt $M = \frac{P}{2}\,x$, und mit $\qquad \alpha := \dfrac{P}{A\,\sigma_F}\,\dfrac{l}{h}$

folgt die Berandung des plastischen Bereiches mit

$$\xi(x,\alpha) = \frac{h}{2}\sqrt{3\,(1 - 2\,\alpha\,\frac{x}{l})} \qquad \text{für} \quad 0 \le \xi \le \frac{h}{2} \qquad \text{und somit}$$

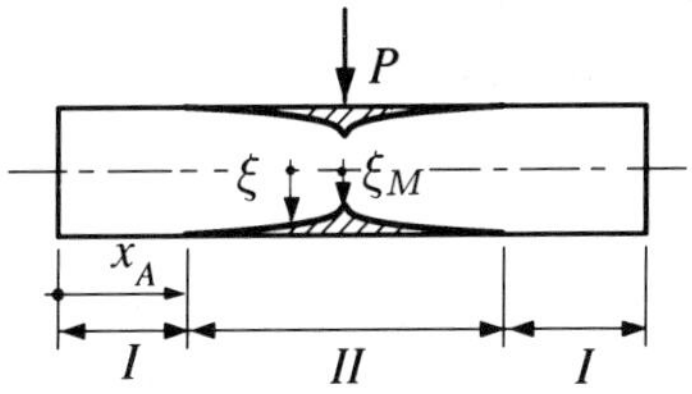

Bild 2.25

$$\xi_M = \xi\big(x = \frac{l}{2}\big) = \frac{h}{2}\sqrt{3(1-\alpha)}$$

$$\Longrightarrow \quad \alpha_F = \frac{2}{3}\ , \quad \alpha_P = 1\ ,$$

$$\xi(x_A) = \frac{h}{2} \quad \Longrightarrow \quad x_A = \frac{l}{3\,\alpha}\ .$$

Die Biegelinie für den *Bereich I* (rein elastisch, $0 \le x \le x_A$) ergibt sich für die RB $x = 0:\ w_1 = 0$ zu:

$$w_1'' = -\frac{M}{E\,J} = -\frac{12\,P\,x}{2\,E\,b\,h^3}\ , \qquad w_1 = -\frac{\sigma_F\,\alpha}{E\,h\,l}\,x\left(x^2 + C_1\right)\ .$$

Im *Bereich II* (elasto-plastisch, $x_A \le x \le l/2$) gilt am Rand des elastischen Bereiches $\varepsilon_{xx} = -\xi\,w_2'' = \sigma_F/E$ und mit der RB $x = l/2:\ w_2' = 0$ folgt:

$$w_2'' = -\frac{1}{\xi}\frac{\sigma_F}{E} = -\frac{2\,\sigma_F}{E\,h\sqrt{3}}\big(1 - 2\,\alpha\,\frac{x}{l}\big)^{-1/2}\ ,$$

$$w_2 = -\frac{2\,l\,\sigma_F}{\sqrt{3}\,\alpha\,E\,h}\Big[\frac{l}{3\,\alpha}\big(1 - 2\,\alpha\,\frac{x}{l}\big)^{3/2} + \big(1-\alpha\big)^{1/2}\,x\Big] + C_2\ .$$

Die Übergangsbedingungen $x = x_A$: $w_1 = w_2 \wedge w_1' = w_2'$ liefern die Konstanten

$$\left.\begin{aligned} C_1 &= \left[\frac{2}{\sqrt{3}}(1-\alpha)^{1/2} - 1\right]\frac{l^2}{\alpha^2} \\ C_2 &= \frac{10}{27}\frac{\sigma_F}{E\,h}\frac{l^2}{\alpha^2} \end{aligned}\right. \quad \Longrightarrow \quad w_1(x),\ w_2(x) \quad \Longrightarrow \quad w(x) \ .$$

Die maximale Durchbiegung bei $x = l/2$ für $P_F \leq P \leq P_P$ lautet:

$$w_{max} = \frac{1}{27}\frac{l^2}{h}\frac{\sigma_F}{E\,\alpha^2}\left[10 - 3(2+\alpha)\sqrt{3(1-\alpha)}\right] \qquad \text{für} \quad \frac{2}{3} \leq \alpha \leq 1 \ .$$

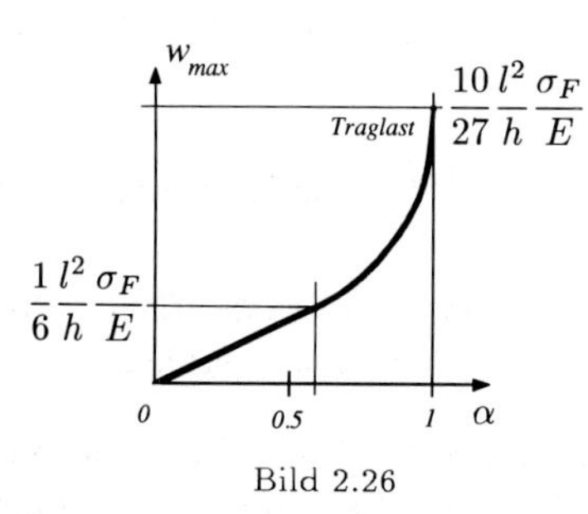

Bild 2.26

Restdurchbiegung nach elastischer Rückfederung gemäß Gl. (2.76):

$$w^R = w_{max} - \hat{w}^E$$

$$\text{mit} \quad \hat{w}^E = \frac{P\,l^3}{48\,E\,J} \ .$$

Beispiel 2.11: Bei einem Balken mit rechteckigem Querschnitt unter reiner Biegebelastung ${}^{\lambda}M^{EP}$ aus elasto-plastischem Material (bilinear gemäß Bild 2.27) ergibt sich eine Krümmung mit einem Krümmungsradius $\varrho = -10$ m. Gesucht sind a) der Spannungsverlauf unter Belastung ${}^{\lambda}M^{EP}$, b) die Berechnung von ${}^{\lambda}M^{EP}$ und c) der Restdehnungs- und Restspannungsverlauf nach völliger Entlastung:

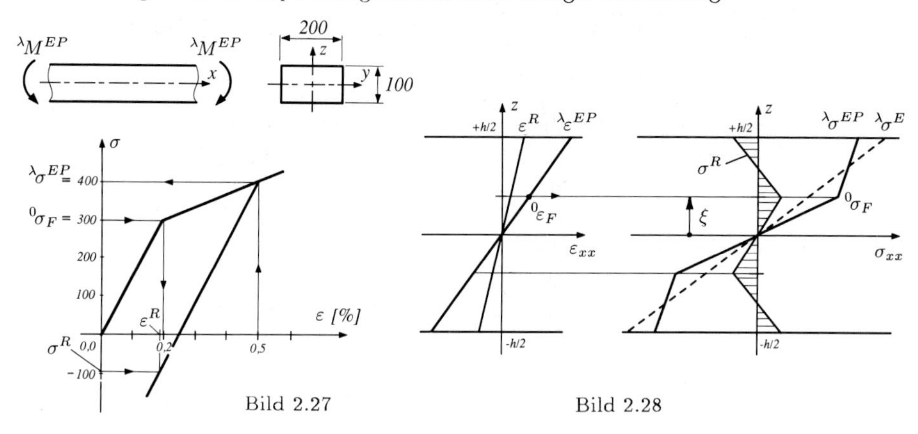

Bild 2.27 Bild 2.28

a) Der Spannungsverlauf $(\sigma_{xx}(z) = \sigma(z))$ ist antimetrisch bezüglich $z = 0$; es wird im folgenden $\sigma(z)$ für $z > 0$ beschrieben. Unter Gültigkeit der Bernoulli-Hypothese $(\varepsilon = -z\,w'')$ und $\varrho = 1/w''$ folgt für die obere Randfaser $(z = h/2)$

$${}^{\lambda}\varepsilon^{EP}(z = h/2) = \frac{-h/2}{\varrho} = \frac{-50}{-10.000} = 0,5\ \% \ .$$

Damit kann aus dem σ-ε-Diagramm ${}^{\lambda}\sigma^{EP}(z = h/2) = 400$ N/mm^2 ermittelt werden. Bei ${}^{0}\sigma_F$ liegt eine Dehnung von ${}^{0}\varepsilon_F = 0,2$ % vor, woraus sich $\xi = (0,2/0,5)\,50$ mm $= 20$ mm ergibt, und der Spannungsverlauf ist nun bestimmt; siehe Bild 2.28.

b) Für das elastoplastische Moment gilt

$$ {}^{\lambda}M^{EP} = 2\int_0^{\xi} \frac{{}^{0}\sigma_F}{\xi}\, z^2\, b\, dz + 2\int_{\xi}^{h/2} \left[{}^{0}\sigma_F + \frac{{}^{\lambda}\sigma^{EP} - {}^{0}\sigma_F}{h/2-\xi}\Big(z-\xi\Big)\right] b\, z\, dz \;, $$

woraus sich ${}^{\lambda}M^{EP} = 1,66 \cdot 10^8$ Nmm ergibt.

c) Die Randfaserspannung, unter Annahme rein elastischen Materialverhaltens, ${}^{\lambda}\sigma^{E}(z{=}h/2)$ ergibt sich mit $W = 3,33 \cdot 10^5$ mm^3 zu

$$ {}^{\lambda}\sigma^{E}(z{=}h/2) = \frac{{}^{\lambda}M^{EP}}{W} = 498 \text{ N/mm}^2 \quad \Longrightarrow \quad \sigma^{R}(z{=}h/2) = -98 \text{ N/mm}^2 \;. $$

Das zugehörige ε^R wird aus dem σ-ε-Diagramm ermittelt. Damit kann mittels der Gl. (2.75) der Zustand nach Entlastung im Bild 2.28 eingetragen werden.

Beispiel 2.12: Im Beispiel 2.9 wurde der elastoplastische Zustand beim innendruckbelasteten, dickwandigen Rohr bestimmt. Es soll nun der Restspannungszustand nach einmaliger überelastischer Beanspruchung ermittelt werden (Autofrettage eines Rohres):

$$ {}^{p}\sigma_{ij}^{EP}(r): \quad \text{siehe Beispiel 2.9} \;. $$

Unter Annahme rein elastischen Materialverhaltens gilt

$$ {}^{p}\sigma_{ij}^{E}(r): \quad {}^{p}\sigma_{rr}^{E} = \bar{A} + \frac{\bar{B}}{r^2} \;, \quad {}^{p}\sigma_{\varphi\varphi}^{E} = \bar{A} - \frac{\bar{B}}{r^2} \quad \text{mit den} $$

$$ \text{RBs:} \quad \begin{array}{lll} r = b: \; {}^{p}\sigma_{rr}^{E} = 0 & \Longrightarrow & \bar{A} = -\dfrac{\bar{B}}{b^2} \;, \\ r = a: \; {}^{p}\sigma_{rr}^{E} = -p & \Longrightarrow & \bar{B} = \dfrac{a^2\, b^2\, p}{a^2 - b^2} \;. \end{array} $$

Mit R aus Beispiel 2.9 und Gl. (2.75) folgt

$$ \sigma_{rr}^{R} = -p + \sigma_F \ln\frac{r}{a} + \frac{a^2\, b^2\, p}{a^2 - b^2}\Big(\frac{1}{b^2} - \frac{1}{r^2}\Big) \qquad \text{für} \quad a \le r \le R \;, $$

$$ \sigma_{rr}^{R} = \frac{1}{2}\sigma_F\, R^2\Big(\frac{1}{b^2} - \frac{1}{r^2}\Big) + \frac{a^2\, b^2\, p}{a^2 - b^2}\Big(\frac{1}{b^2} - \frac{1}{r^2}\Big) \quad \text{für} \quad R \le r \le b \;, $$

$$ \sigma_{\varphi\varphi}^{R} = -p + \sigma_F\Big(1 + \ln\frac{r}{a}\Big) + \frac{a^2\, b^2\, p}{a^2 - b^2}\Big(\frac{1}{b^2} + \frac{1}{r^2}\Big) \quad \text{für} \quad a \le r \le R \;, $$

$$ \sigma_{\varphi\varphi}^{R} = \frac{1}{2}\sigma_F\, R^2\Big(\frac{1}{b^2} + \frac{1}{r^2}\Big) + \frac{a^2\, b^2\, p}{a^2 - b^2}\Big(\frac{1}{b^2} + \frac{1}{r^2}\Big) \quad \text{für} \quad R \le r \le b \;. $$

Diese Ergebnisse sind in Bild 2.29 schematisch dargestellt.

Es ist gemäß Gl. (2.75) zu prüfen, ob gilt:

$$\left\{\bar{\sigma}\left(\sigma_{rr}^{R}(r),\ \sigma_{\varphi\varphi}^{R}(r)\right) < \sigma_F\right\} \quad \forall r \in [a,b]\ .$$

Für Drücke p, die zur Verletzung dieser Beziehung führen, gilt obige Lösung *nicht*.

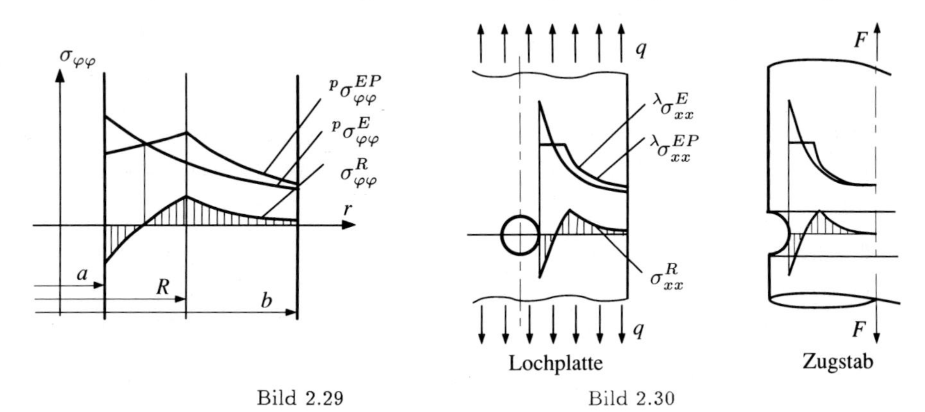

Bild 2.29 Bild 2.30

Beispiel 2.13 In Bild 2.30 ist schematisch die Ausbildung von Restspannungen in der Umgebung von Kerben dargestellt. Solche Druckeigenspannungen im Kerbgrund können bei zyklischen Zugbeanspruchungen lebensdauererhöhend wirken.

2.5.5 Die Melanschen Einspielsätze

Für die Lebensdauer zyklisch beanspruchter Konstruktionen ist es von großer Bedeutung, ob zyklisches Plastifizieren auftritt oder nicht.

(2.44) Die Melanschen Einspielsätze geben darüber Auskunft, ob sich bei einer zyklischen Belastung, bei der im ersten Zyklus jedenfalls örtliches Plastifizieren auftritt, in den weiteren Zyklen schließlich rein elastische Spannungszustände einstellen (man spricht dann von eingespielten Zuständen), oder ob auch bei jedem weiteren Lastzyklus Plastifizieren einsetzt. Einspielen wird durch den Aufbau von Eigenspannungen bewirkt. Nicht-Einspielen, d.h. zyklisches Plastifizeren, führt zu Ermüdung und Bruch bei relativ kleinen Lastspielzahlen.

Unter vereinfachenden Annahmen (wie z.B. elastisch ideal-plastisches Materialverhalten) gilt:

1. Melanscher Satz:

Man berechne ${}^{t}\sigma_{ij}^{E}(x,y,z)$ als zyklisch zeitlich veränderliches Spannungsfeld unter der Annahme rein linear-elastischen Materialverhaltens.

Man suche ein geeignetes fiktives, zeitlich konstantes *Eigenspannungsfeld* $\sigma_{ij}^{0}(x,y,z)$, das die Gleichgewichts- und Randbedingungen (RBs) erfüllt und für das gilt, daß die Überlagerung dieser beiden Felder an keiner Stelle und zu keiner Zeit die Fließbedingung erfüllt.

(2.45) Wenn so ein Eigenspannungsfeld gefunden werden kann, dann spielt sich der Körper auf rein elastisches Verhalten ein:

$$\exists\, \sigma^0_{ij}(x,y,z) : \left\{ \sigma^0_{ij,j} = 0 \wedge \text{RBs} \wedge \forall t : \left(\forall (x,y,z) : {}^t\bar{\sigma}\left[{}^t\sigma^E_{ij} + \sigma^0_{ij} \right] < {}^0\sigma_F \right) \right\}$$
$$\Longleftrightarrow \quad \text{Einspielen} \ . \tag{2.77}$$

2. Melanscher Satz:

Man berechne ${}^t\sigma^E_{ij}(x,y,z)$ als zyklisch zeitlich veränderliches Spannungsfeld unter der Annahme rein linear-elastischen Materialverhaltens. Eine *hinreichende* Bedingung für *Nicht-Einspielen* (d.h. für plastische Ermüdung) lautet:

(2.46) Wenn an irgendeiner Stelle die Differenz zwischen der maximalen und der minimalen zeitlich veränderlichen Vergleichsspannung, die mit ${}^t\sigma^E_{ij}$ gebildet wird, die doppelte Streckgrenze überschreitet, kann Einspielen nicht erwartet werden:

$$\exists\, (x',y',z') : \left\{ \max_t \bar{\sigma}\left({}^t\sigma^E_{ij}(x',y',z') \right) - \min_t \bar{\sigma}\left({}^t\sigma^E_{ij}(x',y',z') \right) > 2\, {}^0\sigma_F \right\}$$
$$\Longrightarrow \quad \text{kein Einspielen} \ . \tag{2.78}$$

(Bei einachsigen Spannungszuständen kann $\bar{\sigma}$ durch σ ersetzt werden, welches auch negativ sein kann.)

Beispiel 2.14: Für einen durch eine Einzellast $P(t)$ am freien Stabende $(x = 0)$ zyklisch belasteten Kragträger mit rechteckigem Querschnitt soll überprüft werden, ob Einspielen auftritt oder nicht. Gegeben sind: $P_{max} = 7000$ N, $P_{min} = 3500$ N, $b = 25$ mm, $h = 40$ mm, $l = 500$ mm, ${}^0\sigma_F = 400$ N/mm^2.

Bei Vernachlässigung der Schubspannungen $(\bar{\sigma} = \sigma_{xx} = \sigma)$ kann man für das rein elastische Spannungsfeld schreiben:

$${}^t\sigma^E(x,z) = \frac{P(t)\, x}{J_y}\, z \qquad \text{mit} \quad J_y = \frac{b\, h^3}{12} = 1,33 \cdot 10^5 \ \text{mm}^4 \ .$$

Für den meistbelasteten Querschnitt an der Einspannstelle $(x = l)$ gilt dann:

$$\sigma^E_{max}(z) = \frac{P_{max}\, l}{J_y} z = 526 \frac{z}{h/2} \ \text{N/mm}^2 \ , \quad \sigma^E_{min}(z) = \frac{P_{min}\, l}{J_y} z = 263 \frac{z}{h/2} \ \text{N/mm}^2 \ .$$

Die Überprüfung, ob die Last überhaupt ertragen werden kann, ergibt mit dem Verhältnis $M_P/M_F = 1,5$ aus Beispiel 2.10

$$\sigma^E_{max}(z = \frac{h}{2}) = 526 \ \text{N/mm}^2 < \frac{M_P}{M_F}\, {}^0\sigma_F = 600 \ \text{N/mm}^2 \ ,$$

daß die Traglast nicht erreicht wird. Es ist nun ein Eigenspannungsfeld σ^0 zu suchen, das sich im Gleichgewicht befinden muß, d.h. es darf keine Schnittkräfte hervorrufen.

$N = 0$ ist erfüllt, wenn es einen antimetrischen Verlauf bei symmetrischem Querschnitt besitzt, wie z.B. folgendermaßen gewählt (siehe Bild 2.31):

$$\sigma^0(x,z) = \begin{cases} \left[\sigma_2 - \left(\sigma_1 + \sigma_2\right)\frac{z}{h/2}\right]\frac{x}{l} & 0 \le z \le \frac{h}{2} \\ \left[-\sigma_2 - \left(\sigma_1 + \sigma_2\right)\frac{z}{h/2}\right]\frac{x}{l} & -\frac{h}{2} \le z \le 0 \,. \end{cases}$$

Die Beziehung $\sigma_1 = f(\sigma_2)$ folgt aus $M = 0$ bei $x = l$:

$$M = 2\int_0^{h/2} \sigma^0(z)\, b\, z\, dz = 0 \quad \Longrightarrow \quad \sigma_2 = 2\,\sigma_1 \,.$$

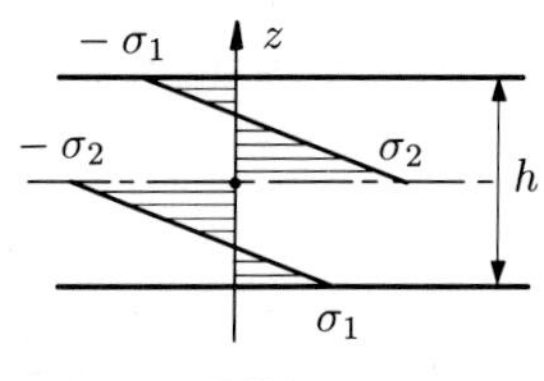

Bild 2.31

σ_1 ist so zu wählen, daß die Einspielbedingung möglichst erfüllt wird (Hinweis: Schätzwert an der Randfaser berechnen). Mit $\sigma_1 = 150\ \mathrm{N/mm^2}$ als Annahme liefert der *1. Melansche Satz* über

$$\bar{\sigma}_{max}(z) = \sigma^E_{max}(z) + \sigma^0(z) = \frac{526\,z}{h/2} + 150\left(2 - 3\frac{z}{h/2}\right) = 300 + \frac{76\,z}{h/2} \,,$$

$$\bar{\sigma}_{min}(z) = \sigma^E_{min}(z) + \sigma^0(z) = \frac{263\,z}{h/2} + 150\left(2 - 3\frac{z}{h/2}\right) = 300 - \frac{187\,z}{h/2} \,,$$

daß $|\bar{\sigma}|$ überall $< {}^0\sigma_F$ und somit Einspielen eintritt.

Es sei nun jenes $P_{min,krit}$ gesucht, bei dem plastische Ermüdung *sicher* eintritt:

Der *2. Melansche Satz* führt bei Betrachtung der Verhältnisse an der Randfaser, die im vorliegenden Fall maßgeblich ist, auf das kritische $\sigma^E_{min,krit}$:

$$526\ \mathrm{N/mm^2} - \sigma^E_{min,krit} = 2\,{}^0\sigma_F = 800\ \mathrm{N/mm^2}$$

$$\Longrightarrow \quad \sigma^E_{min,krit} = -274\ \mathrm{N/mm^2} \quad \Longrightarrow \quad P_{min,krit} = -3644\ \mathrm{N} \,.$$

Aufgaben zu Kapitel 2:

Aufgabe 2.01: Wodurch sind Spannungshauptachsen und Hauptschubspannungsachsen charakterisert?

Aufgabe 2.02: Beschreiben Sie den Mohrschen Spannungskreis!

Aufgabe 2.03: Wie lautet das Hookesche Gesetz für ESZ?

Aufgabe 2.04: Was versteht man unter der AIRYschen Spannungsfunktion und welchen Bedingungen muß sie genügen?

Aufgabe 2.05: Wie lautet die Ramberg-Osgood-Formel?

Aufgabe 2.06: Bedeutung von Sekanten- und Tangentenmodul?

Aufgabe 2.07: Wie kann die Stabilitätsgrenze von Leichtbaukonstruktionen auch dann abgeschätzt werden, wenn der Grundspannungszustand bereits überelastisch ist?

Aufgabe 2.08: Bedeutung der Fließfläche?

Aufgabe 2.09: Wie lautet die Beziehung zur Ermittlung der v. Mises-Vergleichsspannung für ESZ?

Aufgabe 2.10: analog Aufgabe 2.09 für Tresca.

Aufgabe 2.11: Was versteht man unter „Normalitätsregel"?

Aufgabe 2.12: Wie können Restspannungen und bleibende Deformationen nach einmaliger überelastischer Beanspruchung ermittelt werden? Welche einschränkenden Voraussetzungen sind zu beachten?

Aufgabe 2.13: Wozu werden die Melanschen Einspielsätze herangezogen und wie lauten sie?

Aufgabe 2.14: Bestimmung des ESZ über eine 60°-DMS-Rosette (siehe Bild 2.32), wobei ε_{xx}, $\varepsilon_{\xi\xi}$, $\varepsilon_{\eta\eta}$ gegeben und (ε_{yy}, ε_{xy}), σ_{xx}, σ_{yy}, σ_{xy} gesucht sind.

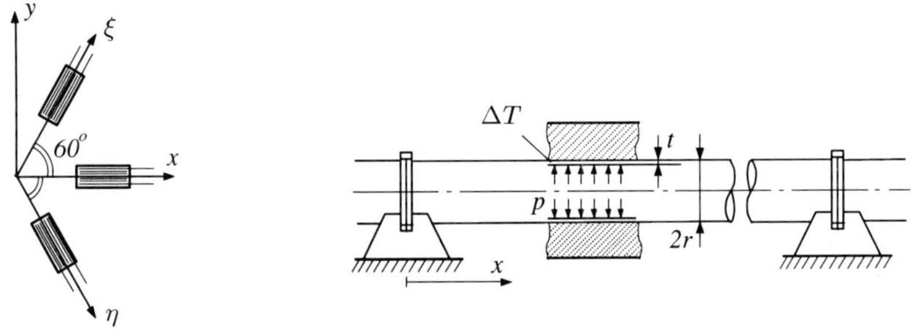

Bild 2.32 Bild 2.33

Aufgabe 2.15: Welche axialen Membranspannungen treten bei einem kompensatorlos verlegten Fernheizleitungsrohr bei Innendruck- und Temperaturbelastung auf (Bild 2.33)? Geg.: r, t, p, ΔT, E, ν, α; es dürfen reine Membranspannungszustände angenommen werden.

Aufgabe 2.16: Man zeige am Beispiel des ESZ, daß die Entkopplung von Schubspannungen und Dehnungen bzw. Normalspannungen und Schubverzerrungen bei einer Drehung des Bezugssystems x, y um einen Winkel $\gamma \neq 0$ gegenüber l, q bei orthotropem Materialverhalten verlorengeht, bei isotropem Verhalten aber erhalten bleibt. Hinweis: Bei Verwendung der Matrizenschreibweise, vgl. Gl. (2.22), können die Transformationsgleichungen (2.12) und (2.13) sowie analoge Beziehungen zur Transformation des Verzerrungstensors genutzt werden, woraus sich ergibt:

$$\underset{\approx}{\mathbf{E}}_\gamma = \underset{\approx}{\mathbf{T}}\, \underset{\approx}{\mathbf{E}}_0\, \underset{\approx}{\mathbf{T}}^T$$

$$\text{wobei} \quad \underset{\approx}{\mathbf{T}} = \begin{Bmatrix} c^2 & s^2 & 2cs \\ s^2 & c^2 & -2cs \\ -sc & sc & (c^2 - s^2) \end{Bmatrix} \quad \text{mit} \quad \begin{matrix} s := \sin\gamma \\ c := \cos\gamma \end{matrix}$$

Aufgabe 2.17: Für eine beidseitig unverschiebbar gelagerte Scheibe unter veränderlicher Streckenlast $q = q_0 \sin\frac{\pi x}{l}$ (siehe Bild 2.34) soll die Membrankraftverteilung $n_{ij}(x, y)$ mittels der Airyschen Spannungsfunktion ermittelt und mit der Balkenlösung verglichen werden. Hinweis: Mit dem Ansatz $\Phi = f(y)\, \sin\alpha x \quad (\alpha = \pi/l)$ wird die Gl. (2.34) in eine Differentialgleichung 4.Ordnung für f(y) übergeführt, die mit einem Exponentialansatz folgende Spannungsfunktion ergibt: $\Phi = \frac{1}{\alpha^2}\left(A\, \cosh\alpha y + B\,\alpha\, y\, \sinh\alpha y + C\, \sinh\alpha y + D\,\alpha\, y\, \cosh\alpha y\right) \sin\alpha x$.

Aufgabe 2.18: Für einen Werkstoff, dessen σ-ε-Diagramm durch die Ramberg-Osgood-Formel mit gegebenen B und n ausreichend gut angenähert wird, soll eine Formel für $E_w(\sigma)$

für den Leichtbau-I-Träger hergeleitet werden. Bei gegebenem Schlankheitsgrad λ_K soll die beulkritische Spannung angegeben werden.

Aufgabe 2.19: Für verschiedene Biegebalkenquerschnitte – a) bis c) in Bild 2.35 – ist das Verhältnis des Traglastmomentes zum Moment bei Fließbeginn (M_P/M_F) zu berechnen. Für den in Bild 2.35d dargestellten Spezialquerschnitt sind jene Parameter α und β bei minimaler Querschnittsfläche gesucht, die zu $M_P/M_F \geq 2$ führen (Restspannungen, die nach Gl. (2.75) ermittelt wurden, sind damit in der Randfaser nach voller Plastifizierung und Entlastung größer als die Fließspannung, wodurch die Voraussetzungen für die Anwendbarkeit von Gl. (2.75) verletzt sind). Voraussetzungen sind die Gültigkeit der Bernoulli-Hypothese und elastisch ideal-plastisches, homogenes Material.

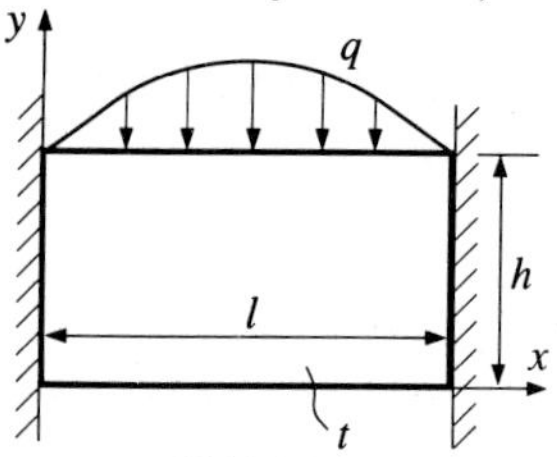

Bild 2.34

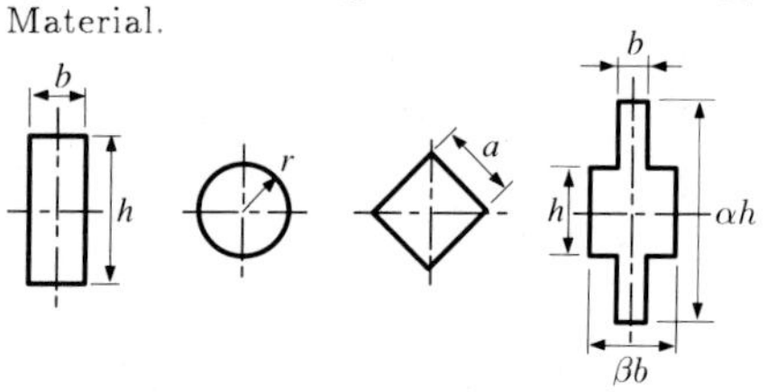

a) Rechteck b) Kreis c) Quadrat d) Spezial

Bild 2.35

Aufgabe 2.20: Das Verhalten einer durch ein Biegemoment M belasteten Rechtecksteife ($b \times h$) unter der Annahme elastisch ideal-plastischen Materialverhaltens soll untersucht werden. Geg.: $h = 20$ mm, $b = 100$ mm, $E = 7 \cdot 10^4$ N/mm^2, $\sigma_F = 200$ N/mm^2. Ges.: 1) Welches M^{EP} muß aufgebracht werden, um der Steife einen (Rest-) Krümmungsradius von $\varrho = 5000$ mm aufzuzwingen? 2) Berechnen Sie den Restspannungsverlauf, der sich nach einer Entlastung vom unter Punkt 1) ermittelten Biegemoment M^{EP} ergibt. Stellen Sie diesen sowie den zugehörigen Restverzerrungsverlauf graphisch dar. 3) Welcher minimale Restkrümmungsradius ϱ_{min} ist unter der Voraussetzung, daß der Betrag der Restspannung in keinem Punkt $0,4 \cdot \sigma_F$ überschreitet, erzielbar?

Aufgabe 2.21: Ein Alu-Balken mit quadratischem Querschnitt ($a \times a$) werde zunächst durch ein Moment M^+ gebogen (Querschnitts- und Symmetrieachse parallel zu Seitenkanten) und anschließend entlastet. Nun wird ein Moment $M^- < 0$ aufgebracht und somit der Balken in die Gegenrichtung gebogen. Geg.: $a = 100$ mm, $M^+ = 10$ kNm, $E = 7 \cdot 10^4$ N/mm^2, $\sigma_F = 50$ N/mm^2 (elastisch ideal-plastisch). Ges.: 1) Wie groß darf $|M^-|$ maximal sein, damit an keiner Stelle im Balken Plastifizieren eintritt (Fließmoment M_F^-)? 2) Wie groß muß $|M^-|$ mindestens sein, damit der gesamte Querschnitt durchplastifiziert (Traglastmoment M_P^-)? 3) Berechnen Sie den Verlauf der Restspannungen, sowie den Restkrümmungsradius unter der Annahme, daß nach einer Belastung von $M^- = -M^+$ vollständige Entlastung erfolgt.

Aufgabe 2.22: Das Verhalten eines Balkens unter Wechselbelastung soll untersucht werden (siehe Bild 2.36). Geg.: $F_{max} = 9000$ N, $F_{min} = -900$ N, $a = 30$ mm, $l = 1$ m, $M_P/M_F = 2$, $\sigma_F = 300$ N/mm^2 (elastisch ideal-plastisch). Ges.: 1) Überprüfen Sie, ob der Balken nicht plastisch versagt (d.h. Maximallast muß kleiner als Traglast sein). 2) Falls der Balken plastifiziert, aber die Traglast nicht überschritten ist, überprüfen Sie mit Hilfe des 1. Melanschen Satzes, ob Einspielen auftritt. Anmerkung: Prüfen Sie nach, ob das in Bild 2.37 skizzierte Spannungsfeld σ^0 ein Eigenspannungsfeld darstellt, und verwenden Sie es gegebenenfalls.

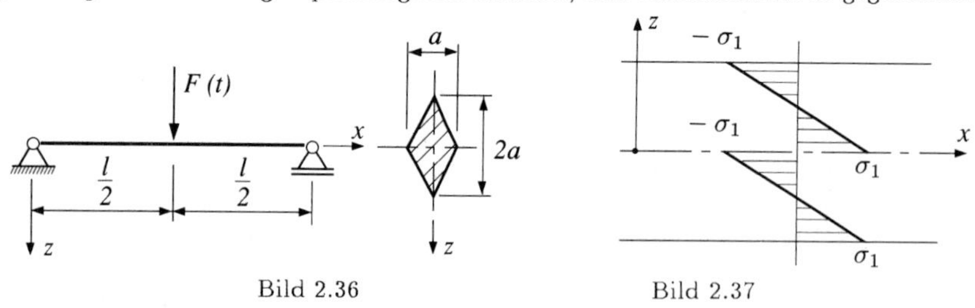

Bild 2.36 Bild 2.37

3. Leichtbauwerkstoffe / Schichtverbunde

Als *Werkstoffe* kommen im Leichtbau vorwiegend Metalle (Al, Mg, Ti, ...) bzw. Kunststoffe — hier vorwiegend faserverstärkte Kunststoffe — zur Anwendung. Auf konstruktive Maßnahmen des Leichtbaues wird im vorliegenden Repetitorium nicht näher eingegangen; diesbezüglich sei auf die Leichtbau-Vorlesungen bzw. auf die reichhaltige Literatur, insbesondere [10,35] verwiesen.

3.1 Bewertung der Werkstoffe – Eignung im Leichtbau

3.1.1 Das spezifische Gewicht bzw. Volumen

(3.1) Kleines γ (spezifisches Gewicht) bzw. großes $\frac{1}{\gamma}$ (spezifisches Volumen) sind maßgeblich für Bauteile, die keinen wesentlichen Beanspruchungen ausgesetzt sind (z.B. Verkleidungen).

Der Vorteil der Werkstoffe mit geringem spezifischem Gewicht ist, daß man leichter auf Integralbauweise übergehen kann, da größere Wanddicken erlaubt werden können. Damit vereinfachen weniger Verbindungen und ev. auch der Wegfall von Versteifungen den Bauteil.

Der Nachteil ergibt sich bei größeren Wanddicken dadurch, daß eine optimale Materialplazierung oftmals nicht möglich ist, d.h. es muß Material auch in geometrisch weniger effiziente Gebiete verlagert werden (z.B. in Richtung der neutralen Achse bei Biegung).

Beispiel 3.1: Man bestimme einen Gütefaktor eines I-förmigen Biegequerschnittes als das auf den Flächenaufwand (und damit auf das Gewicht) bezogene Widerstandsmoment (bei Bemessung auf $\sigma_{max} < \sigma_{zul}$ bei reiner Biegung), um die Effizienz guter Materialplazierung zu dokumentieren (aus [10]):

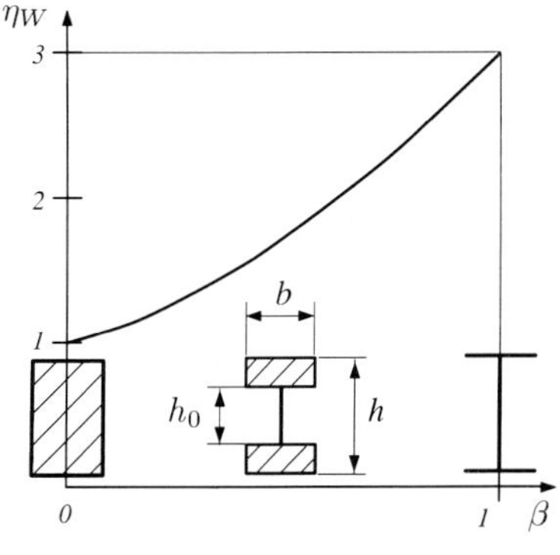

Bild 3.1

$$W = \frac{b\,(h^3 - h_0^3)}{6\,h} \quad , \quad A = b\,(h - h_0) \ ,$$

$$\text{mit } \beta := \frac{h}{h_0} \quad \Longrightarrow$$

$$W = \frac{1}{6}\,b\,h^2\,(1-\beta^3) \ ,$$

$$A = b\,h\,(1-\beta)$$

$$\Longrightarrow \quad \frac{W}{A} = \frac{1}{6}\,h\,\frac{1-\beta^3}{1-\beta} \ ,$$

$$\text{mit dem Gütefaktor } \eta_W := \frac{1-\beta^3}{1-\beta} \ .$$

Der Gütefaktor dieser Querschnittsform zeigt die Effizienz der Sandwich-Querschnitte.

Beispiel 3.2: Man zeige, daß solche Biegequerschnitte mit hohem Gütefaktor geringe plastische Reserven haben:

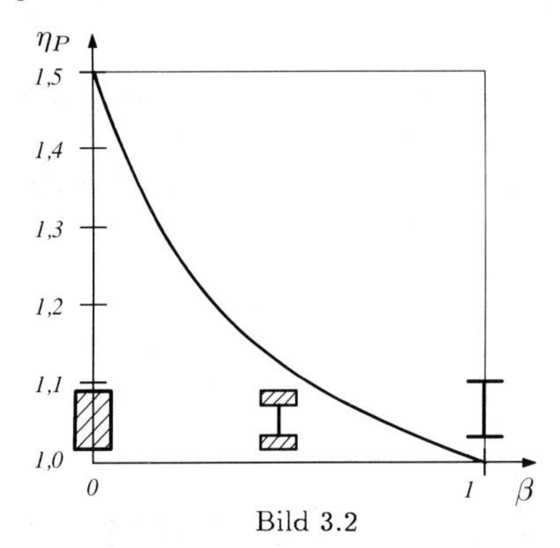

Bild 3.2

Der wie folgt definierte Erhöhungsfaktor

$$\eta_P = \frac{M_P}{M_F}$$

für elastisch ideal-plastischen Werkstoff (siehe Beispiel 2.10 und Aufgabe 2.19) ist nur von der Querschnittsform abhängig.

3.1.2 Wertung bezüglich Festigkeit

Für gewichtsoptimale Auslegung und einer an σ_B (R_m) orientierten zulässigen Spannung ist eine große *Reißlänge* σ_B/γ (R_m/γ) günstig.

(3.2) Die *Reißlänge* ist jene Länge, die ein Faden unter idealisierten Bedingungen haben müßte, um an einem Ende hängend unter seinem Eigengewicht zu reißen. Analog wird die *Strecklänge* ${}^0\sigma_F/\gamma$ $(R_{p\,0,2}/\gamma)$ definiert, bzw. für zyklische Beanspruchung σ_{dw}/γ.

Beispiel 3.3: Für a) Stahl mittlerer Festigkeit und für b) kohlefaserverstärktes aromatisches Polyamid mit 60% Faseranteil sind die Reißlängen zu bestimmen und zu vergleichen:

$$\text{a)}\quad \gamma = 80\ \text{N/dm}^3\ ,\quad \sigma_B = \ \ 700\ \text{N/mm}^2 \quad\Longrightarrow\quad \sigma_B/\gamma = \ \ 8{,}8\ \text{km}\ ,$$

$$\text{b)}\quad \gamma = 15\ \text{N/dm}^3\ ,\quad \sigma_B = 1600\ \text{N/mm}^2 \quad\Longrightarrow\quad \sigma_B/\gamma = 106{,}7\ \text{km}\ .$$

3.1.3 Wertung bezüglich Steifigkeit

Vielfach wird E/γ als steifigkeitsrelevante bezogene Werkstoffkenngröße herangezogen. Sie entspricht einer Wertung des Werkstoffes hinsichtlich Gewicht bei gleicher Dehnsteifigkeit $E\,A/l$ eines Stabes der Länge l.

$$\begin{matrix} S_d := E\,A \quad\Longrightarrow\quad A = \dfrac{S_d}{E} \\ \mu := \gamma\,A \end{matrix} \quad\Longrightarrow\quad \mu \sim \frac{\gamma}{E} \quad\Longrightarrow\quad \frac{E}{\gamma}\uparrow \Rightarrow \mu\downarrow\ ,$$

d.h. großes E/γ gibt bei konstanter Dehnsteifigkeit kleines Gewicht.

Beispiel 3.4: Man bestimme jene bezogene Werkstoffkenngröße, die für die *Biegesteifigkeit eines Balkens* mit Rechteckquerschnitt $(b \cdot h)$ bei variabler Querschnittshöhe

h und konstantem b relevant ist (wichtig für Durchbiegung und Stabilität):

$$\begin{array}{l} S_b := E\,J = \dfrac{E\,b\,h^3}{12} \\ \mu := \gamma\,A = \gamma\,b\,h \end{array} \quad \Longrightarrow \quad \begin{array}{l} h \sim \dfrac{1}{\sqrt[3]{E}} \\ \mu \sim \dfrac{\gamma}{\sqrt[3]{E}} \end{array} \quad \Longrightarrow \quad \frac{\sqrt[3]{E}}{\gamma} \uparrow \Rightarrow \mu \downarrow \ .$$

Beispiel 3.5: Analog zum vorigen Beispiel sollen die bezogenen Werkstoffkennwerte ermittelt werden für a) Kreisquerschnitt mit variablem Durchmesser und b) Sandwichdeckschichten (vgl. Kap. 7) bei variabler Deckschichtdicke t, festgehaltener Gesamthöhe h und Breite b sowie vernachlässigter Kernsteifigkeit:

$$\text{a)} \quad \begin{array}{l} S_b := E\,J = \dfrac{E\,r^4\,\pi}{4} \\ \mu := \gamma\,A = \gamma\,r^2\,\pi \end{array} \quad \Longrightarrow \quad \begin{array}{l} r^2 \sim \dfrac{1}{\sqrt{E}} \\ \mu \sim \dfrac{\gamma}{\sqrt{E}} \end{array} \quad \Longrightarrow \quad \frac{\sqrt{E}}{\gamma} \uparrow \Rightarrow \mu \downarrow \ .$$

$$\text{b)} \quad \begin{array}{l} S_b \approx E^D\,2\,b\,t \left(\dfrac{h}{2}\right)^2 \\ \mu^D :\approx \gamma^D\,2\,t\,b \end{array} \quad \Longrightarrow \quad \begin{array}{l} t \sim \dfrac{1}{E^D} \\ \mu^D \sim \dfrac{\gamma^D}{E^D} \end{array} \quad \Longrightarrow \quad \frac{E^D}{\gamma^D} \uparrow \Rightarrow \mu^D \downarrow \ .$$

3.2 Faserverstärkte Kunststoffe

3.2.1 Allgemeines

Sehr dünne Glas-, Asbest-, Aramid-, Kohlefasern, ..., weisen besonders günstige Leichtbauwerkstoffeigenschaften auf (siehe auch Ergebnis der Aufgabe 3.01). Fasern allein sind allerdings kaum einsetzbar (man denke an eine Druckbeanspruchung). In einer stützenden Matrix eingebettet (z.B. Kunststoff, aber auch Metalle und Keramik), ergeben sie Leichtbauwerkstoffe mit hervorragenden Eigenschaften.

Neben Faser-Matrix-Verbundwerkstoffen kommen sehr häufig auch Kurzfaser-, Whisker- und Teilchen-verstärkte Materialien im Leichtbau zum Einsatz. Immer ist es das Zusammenwirken der Komponenten, das die Eigenschaften des kompositen Materials bestimmt. Hinsichtlich der Werkstoffeigenschaften und typischer Anwendungen im Maschinenbau sowie Herstellverfahren von kompositen Bauteilen sei auf die reichhaltige Literatur (z.B. [1,33,34]) verwiesen.

3.2.2 Grundzüge zur Berechnung von Mehrschicht-Verbund-Schalen aus Faserverbundstoffen

In zunehmendem Maß werden Leichtbau-Schalen als Verbund einer Vielzahl von aufeinandergelegten Faserverbund-Schichten aufgebaut, was eine große Variationsmöglichkeit der Eigenschaften solcher Schalen schafft. Zu ihrer vereinfachten Berechnung seien im folgenden einige Annahmen getroffen (einfache Laminat-Theorie):

Gültigkeit der Kirchhoffschen Hypothese; ebener, über die Einzelschichtdicke konstanter Spannungszustand in jeder der vielen *dünnen* Schichten; Aufbau des Verbundes aus unidirektionalen, ideal verbundenen Schichten (d.h. in jeder Einzelschicht parallele, lange Fasern) mit bekannten Schichtdicken, bekannten Faserorientierungen und bekannten Faservolumsanteilen — man spricht dann von UD-Schichten; es sind die Materialgesetze der orthotropen Einzelschichten in den schichtbezogenen lokalen Orthotropieachsen bekannt (aus Versuchen an den Einzelschichten ermittelt oder aus den Eigenschaften der Komponenten und dem Schichtaufbau berechnet); die Schalenschnittkräfte sind bekannt bzw. aus den Belastungen (im Falle innerlich statisch unbestimmter Systeme unter Heranziehung der anisotropen Materialgesetze der Schale) berechnet.

Zielsetzung ist die Berechnung der gemittelten („verschmierten") Schichtspannungen, um diese einem Versagenskriterium gegenüberstellen zu können.

(3.3) In der im folgenden dargestellten einfachen Laminat-Theorie wird ein Schichtverbund-Materialgesetz ermittelt, welches die Schalen-Schnittgrößen (Momente und Membrankräfte je Längeneinheit) mit den Verzerrungen und Krümmungsänderungen der Bezugsfläche verknüpft. Es ist zu beachten, daß i.a. (d.h. bei statisch unbestimmten Konstruktionen) diese Schalenschnittgrößen vom Laminataufbau abhängen, also bei Modifikationen des Schichtverbundes neu berechnet werden müssen.

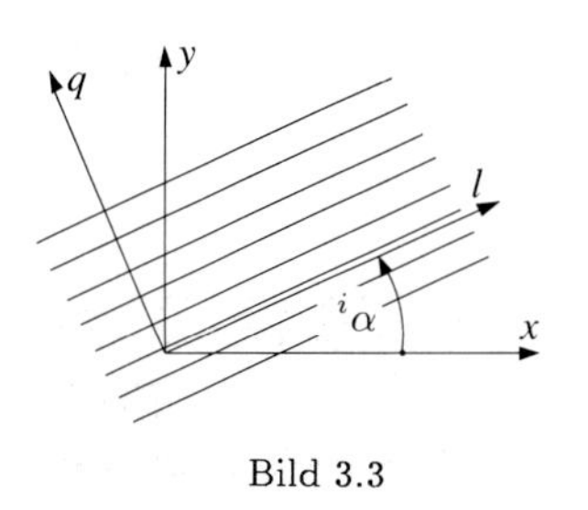

Bild 3.3

Im folgenden ist das schrittweise Vorgehen der Laminat-Theorie dargestellt:

Schritt 1: Es sei angenommen, daß in jeder Einzelschicht orthotropes Materialverhalten vorliege mit den lokalen Orthotropieachsen: l ... in Faserrichtung, q ... quer zur Faserrichtung.

Für die i-te Schicht gilt: $\quad {}^{i}\underset{\sim}{\sigma}_L = {}^{i}\underset{\approx}{\mathbf{E}}_L \, {}^{i}\underset{\sim}{\varepsilon}_L \,.$ (3.01)

Die ${}^{i}\underset{\approx}{\mathbf{E}}_L$ - Matrix gilt in der angeschriebenen Form nur für die Achsen l,q. Der Index i steht für die Schichtnummern, und L kennzeichnet den Bezug auf das lokale Koordinatensystem. Der Aufbau von ${}^{i}\underset{\sim}{\sigma}_L$, ${}^{i}\underset{\sim}{\varepsilon}_L$ und ${}^{i}\underset{\approx}{\mathbf{E}}_L$ entspricht Gl. (2.24). Die Ermittlung der ${}^{i}\underset{\approx}{\mathbf{E}}_L$ - Matrix aus dem Verbundaufbau ist in (3.5) beschrieben.

Schritt 2: Da mit Schnittgrößen (Membrankräfte je Längeneinheit, Momente je Längeneinheit) und mit globalen Verzerrungen (Verzerrung und Krümmungsänderung der „Schalenmittelfläche") gerechnet wird, muß jedes *lokale* Schicht-Materialgesetz auf ein *einheitliches globales* Koordinatensystem (x, y, z) transformiert werden (x, y in der Tangentialebene am betrachteten Punkt der „Schalenmittelfläche").

Transformation des Vektors der Spannungskomponenten:

$${}^{i}\underset{\sim}{\sigma}_L = {}^{i}\underset{\approx}{\mathbf{T}} \, {}^{i}\underset{\sim}{\sigma} \quad \text{mit} \quad {}^{i}\underset{\sim}{\sigma}^T = {}^{i}\big(\sigma_{xx},\, \sigma_{yy},\, \sigma_{xy}\big) \qquad (3.02)$$

mit der Transformationsmatrix (vgl. Aufgabe 2.16):

$$ {}^{i}\underset{\approx}{\mathbf{T}} = {}^{i}\begin{Bmatrix} c^2 & s^2 & 2cs \\ s^2 & c^2 & -2cs \\ -sc & sc & (c^2 - s^2) \end{Bmatrix} \quad \text{mit} \quad \begin{array}{l} s := \sin {}^{i}\alpha \\ c := \cos {}^{i}\alpha \ , \end{array} \tag{3.03} $$

Transformation des Vektors der Verzerrungskomponenten:

$$ {}^{i}\underset{\sim}{\varepsilon}_L = {}^{i}\underset{\approx}{\overline{\mathbf{T}}}\, {}^{i}\underset{\sim}{\varepsilon} \quad \text{mit} \quad {}^{i}\underset{\sim}{\varepsilon}^T = {}^{i}\big(\varepsilon_{xx},\, \varepsilon_{yy},\, \gamma_{xy}\big) \tag{3.04} $$

mit der Transformationsmatrix

$$ {}^{i}\underset{\approx}{\overline{\mathbf{T}}} = {}^{i}\begin{Bmatrix} c^2 & s^2 & cs \\ s^2 & c^2 & -cs \\ -2sc & 2sc & (c^2 - s^2) \end{Bmatrix} . \tag{3.05} $$

Es läßt sich zeigen, daß gilt:

$$ {}^{i}\underset{\approx}{\overline{\mathbf{T}}} = \big({}^{i}\underset{\approx}{\mathbf{T}}^{-1}\big)^T \quad \text{und} \quad {}^{i}\underset{\approx}{\mathbf{T}}^{-1} = \underset{\approx}{\mathbf{T}}\big(-{}^{i}\alpha\big) \tag{3.06} $$

und somit

$$ {}^{i}\underset{\sim}{\varepsilon}_L = \big({}^{i}\underset{\approx}{\mathbf{T}}^{-1}\big)^T\, {}^{i}\underset{\sim}{\varepsilon} \ . \tag{3.07} $$

Transformation des Werkstoffgesetzes:

$$ {}^{i}\underset{\sim}{\sigma}_L = {}^{i}\underset{\approx}{\mathbf{E}}_L\, {}^{i}\underset{\sim}{\varepsilon}_L \iff {}^{i}\underset{\approx}{\mathbf{T}}\, {}^{i}\underset{\sim}{\sigma} = {}^{i}\underset{\approx}{\mathbf{E}}_L \big({}^{i}\underset{\approx}{\mathbf{T}}^{-1}\big)^T\, {}^{i}\underset{\sim}{\varepsilon} \implies {}^{i}\underset{\sim}{\sigma} = \big({}^{i}\underset{\approx}{\mathbf{T}}^{-1}\big)\, {}^{i}\underset{\approx}{\mathbf{E}}_L \big({}^{i}\underset{\approx}{\mathbf{T}}^{-1}\big)^T\, {}^{i}\underset{\sim}{\varepsilon} . \tag{3.08} $$

Somit lautet das *Materialgesetz der Einzelschicht* bezogen auf die gemeinsamen Verbundkoordinaten x, y:

$$ {}^{i}\underset{\sim}{\sigma} = {}^{i}\underset{\approx}{\mathbf{E}}\, {}^{i}\underset{\sim}{\varepsilon} \quad \text{mit} \quad {}^{i}\underset{\approx}{\mathbf{E}} = \big({}^{i}\underset{\approx}{\mathbf{T}}^{-1}\big)\, {}^{i}\underset{\approx}{\mathbf{E}}_L \big({}^{i}\underset{\approx}{\mathbf{T}}^{-1}\big)^T . \tag{3.09} $$

Schritt 3: Zur Bildung eines *globalen* Materialgesetzes für die Verbundschale werden die Schnittgrößen mit den globalen Verzerrungen und Krümmungsänderungen in Beziehung gesetzt (siehe Bild 3.4).

Für die Schnittgrößen gilt:

$$ n_{kl} := \int_{-h_u}^{h_o} \sigma_{kl}(z)\, dz \approx \sum_{i=1}^{M} {}^{i}\sigma_{kl}\,\big({}^{i}z - {}^{i-1}z\big) \ , \tag{3.10} $$

$$ m_{kl} := -\int_{-h_u}^{h_o} \sigma_{kl}(z)\, z\, dz \approx -\sum_{i=1}^{M} {}^{i}\sigma_{kl}\,\big({}^{i}z - {}^{i-1}z\big)\, \frac{{}^{i}z + {}^{i-1}z}{2} \ , \tag{3.11} $$

$$\text{oder kurz} \quad \underset{\sim}{n} = \sum_{i=1}^{M} {}^{i}\underset{\sim}{\sigma}\left({}^{i}z - {}^{i-1}z\right) \quad , \quad \underset{\sim}{m} = -\sum_{i=1}^{M} {}^{i}\underset{\sim}{\sigma}\,\frac{{}^{i}z^{2} - {}^{i-1}z^{2}}{2} \quad , \tag{3.12}$$

$$\text{mit} \quad \underset{\sim}{n}^{T} = \left(n_{xx},\, n_{yy},\, n_{xy}\right) \quad , \quad \underset{\sim}{m}^{T} = \left(m_{xx},\, m_{yy},\, m_{xy}\right) \; .$$

Beschreibung der Verzerrungen unter Annahme der Gültigkeit der Kirchhoffschen Hypothese; siehe auch Gl. (2.29):

Mit den Verdrehwinkeln der Schalennormalen φ_x, φ_y, für die gilt: $\varphi_x = \frac{\partial w}{\partial x}$, $\varphi_y = \frac{\partial w}{\partial y}$, ergibt sich

$$u = \bar{u} - z\,\varphi_x \quad , \quad v = \bar{v} - z\,\varphi_y \; .$$

Damit folgen die Verzerrungen in der Bezugsfläche:

$$\underset{\sim}{\bar{\varepsilon}}^{T} = \left(\frac{\partial \bar{u}}{\partial x}, \frac{\partial \bar{v}}{\partial y}, \frac{\partial \bar{u}}{\partial y} + \frac{\partial \bar{v}}{\partial x}\right) ,$$

und die Krümmungsänderungen:

$$\left(\underset{\sim}{\bar{\varphi}'}\right)^{T} = \left(\frac{\partial \varphi_x}{\partial x}, \frac{\partial \varphi_y}{\partial y}, \frac{\partial \varphi_x}{\partial y} + \frac{\partial \varphi_y}{\partial x}\right).$$

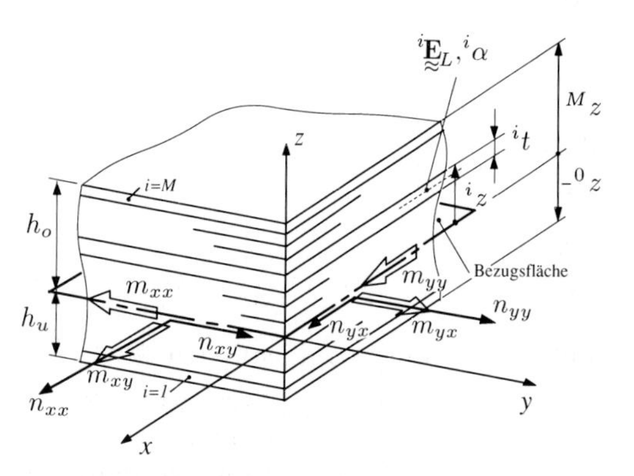

Bild 3.4

Für die Schnittgrößen kann nun (nach Einsetzen in die obigen Beziehungen) angeschrieben werden:

$$\underset{\sim}{n} = \underset{\approx}{\mathbf{A}}\,\underset{\sim}{\bar{\varepsilon}} + \underset{\approx}{\mathbf{B}}\,\underset{\sim}{\bar{\varphi}'} \quad \text{mit} \quad \underset{\approx}{\mathbf{A}} = \sum_{i=1}^{M} {}^{i}\underset{\approx}{\mathbf{E}}\left({}^{i}z - {}^{i-1}z\right), \; \underset{\approx}{\mathbf{B}} = -\sum_{i=1}^{M} {}^{i}\underset{\approx}{\mathbf{E}}\,\frac{{}^{i}z^{2} - {}^{i-1}z^{2}}{2} \; ; \tag{3.13}$$

analog für die Schnittmomente:

$$\underset{\sim}{m} = \underset{\approx}{\mathbf{B}}\,\underset{\sim}{\bar{\varepsilon}} + \underset{\approx}{\mathbf{D}}\,\underset{\sim}{\bar{\varphi}'} \quad \text{mit} \quad \underset{\approx}{\mathbf{D}} = \sum_{i=1}^{M} {}^{i}\underset{\approx}{\mathbf{E}}\,\frac{{}^{i}z^{3} - {}^{i-1}z^{3}}{3} \; . \tag{3.14}$$

Die Matrizen $\underset{\approx}{\mathbf{A}}$, $\underset{\approx}{\mathbf{B}}$, $\underset{\approx}{\mathbf{D}}$ können aus dem Aufbau des Verbundes berechnet werden.

Zusammengefaßt lautet das *globale Materialgesetz* des Schichtverbundes füer den isothermen Fall:

$$\left\{\begin{matrix} \underset{\sim}{n} \\ \underset{\sim}{m} \end{matrix}\right\} = \left\{\begin{matrix} \underset{\approx}{\mathbf{A}} & \underset{\approx}{\mathbf{B}} \\ \underset{\approx}{\mathbf{B}} & \underset{\approx}{\mathbf{D}} \end{matrix}\right\} \left\{\begin{matrix} \underset{\sim}{\bar{\varepsilon}} \\ \underset{\sim}{\bar{\varphi}'} \end{matrix}\right\} \; . \tag{3.15}$$

Im *Schritt 4* werden aus Gl. (3.15) die globalen Verzerrungen und Krümmungsänderungen berechnet, wenn die Schnittgrößen bekannt sind. Bei thermischen Belastungen und zur Berücksichtigung eventueller Feuchtequellungen läßt sich in Analogie zu Gl. (2.24) ein erweitertes globales Materialgesetz des Schichtverbundes angeben; siehe z.B. [33].

Im *Schritt 5* werden aus $\underset{\sim}{\overline{\varepsilon}}$ und $\underset{\sim}{\overline{\varphi}}'$ die Schichtverzerrungen wie folgt berechnet:

$$ {}^{i}\underset{\sim}{\varepsilon} = \underset{\sim}{\overline{\varepsilon}} - \frac{{}^{i-1}z + {}^{i}z}{2}\,\underset{\sim}{\overline{\varphi}}' \ . \tag{3.16} $$

Im *Schritt 6* werden diese Verzerrungen ${}^{i}\underset{\sim}{\varepsilon}$ auf das lokale Schichtkoordinatensystem transformiert:

$$ {}^{i}\underset{\sim}{\varepsilon}_L = \left({}^{i}\underset{\approx}{\mathbf{T}}^{-1}\right)^T\,{}^{i}\underset{\sim}{\varepsilon} \ . \tag{3.17} $$

Schritt 7: Mit dem lokalen Schicht-Materialgesetz lassen sich nun die verschmierten Schichtspannungen berechnen:

$$ {}^{i}\underset{\sim}{\sigma}_L = {}^{i}\underset{\approx}{\mathbf{E}}_L\,{}^{i}\underset{\sim}{\varepsilon}_L \ , \tag{3.18} $$

die im *Schritt 8* einem Versagenskriterium gegenübergestellt werden, z.B. dem *Tsai-Hill-Kriterium*:

$$ \frac{{}^{i}\sigma_l^2}{{}^{i}X^2} + \frac{{}^{i}\sigma_q^2}{{}^{i}Y^2} - \frac{{}^{i}\sigma_l\,{}^{i}\sigma_q}{{}^{i}X^2} + \frac{{}^{i}\tau_{lq}^2}{{}^{i}S^2} < 1 \quad \Longrightarrow \quad \text{kein Versagen in der i-ten Schicht} \tag{3.19} $$

mit den experimentell ermittelten Größen:

X ... Bruchspannung der UD-Schicht bei einachsiger Belastung in Faserrichtung,
Y ... Bruchspannung der UD-Schicht bei einachsiger Belastung in Richtung quer zu den Fasern,
S ... Bruchschubspannung der UD-Schicht,

oder einem aus dem Maximalspannungs- und Tsai-Wu-Kriterium gewonnenen *kombinierten Kriterium*:

$$ \begin{aligned} &\sigma_{l\,C\,u} < \sigma_l < \sigma_{l\,T\,u} \qquad \wedge \\ &F_{01}\,\sigma_l + F_{11}\,\sigma_l^2 + F_{12}\,\sigma_l\,\sigma_q + F_{02}\,\sigma_q + F_{22}\,\sigma_q^2 + F_{44}\,\tau_{lq}^2 < 1 \ , \end{aligned} \tag{3.20} $$

$$ \text{mit} \quad \begin{aligned} F_{01} &= \frac{1}{\sigma_{l\,T\,u}} + \frac{1}{\sigma_{l\,C\,u}} \ , \quad & F_{11} &= \frac{-1}{\sigma_{l\,T\,u}\,\sigma_{l\,C\,u}} \ , \quad & F_{44} &= \frac{1}{\tau_{lq\,u}^2} \ , \\ F_{02} &= \frac{1}{\sigma_{q\,T\,u}} + \frac{1}{\sigma_{q\,C\,u}} \ , \quad & F_{22} &= \frac{-1}{\sigma_{q\,T\,u}\,\sigma_{q\,C\,u}} \ , \quad & F_{12} &= -\sqrt{F_{11}\,F_{22}} \ , \end{aligned} $$

mit den experimentell bestimmten Größen:

$\sigma_{l\,C\,u}$ ... Bruchspannung bei Drucklast in Faserrichtung (< 0),
$\sigma_{l\,T\,u}$ ... Bruchspannung bei Zuglast in Faserrichtung,
$\sigma_{q\,C\,u}$ ... Bruchspannung bei Drucklast quer zu den Fasern (< 0),
$\sigma_{q\,T\,u}$ ... Bruchspannung bei Zuglast quer zu den Fasern,
$\tau_{lq\,u}$ ... Bruchschubspannung.

Diese Kriterien stellen im σ_l - σ_q - τ_{lq} - Spannungsraum eine Schadensfläche dar (siehe z.B. Bild 3.5).

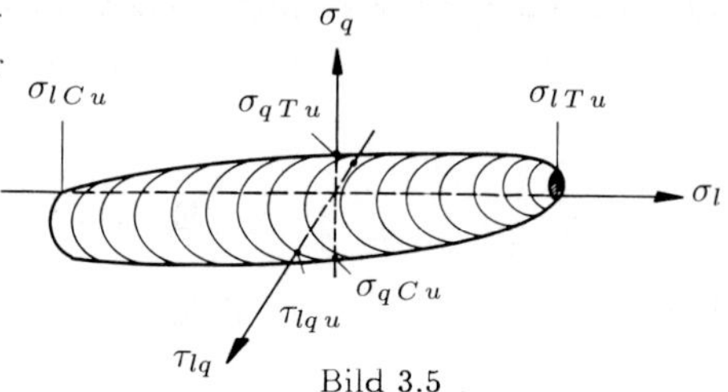

Bild 3.5

(3.4) Ferner ist darauf hinzuweisen, daß neben dem oben beschriebenem Schichtversagen auch interlaminares Versagen, Delamination (insbesondere durch Randeffekte), usw. auftreten kann, was hier nicht behandelt wird; vgl. [1]. Das eher gutmütige Ermüdungsverhalten von faserverstärkten Kunststoffen kann i.a. nicht mit Methoden, wie sie für Bauteile aus metallischen Werkstoffen angewandt werden, behandelt werden, vgl. [34].

(3.5) Die „verschmierte" Materialmatrix ${}^i\underset{\approx}{\mathbf{E}}_L$ (bezogen auf das Schichtkoordinatensystem l, q) kann auch durch mikromechanische Überlegungen aus den Materialdaten der Verbundkomponenten (Fasern ... Index f, Matrix ... Index m) und durch den Faservolumsanteil ξ bestimmt werden:

Unter Voraussetzung idealer Verhältnisse (idealer Verbund, keine Poren, isotrope Matrix: E_m, ν_m, transversal isotrope Fasern: $E_{fl}, E_{fq}, G_{flq}, \nu_{flq}$) können die folgenden vereinfachten Beziehungen aus [34] verwendet werden:

$$E_l = \xi\, E_{fl} + (1-\xi)\, E_m \ , \qquad \nu_{lq} = \xi\, \nu_{flq} + (1-\xi)\, \nu_m \ ,$$
$$E_q = \frac{E_m}{1-\sqrt{\xi}(1-E_m/E_{fq})} \ , G_{lq} = \frac{G_m}{1-\sqrt{\xi}(1-G_m/G_{flq})} \ . \tag{3.21}$$

Aus diesen Daten kann mittels Gl. (2.24) die $\underset{\approx}{\mathbf{E}}_L$ Matrix bestimmt werden.

Beispiel 3.6: Für einen kreiszylindrischen Druckbehälter aus geschichtetem UD-GFK-Verbund soll der „Wickelwinkel" $\pm\alpha$ gegenüber der Rotationsachse z so bestimmt werden, daß sich eine möglichst geringe Durchmesservergrößerung und verschwindende Axialdehnung bei Belastung durch den gesuchten zulässigen inneren Überdruck p einstellt.

Gegeben sind folgende Daten: Durchmesser $d = 500$ mm, Gesamtschalendicke $t = 5$ mm, Dicke der Einzelschicht $h = 0,5$ mm, Sicherheitsfaktor $\gamma = 2$, Glasfasern (isotrop): $E_f = 10^5$ N/mm^2, $\nu_f = 0,18$, $\xi = 0,6$; Matrix (isotrop): $E_m = 4000$ N/mm^2, $\nu_m = 0,35$.

Es sind $M = t/h = 10$ Schichten abwechselnd mit $+\alpha$ und $-\alpha$ gewickelt, und es wird ein reiner Membranspannungszustand im ungestörten Behältermantel angenommen. Für die UD-Schicht wurden folgende Größen ermittelt: $X = 1500$ N/mm^2, $Y = 45$ N/mm^2, $S = 90$ N/mm^2.

Die Bestimmung der Schichtdaten aus den Materialdaten von Fasern und Matrix aus Gl. (3.21) ergibt:

$$\begin{aligned} E_l &= 61600\,\mathrm{N/mm^2} \\ E_q &= 15601\,\mathrm{N/mm^2} \\ G_{lq} &= 5866\,\mathrm{N/mm^2} \\ \nu_{lq} &= 0,248 \end{aligned} \quad \begin{array}{l} \text{in } {}^i\underset{\approx}{\mathbf{E}}_L \text{ aus Gl.(3.01)} \\ \text{mit Gl. (2.24)} \end{array} \quad \Longrightarrow \quad \begin{aligned} E_{ll} &= 62575\,\mathrm{N/mm^2} \; , \\ E_{lq} &= 3930\,\mathrm{N/mm^2} \; , \\ E_{qq} &= 15848\,\mathrm{N/mm^2} \; , \\ G_{lq} &= 5866\,\mathrm{N/mm^2} \; . \end{aligned}$$

Nach Transformation auf ein schalenfixes Koordinatensystem (z, φ) mit Gl. (3.09) folgt:

$${}^i\underset{\approx}{\mathbf{E}}(+\alpha) = \begin{pmatrix} E_{ll} + [-s^2 k_1 + s^4 k_2] & E_{lq} + [s^2 k_2 - s^4 k_2] & s\,c\,[k_1/2 - s^2 k_2] \\ E_{lq} + [s^2 k_2 - s^4 k_2] & E_{qq} + [-s^2 k_3 + s^4 k_2] & s\,c\,[-k_3/2 + s^2 k_2] \\ s\,c\,[k_1/2 - s^2 k_2] & s\,c\,[-k_3/2 + s^2 k_2] & G_{lq} + [s^2 k_2 - s^4 k_2] \end{pmatrix},$$

mit $s = \sin\alpha$, $c = \cos\alpha$, $k_1 = 2E_{ll} - 2E_{lq} - 4G_{lq}$, $k_2 = E_{ll} + E_{qq} - 2E_{lq} - 4G_{lq}$, $k_3 = 2E_{qq} - 2E_{lq} - 4G_{lq}$; und ${}^i\underset{\approx}{\mathbf{E}}(-\alpha)$ analog für $\alpha \to -\alpha$.

Nach Bildung des globalen Materialgesetzes mit Gl. (3.13) und ${}^it = h \;\forall i$ und der Annahme $\underset{\sim}{m} = 0$ (reiner Membranspannungszustand, daher wird $\underset{\approx}{\mathbf{D}}$ nicht berechnet) ergibt sich:

$$\underset{\approx}{\mathbf{A}} = \sum_{i=1}^{M} {}^i\underset{\approx}{\mathbf{E}}\,{}^it = h\left[\sum_{i=1}^{M/2} {}^i\underset{\approx}{\mathbf{E}}(+\alpha) + \sum_{i=1}^{M/2} {}^i\underset{\approx}{\mathbf{E}}(-\alpha)\right] = \frac{t}{2}\left[\underset{\approx}{\mathbf{E}}(+\alpha) + \underset{\approx}{\mathbf{E}}(-\alpha)\right],$$

$$\underset{\approx}{\mathbf{B}} = -\sum_{i=1}^{M} {}^i\underset{\approx}{\mathbf{E}}\,{}^it\,{}^i\bar{z} = -h\left[\sum_{i=1}^{M} {}^i\underset{\approx}{\mathbf{E}}\,{}^i\bar{z}\right] \approx \underset{\approx}{\mathbf{0}} \text{ (etwa symmetr. Aufbau),}$$

$$\underset{\approx}{\mathbf{A}} = t\begin{pmatrix} E_{ll} + [-s^2 k_1 + s^4 k_2] & E_{lq} + [s^2 k_2 - s^4 k_2] & 0 \\ E_{lq} + [s^2 k_2 - s^4 k_2] & E_{qq} + [-s^2 k_3 + s^4 k_2] & 0 \\ 0 & 0 & G_{lq} + [s^2 k_2 - s^4 k_2] \end{pmatrix}.$$

Mit der „Kesselformel“ folgen die Schnittgrößen aus der Belastung:

$$\underset{\sim}{n} = \begin{pmatrix} n_x \\ n_\varphi \\ n_{x\varphi} \end{pmatrix} = \frac{p\,d}{4}\begin{pmatrix} 1 \\ 2 \\ 0 \end{pmatrix}.$$

Die Verzerrungen folgen aus Gl. (3.15): $\underset{\sim}{n} = \underset{\approx}{\mathbf{A}}\,\underset{\sim}{\bar{\varepsilon}} \Longrightarrow \underset{\sim}{\bar{\varepsilon}} = \underset{\approx}{\mathbf{A}}^{-1}\,\underset{\sim}{n}$.

Wegen $n_{x\varphi} = 0$ folgt

$$A_{33}\,\gamma_{x\varphi} = \left[G_{lq} + (s^2 k_2 - s^4 k_2)\right]\gamma_{x\varphi} = 0 \quad \Longrightarrow \quad \gamma_{x\varphi} = 0 \; .$$

Die Forderung $\varepsilon_x \equiv 0$ liefert nach Auswertung der vorigen Beziehung mit $\underset{\sim}{n} \neq 0$:

$$2\left[E_{lq} + (s^2 k_2 - s^4 k_2)\right] - \left[E_{qq} + (-s^2 k_3 + s^4 k_2)\right] = 0 \; .$$

Damit ergeben sich folgende mögliche Wickelwinkel:

$$\begin{matrix} s_{1,2} = \pm 0,755 \\ s_{3,4} = \pm 0,315 \end{matrix} \Longrightarrow \begin{matrix} \alpha_{1,2} = \pm 49,0^\circ \ , \\ \alpha_{3,4} = \pm 18,4^\circ \ , \end{matrix}$$

wobei sich aber nach Einsetzen der Werte in $\underset{\approx}{\mathbf{A}}^{-1}$ zeigt, daß $\alpha_{1,2}$ die geringere Umfangsdehnung ε_φ ergibt. Eine Transformation der Schichtverzerrung in jeder Einzelschicht auf das lokale Schichtsystem mit Gl. (3.17) liefert in diesem Fall:

$$\underset{\approx}{\overline{\varepsilon}} = \begin{pmatrix} 0 \\ \varepsilon_\varphi \\ 0 \end{pmatrix} \ , \ {}^i\underset{\sim}{\varepsilon} = \underset{\approx}{\overline{\varepsilon}} \quad \Longrightarrow \quad {}^i\underset{\sim}{\varepsilon}_L(+\alpha) = \varepsilon_\varphi \begin{pmatrix} 0,5701 \\ 0,4299 \\ 0,9901 \end{pmatrix} = p\,10^{-3} \begin{pmatrix} 0,921 \\ 0,695 \\ 1,600 \end{pmatrix} ,$$

mit p in N/mm² und analog für ${}^i\underset{\sim}{\varepsilon}_L(-\alpha)$. Die Schichtspannungen folgen aus Gl. (3.18):

$${}^i\sigma_l = 60,36\,p\,[\mathrm{N/mm^2}], \ {}^i\sigma_q = 14,63\,p\,[\mathrm{N/mm^2}], \ {}^i\sigma_{lq} = 9,39\,p\,[\mathrm{N/mm^2}] \ .$$

Die Anwendung des Tsai-Hill-Versagenskriteriums liefert den zulässigen Innendruck aus Gl. (3.19):

$$p_{zul}^2 = \frac{1}{\gamma^2} \frac{1}{\left(\frac{60,36}{X}\right)^2 + \left(\frac{14,63}{Y}\right)^2 + \left(\frac{9,39}{S}\right)^2} \quad \Longrightarrow \quad p_{zul} = 1,45 \ \mathrm{N/mm^2} \ .$$

Beispiel 3.7: Um zu zeigen, daß bei unsymmetrischem Schichtaufbau reine Membranbelastung zu Biege- bzw. Torsionsdeformationen führen kann, daß also über die $\underset{\approx}{\mathbf{B}}$ - Matrix entsprechende Kopplungen zwischen $\underset{\sim}{n}$ und $\underset{\sim}{\overline{\varphi}}'$ bzw. $\underset{\sim}{m}$ und $\underset{\sim}{\overline{\varepsilon}}$ auftreten, seien einige einfache Fälle bei einachsiger Beanspruchung untersucht:

a) Für den [0, 90] Kreuzverbund (siehe Bild 3.6) ergibt sich nach Einsetzen in die Gl. (3.13) und Gl. (3.14) folgender Aufbau der Schichtverbund-Steifigkeitsmatrix in Gl. (3.15):

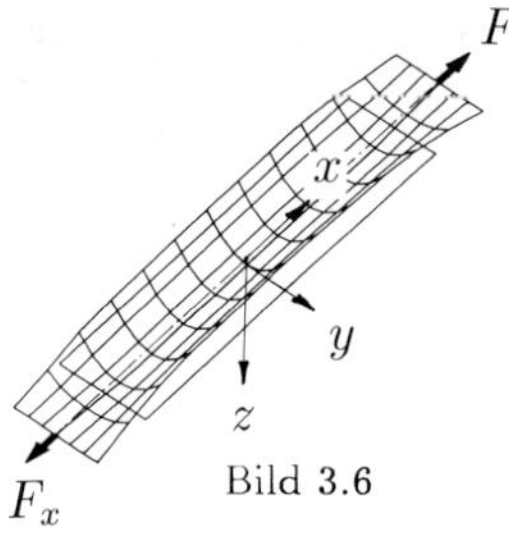

Bild 3.6

$$\begin{Bmatrix} A_{11} & A_{12} & 0 & B_{11} & 0 & 0 \\ A_{12} & A_{22} & 0 & 0 & B_{22} & 0 \\ 0 & 0 & A_{33} & 0 & 0 & 0 \\ B_{11} & 0 & 0 & D_{11} & D_{12} & 0 \\ 0 & B_{22} & 0 & D_{12} & D_{22} & 0 \\ 0 & 0 & 0 & 0 & 0 & D_{33} \end{Bmatrix} ,$$

woran erkennbar ist, daß wegen $\underset{\approx}{\mathbf{B}} \neq \underset{\approx}{\mathbf{0}}$ auch bei reiner Scheibenbeanspruchung F_x Durchbiegung auftritt. Aber wegen $B_{i3} = 0 \ \forall i = 1,2,3$ ist keine Tordierung zu erwarten.

b) Für den unsymmetrischen Winkelverbund [+45, −45] (siehe Bild 3.7) ergibt sich der Aufbau der Schichtverbund-Steifigkeitsmatrix zu:

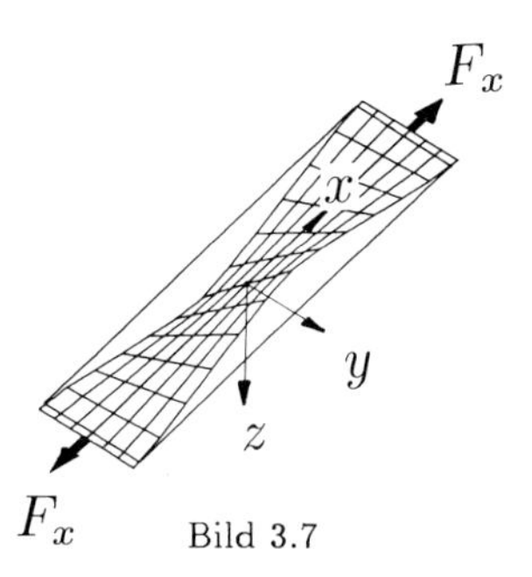

Bild 3.7

$$\begin{Bmatrix} A_{11} & A_{12} & 0 & 0 & 0 & B_{13} \\ A_{12} & A_{22} & 0 & 0 & 0 & B_{23} \\ 0 & 0 & A_{33} & B_{13} & B_{23} & 0 \\ 0 & 0 & B_{13} & D_{11} & D_{12} & 0 \\ 0 & 0 & B_{23} & D_{12} & D_{22} & 0 \\ B_{13} & B_{23} & 0 & 0 & 0 & D_{33} \end{Bmatrix},$$

woraus erkennbar ist, daß F_x zu Tordierung führt.

Aufgaben zu Kapitel 3:

Aufgabe 3.01: Erstellen Sie eine Tabelle mit den bezogenen Werkstoffkenngrößen σ_B/γ (R_m/γ) und E/γ für folgende Materialien, wobei typische Daten für σ_B, E und γ der Literatur bzw. Werkstoffdatenblättern zu entnehmen sind: Holz, Mg-Legierung, Al-Legierung, Titan, Stahl, Polyester, Glas-, Quarz-, Asbest-, Kohle- und Aramidfasern.

Aufgabe 3.02: Welche Vorteile von Faserverbundwerkstoffen können Sie angeben?

Aufgabe 3.03: Welche Nachteile von Faserverbundwerkstoffen können Sie angeben?

Aufgabe 3.04: Wovon hängen die Materialeigenschaften der Verbundwerkstoffe ab?

Aufgabe 3.05: Beschreiben Sie übliche Arten der Faseranordnung in faserverstärkten Kunststoffen!

Aufgabe 3.06: Nennen Sie einige der wichtigsten Verfahren zur Herstellung von Bau- teilen aus Faserverbundwerkstoffen!

Aufgabe 3.07: Beschreiben Sie die Schritte im Ablauf der Analyse eines Schichtverbundes gemäß der Laminat-Theorie!

Aufgabe 3.08: Die in Bild 3.8 dargestellte, im Winkelverbund mit sehr vielen Schichten symmetrisch gewickelte GFK-Drehfeder werde mit einem Torsionsmoment M_T belastet. Berechnen Sie den maximal zulässigen Wert für M_T unter der Voraussetzung, daß mit einer Sicherheit von $\gamma = 2$ bei Anwendung des Tsai-Hill-Kriteriums kein Schichtversagen auftritt. Geg.: $R = 100$ mm, $t = 5$ mm, $H = 200$ mm, $\alpha = 30°$, $E_l = 55600$ N/mm^2, $E_q = 9375$ N/mm^2, $\nu_{lq} = 0,248$, $G_{lq} = 3519$ N/mm^2, $X = 1600$ N/mm^2, $Y = 50$ N/mm^2, $S = 100$ N/mm^2.

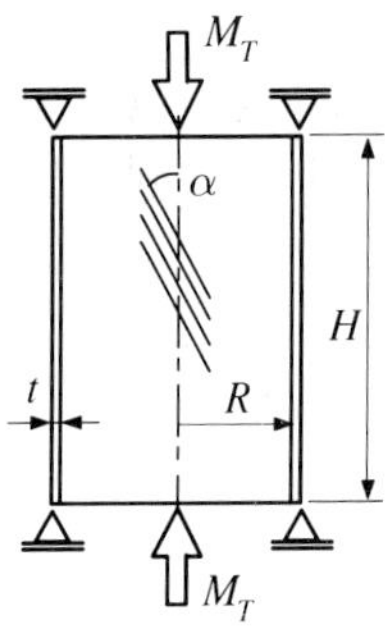

Bild 3.8

4. Leichtbau-Idealisierungen

Im folgenden werden Vereinfachungen von Berechnungsmethoden (die in Vorlesungen aus Mechanik und Festigkeitslehre eingehend behandelt werden) zusammengefaßt, die für eine Vielzahl typischer Leichtbaukonstruktionen auf schnellem Wege brauchbare Abschätzungen liefern. Die Kenntnis der technischen Biegelehre von Balken, Platten und Schalen wird vorausgesetzt. Auf verfeinerte Theorien, z.B. Vlasovsche Theorie dünnwandiger Stäbe, wird hier nicht eingegangen; diesbezüglich wird auf die Fachliteratur, z.B. [14], verwiesen.

4.1 Schubfeld-Theorie

Im Leichtbau werden vielfach Bauteile aus dünnen Blechen, die an relativ steife Gurte angeschlossen sind, gestaltet. Die im folgenden straff zusammengefaßte Schubfeld-Theorie stellt einen stark vereinfachten Weg zur Erfassung der Beanspruchungen solcher Elemente dar.

Beispiel 4.1: Man zeige, unter welchen Näherungsannahmen bei einem I-Träger mit extrem dünnem, hohem Steg die Querkraft allein durch konstante Schubspannungen $\sigma_{xz} = \tau$ im Steg und das Biegemoment allein durch Normalkräfte in den Gurten übertragen wird:

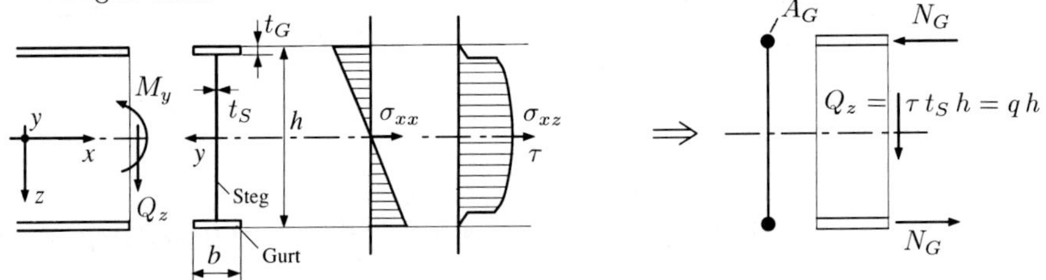

Bild 4.1

Es gilt:

$$J_y \approx \frac{t_S h^3}{12} + 2\, t_G\, b \frac{h^2}{4} = 2\, b\, t_G \left(\frac{h}{2}\right)^2 \left(1 + \frac{t_S\, h}{6\, t_G\, b}\right) = 2\, b\, t_G \left(\frac{h}{2}\right)^2 \left(1 + \frac{A_S}{6\, A_G}\right) , \tag{4.01}$$

$$\text{mit} \quad A_S \ll A_G \quad \Longrightarrow \quad \frac{A_S}{6\, A_G} \ll 1 \quad \Longrightarrow \quad J_y \approx 2\, A_G \left(\frac{h}{2}\right)^2 , \tag{4.02}$$

$$\sigma_{max} = \frac{M_y}{J_y} \frac{h}{2} \approx \frac{M_y}{A_G\, h} \quad \Longrightarrow \quad M_y \approx \sigma_{max}\, A_G\, h = N_G\, h \ . \tag{4.03}$$

Für die Schubspannungen zufolge Querkraft gilt:

$$\sigma_{xz} = \tau(z) = \frac{Q_z\, S_y(z)}{J_y\, t(z)} \ . \tag{4.04}$$

Für den Steg gilt bei $A_S \ll A_G$:

$$S_y(z) \approx A_G \frac{h}{2} = \text{konst.} \quad \Longrightarrow \quad \tau \approx \frac{Q_z\, A_G\, \frac{h}{2}}{2\, A_G\, \left(\frac{h}{2}\right)^2\, t_S} = \frac{Q_z}{h\, t_S} = \text{konst.}$$

Somit ergibt sich für den Schubfluß im Stegblech:

$$q = \tau\, t_S = \frac{Q_z}{h} \ . \tag{4.05}$$

Wenn also $t_S \ll h$ und $t_S h \ll b t_G$ (allg. $A_S \ll A_G$), dann gelten obige Näherungsannahmen. Allerdings sollte bedacht werden, daß die Übertragung des Biegemoments (näherungsweise) durch die Normalkräfte in den Gurten nicht bedeutet, daß im Steg keine Biegespannungen σ_{xx} auftreten. Die einfache Schubfeld-Theorie geht allerdings davon aus, daß $\sigma_{xx} \equiv 0$ im Stegblech.

(4.1) Folgenden Näherungen liegen der Schubfeld-Theorie zugrunde:

- Die Stäbe (Gurten und Pfosten) sind miteinander *gelenkig* verbunden und übertragen (im unterkritischen Zustand) im Falle rechteckiger Stegbleche *nur Längskräfte*.
- Die aus der Biegung resultierenden *Längskräfte werden nur in den Stäben übertragen*, und es wird sogar angenommen, daß im Blechfeld bezüglich der Trägerlängs- und -querrichtung *nur Schubspannungen* übertragen werden. Hinsichtlich der *Kräfte* ist diese Annahme völlig einsichtig, hinsichtlich der *Spannungen* stellt sie eine grobe Näherung dar.
- Bei *rechteckigen* Schubfeldern wird die Querkraft ausschließlich durch Schubspannungen im Blechfeld übertragen, die Stäbe sind (im unterkritischen Zustand) querkraftfrei.
- Die Kräfte werden nur über die Stäbe, nicht im Stegblech eingeleitet.

4.1.1 Rechteckige Schubfelder

Die Anwendung des Schnittprinzipes auf das abgebildete Rechteckfeld führt zu folgenden Beziehungen:

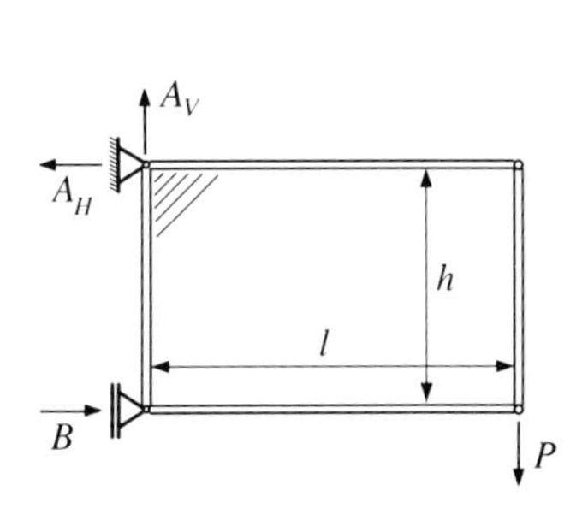

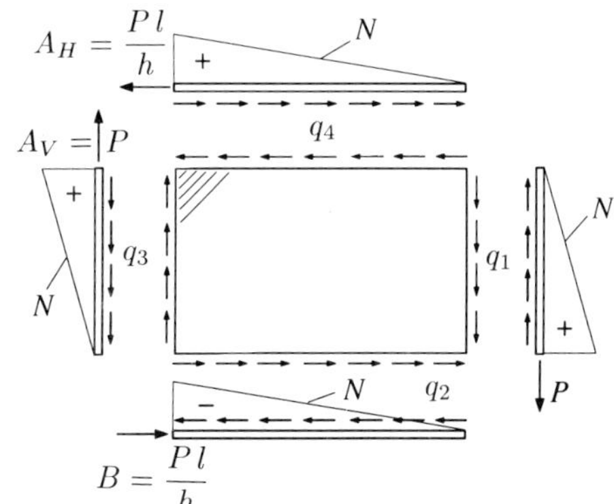

Bild 4.2

Der Satz von den zugeordneten Schubspannungen, Gl. (2.02), ergibt: $q_1 = q_2 = q_3 = q_4 = q$. Für den Normalkraftverlauf in den Gurten und Pfosten gilt:

$$\frac{dN}{dx} = q \quad \Longrightarrow \quad N = qx + C \ ; \tag{4.06}$$

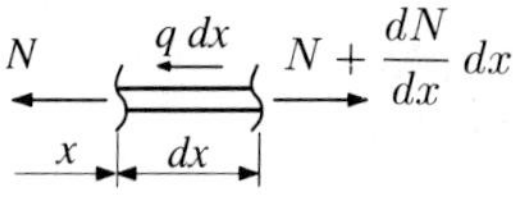

Bild 4.3

z.B. im Untergurt:

$$x=0: N=-B \quad\Longrightarrow\quad C=-B=\frac{P\,l}{h} \ ,$$

es gilt: $B - ql = 0 \quad\Longrightarrow\quad q=\dfrac{B}{l}=\dfrac{P}{h}$.

(4.2) Im rechteckigen Schubfeld ist der Schubfluß konstant, die Normalkräfte in den Gurten und Pfosten sind linear veränderlich.

(4.3) Aus den oben gefundenen Erkenntnissen, denen die Schubfeldidealisierungen zugrunde liegen, ist eine *kinematische Inkompatibilität* ableitbar, die die Schwächen dieser Theorie offenkundig macht:

Das Schubfeld (das Stegblech) erfährt nur eine Winkeländerung (also keine Änderung der Längen der Seitenkanten), während die Gurte und Pfosten im allgemeinen gedehnt oder gestaucht werden, was einen inkompatiblen Deformationszustand ergibt. Tatsächlich sind auch bei Rechteckfeldern die Normalkräfte in den Randstäben nicht wirklich linear verteilt, siehe [21].

(4.4) Je Teilfeld eines Schubfeldträgers tritt die Unbekannte q zusätzlich zu je einem Normalkraftwert in den Gurten und Pfosten auf. Somit kann als notwendige Bedingung für einen statisch bestimmten ebenen Schubfeldträger in Analogie zu den ebenen Fachwerken (Schubfeld entspricht Diagonalstab) formuliert werden:

$$s+b+3=2\,k \ , \tag{4.07}$$

s ... Anzahl der Gurte und Pfosten, d.h. der Feldrandstäbe,
b ... Anzahl der Blechfelder,
k ... Anzahl der Knoten (Anschlußgelenke zwischen den Feldrandstäben).

Statisch unbestimmte Schubfeldträger werden als Beispiel 5.4 im Kapitel 5.1 behandelt.

Beispiel 4.2: Man berechne die Schubflüsse q_i in den Schubfeldern und die Normalkraftverläufe in den Feldrandstäben bei dem im Bild 4.4 dargestellten Schubfeldträger:

Mit $s = 13$, $b = 4$, $k = 10$ in Gl. (4.07) folgt, daß ein statisch bestimmtes System vorliegt. Im Bild 4.4 sind die Schubflüsse so eingetragen, wie sie seitens der Schubfelder auf die Feldrandstäbe wirken. Der Satz von den zugeordneten Schubspannungen muß dabei beachtet werden. Die globalen Gleichgewichtsbedingungen ergeben:

$$B=P_1\frac{a+b}{2a+b} \quad , \quad A_H=P_1 \quad , \quad A_V=P_2-P_1\frac{a+b}{2a+b} \ .$$

Nach Anwendung des Schnittprinzipes gilt für Stab 1:

$$A_H-q_1\,a=0 \quad\Longrightarrow\quad q_1=\frac{A_H}{a}=\frac{P_1}{a} \ .$$

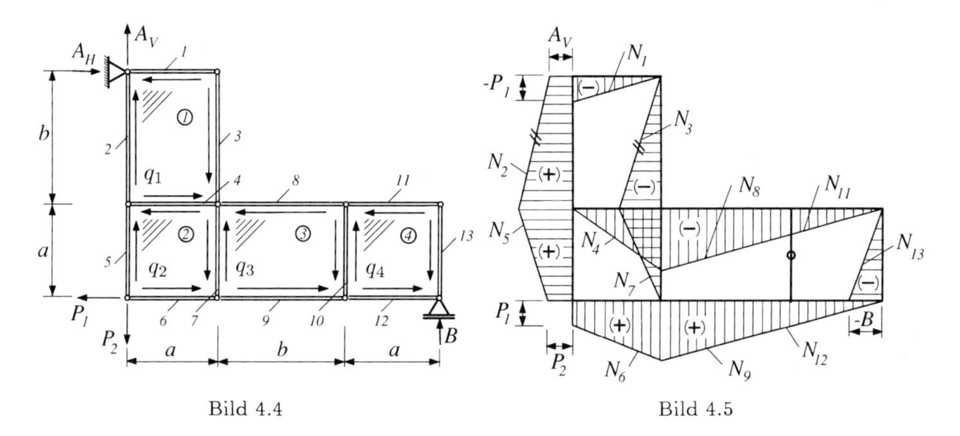

Bild 4.4 Bild 4.5

Analog ergibt sich:

$$\text{Stab 13: } q_4\,a - B = 0 \quad \Longrightarrow \quad q_4 = \frac{P_1}{a}\frac{a+b}{2a+b}\,,$$

$$\text{Stab 10: } q_3\,a - q_4\,a = 0 \quad \Longrightarrow \quad q_3 = q_4 = \frac{P_1}{a}\frac{a+b}{2a+b}\,,$$

$$\text{Stab 2,5: } q_1\,b + q_2\,a + A_V - P_2 = 0 \quad \Longrightarrow \quad q_2 = \frac{P_1}{a}\left(\frac{a+b}{2a+b} - \frac{b}{a}\right)\,.$$

Mit den nun bekannten Schubflüssen $q_1, \ldots, q_4$ sind die im Bild 4.5 dargestellten Normalkraftverläufe bestimmbar. Wir stellen fest: Stab 10 ist ein „Nullstab“ (er hat allerdings hinsichtlich der Stabilität eine wesentliche Bedeutung (siehe Kapitel 6.4.5). P_2 hat keinen Einfluß auf die Schubflüsse, wohl aber auf die Normalkräfte.

(4.5) In nicht-rechteckigen Schubfeldern ist die Berechnung der Spannungsverteilungen und die Bestimmung der Normalkraftverläufe etwas aufwendiger; siehe [4,6,12]. Im Parallelogrammfeld, an dessen Rändern konstante Schubflüsse eingeleitet werden, treten in Schnitten normal zu den Seitenkanten auch Normalspannungen auf. Im Trapezfeld ist der Schubfluß entlang der nicht-parallelen Kanten nicht konstant, und ein Teil der Querkraft wird auch durch die Normalkräfte in den schrägen Gurten übertragen.

(4.6) Schubfeldträger haben im allgemeinen große Tragreserven auch im überkritischen Bereich, d.h. wenn die Schubfelder (die Hautfelder, die Stegbleche, ...) schon gebeult sind, können die Lasten noch gesteigert werden (siehe Kapitel 6.4.5).

(4.7) Schubfeldträger sind wegen ihrer sehr geringen Torsionssteifigkeit hinsichtlich einer Querkraftbelastung außerhalb des Schubmittelpunktes sehr empfindlich.

4.1.2 Schubfeldträger mit gekrümmtem Stegblech

(4.8) Mit den Schubfeldidealisierungen bleibt der Schubfluß aus der Querkraft über die Steglinie konstant. Damit keine Verdrillungen (und damit verbundene, über die Stegblechdicke linear veränderliche Schubspannungen) auftreten, muß die Wirkungslinie der Querkraft durch den *Schubmittelpunkt (SMP) M* gehen. Die statische Äquivalenz zwischen der Schnittgröße Q und dem Schubfluß q erfordert:

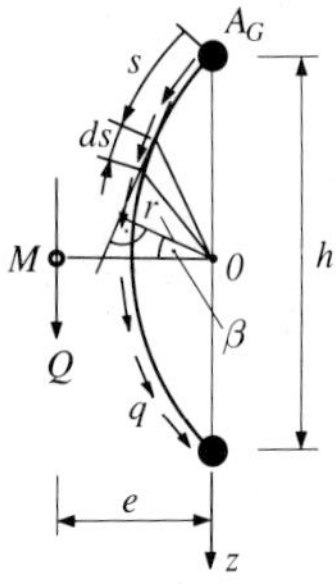

$$Q = \oint q \cos\beta(s)\, ds = \int_{-\frac{h}{2}}^{\frac{h}{2}} q\, dz = q\, h \qquad (4.08)$$

$$\Longrightarrow \quad q = \frac{Q}{h} \, ,$$

$$Qe = \oint q\, r(s)\, ds = q \oint r(s)\, ds = q\, 2\, A$$

$$\overset{\text{Gl. (4.08)}}{\Longrightarrow} \quad e = \frac{2A}{h} \, , \qquad (4.09)$$

Bild 4.6

A ... von der Steglinie und der Verbindungsgeraden zwischen den Gurten eingeschlossene Fläche.

Beispiel 4.3: In einem Schubfeldträger-Querschnitt laut Bild 4.7 mit kreiszylindrischem Stegblech ist die Querkraft $Q = 60$ kN und das Biegemoment $M = 100$ kNm bekannt. Es soll drillfreie Biegung vorliegen. Die notwendigen Gurtquerschnitte A_G und die Stegblechdicke t_S sind so zu bestimmen, daß $\sigma < \sigma_{zul} = 200$ N/mm^2 gesichert ist:

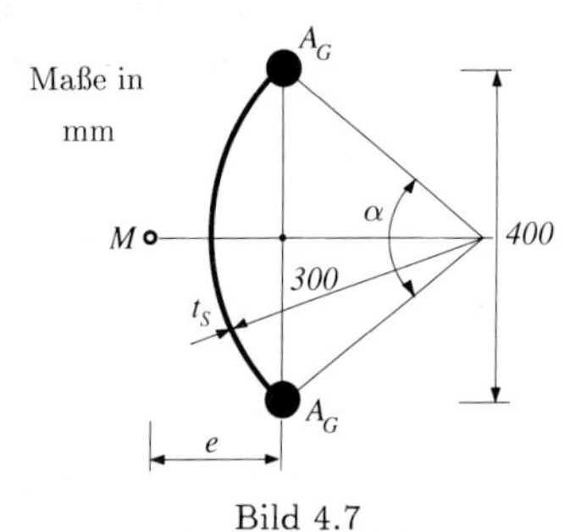

Bild 4.7

Die Lage des SMP folgt mit:

$$A = \frac{r^2}{2}\left(\frac{\pi\alpha}{180^\circ} - \sin\alpha\right) \, ,$$

$$\frac{\alpha}{2} = \arcsin\frac{h}{2r} = 41,8^\circ \, ,$$

$$A = 20940 \text{ mm}^2 \, ,$$

$$\overset{\text{Gl. (4.09)}}{\Longrightarrow} \quad e = 104,7 \text{ mm} \, .$$

Mit $\tau_{zul} = 100$ N/mm^2 (nach Tresca; siehe (2.35)) und Gl. (4.08) gilt: $q = 150$ N/mm und $t_S = q/\tau_{zul} = 1,5$ mm. Eine genauere Berechnung müßte auch die Normalspannungen aus dem Biegemoment (die in der Schubfeld-Theorie nicht berücksichtigt werden) in die Bemessung des Stegbleches miteinbeziehen. Die erforderlichen Gurtquerschnitte folgen zu: $A_G = M/(\sigma_{zul}\, h) = 1250$ mm^2.

4.1.3 Zusammengesetzte ebene Schubfeldträger

Stabartige Konstruktionen, die aus dünnen Blechfeldern und vergleichsweise massiven Längssteifen aufgebaut sind, können unter Heranziehung der Schubfeldidealisierungen behandelt werden.

Beispiel 4.4: Die im Bild 4.8 skizzierte Konstruktion soll bei bekanntem Schnittgrößenverlauf M, Q unter Voraussetzung drillfreier Querkraftbiegung untersucht werden:

Das Biegemoment wird gemäß Schubfeldidealisierungen durch die Normalkräfte N_1, N_2 übertragen:

$$M_y = (N_1 + N_2)h \qquad N_1 = \frac{M_y}{h}\frac{A_1}{A_1 + A_2},$$
$$\frac{N_1}{A_1} = \frac{N_2}{A_2} \quad \Rightarrow \quad N_2 = \frac{M_y}{h}\frac{A_2}{A_1 + A_2}.$$

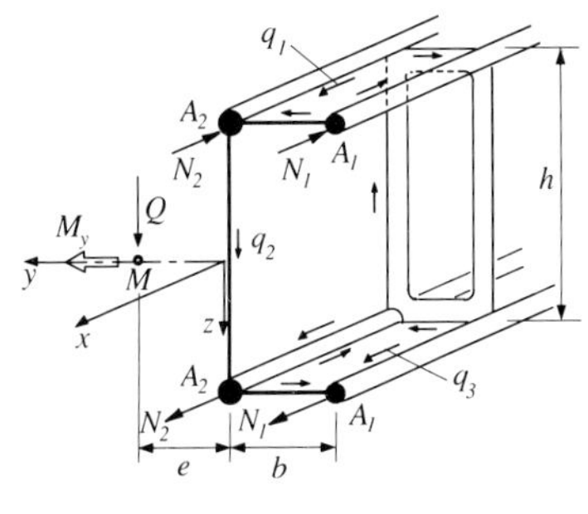

Bild 4.8

Für die Schubflüsse aus der Querkraftbiegung, im Bild 4.8 so eingetragen, wie sie in den Blechfeldern wirken, gilt:

$$q(s) = \frac{Q\,S(s)}{J_y} \quad \text{mit} \quad J_y = 2\,\frac{(A_1 + A_2)h^2}{4}\,, \quad \text{also}$$

$$q_1 = q_3 = Q\frac{A_1\frac{h}{2}}{(A_1 + A_2)\frac{h^2}{2}} = \frac{Q}{h}\frac{A_1}{A_1 + A_2}\,, \quad q_2 = Q\frac{(A_1 + A_2)\frac{h}{2}}{(A_1 + A_2)\frac{h^2}{2}} = \frac{Q}{h}\,.$$

Die Schubflüsse q_1, q_2, q_3 sind der Querkraft Q ohne zusätzliches Moment statisch äqivalent, wenn die Wirkungslinie von Q durch den SMP M geht, also keine Verdrillung vorliegt; daraus ergibt sich die Lage des SMP:

$$q_2\,h\,e - q_1\,b\,\frac{h}{2} - q_3\,b\,\frac{h}{2} = 0$$
$$Q\,e - b\,h\left(\frac{Q}{h}\frac{A_1}{A_1 + A_2}\right) = 0 \qquad \Longrightarrow \qquad e = b\,\frac{A_1}{A_1 + A_2}\,.$$

Wenn die Wirkungslinie von Q nicht durch M geht, so entsteht Torsion, die durch die Schubfeld-Theorie allein nicht erfaßt werden kann. Es müßte dann die sehr geringe Torsionssteifigkeit der Stegbleche in Rechnung gestellt werden, wobei große Verdrillungen zu erwarten sind (siehe Kapitel 4.2.1).

(4.9) Anmerkung: „Drillfrei“ bedeutet in diesem Zusammenhang, daß die Schubflüsse allein die Querkraft zu übertragen imstande sind und keine über die Stegblechdicke veränderlichen „Torsionsschubspannungen“ auftreten. Die Schubverzerrungen der Stegbleche können allerdings bei zusammengesetzten Schubfeldträgern auch im so definierten „drillfreien“ Zustand zu „Verwindungen“ führen.

(4.10) Anmerkung: Für Schubfeldkonfigurationen laut Bild 4.9 liegt der SMP im Kreuzungspunkt, was auch ohne Schubfeldidealisierungen gilt.

4.1.4 Zusammengesetzte Schubfelder mit gekrümmten Stegen

(4.11) Im Bild 4.10 ist ein zweistegiges Schubfeld mit gekrümmten Stegen dargestellt. Jedes Teilfeld kann eine Querkraftkomponente in Richtung g_i durch M_i ohne Torsion übertragen. Somit kann beim zweistegigen Schubfeldträger jede Querkraft Q, deren Wirkungslinie durch den Schnittpunkt M der beiden Wirkungslinien g_1 und g_2 geht, torsionsfrei übertragen werden.

Es gilt:
$$q_1 = \frac{Q_1}{h_1} \quad , \quad q_2 = \frac{Q_2}{h_2} \quad .$$

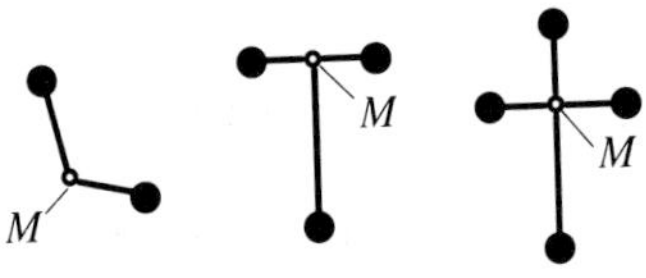

Bild 4.9 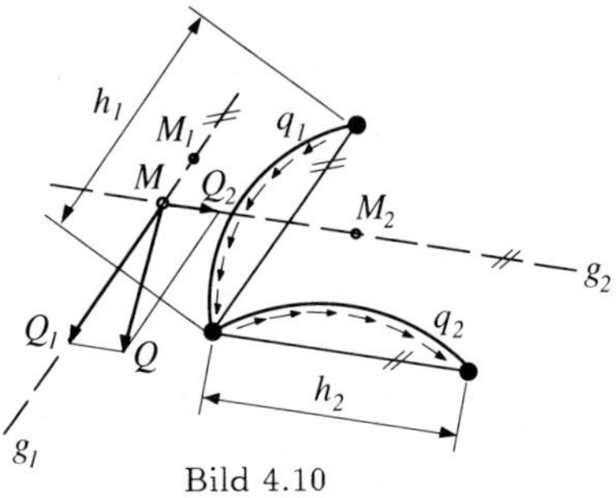 Bild 4.10

(4.12) Beim dreistegigen Schubfeldträger (Bild 4.11) kann jede beliebig gerichtete Querkraft torsionsfrei übertragen werden. Mittels der Culmanngeraden kann der Querkraftanteil (und daraus der Schubfluß) jedes Teilsteges ermittelt werden.

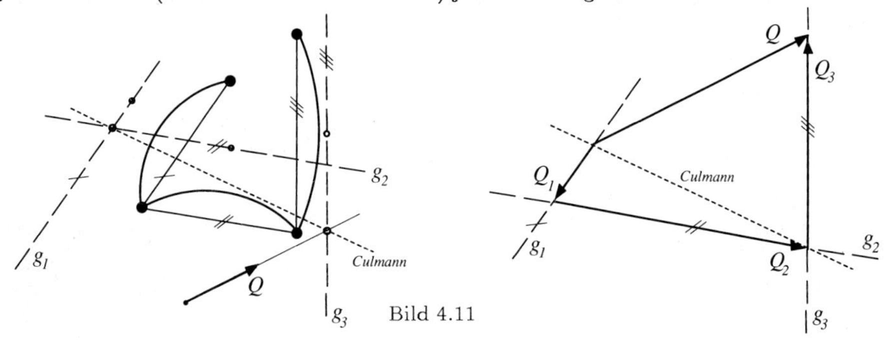

Bild 4.11

(4.13) Beim Schubfeldträger mit geschlossenem Doppelsteg (Bild 4.12) wird eine Querkraft in Richtung der Verbindungslinie zwischen Ober- und Untergurt durch die Stegblech-Schubflüsse q_1 und q_2 übertragen, für die gilt:
$$q_1 = \frac{Q_1}{h} \ , \ q_2 = \frac{Q_2}{h} \quad \text{mit} \quad Q_1 = Q\frac{e_2}{e_1 + e_2} \ , \ Q_2 = Q\frac{e_1}{e_1 + e_2} \quad .$$

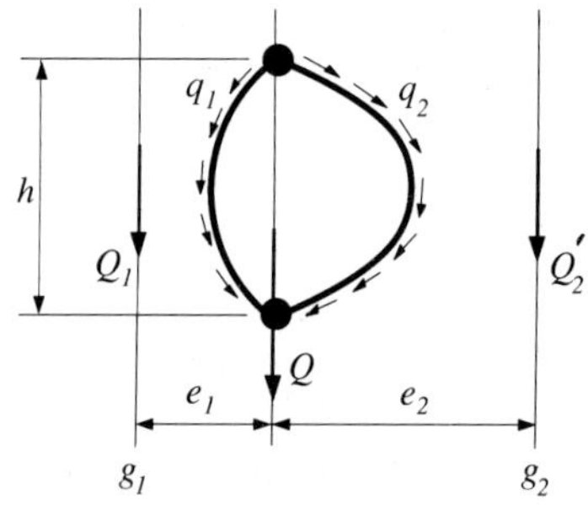

Bild 4.12

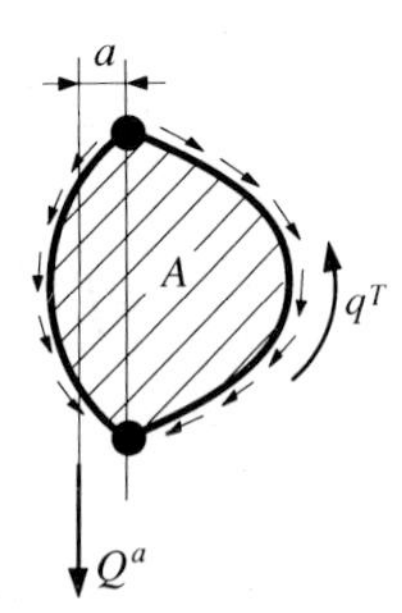

Bild 4.13

Falls die Wirkungslinie von Q nicht mit der Gurtverbindungslinie zusammenfällt (siehe Bild 4.13), aber parallel zu ihr wirkt, kann sie ebenfalls statisch äquivalent ersetzt werden durch Querkraftanteile in den jeweiligen SMP:

$$Q_1^a = Q^a \frac{e_2 + a}{e_1 + e_2} \quad , \quad Q_2^a = Q^a \frac{e_1 - a}{e_1 + e_2} \quad .$$

Das entspricht einem der Wirkung der obigen Querkraftanteile Q_1, Q_2 überlagertem Torsionsschubfluß; vgl. (4.19):
$$q^T = \frac{Q^a\, a}{2\, A} \quad .$$

4.2 Torsion von stabförmigen Leichtbaukonstruktionen

Die Torsion wird in der Mechanik und Festigkeitslehre eingehend behandelt. Hier werden die für den Leichtbau wichtigsten Beziehungen zusammengefaßt.

(4.14) Die Schubspannungen zufolge Torsion sind in *offenen, dünnwandigen* Profilen (siehe Bild 4.14) linear veränderlich über die Wanddicke (Torsionsschubfluß = 0) und bei *geschlossenen, dünnwandigen* Profilen konstant über die Wanddicke (abgesehen von Schubspannungskonzentrationen in stark gekrümmten Wandbereichen, siehe [18]).

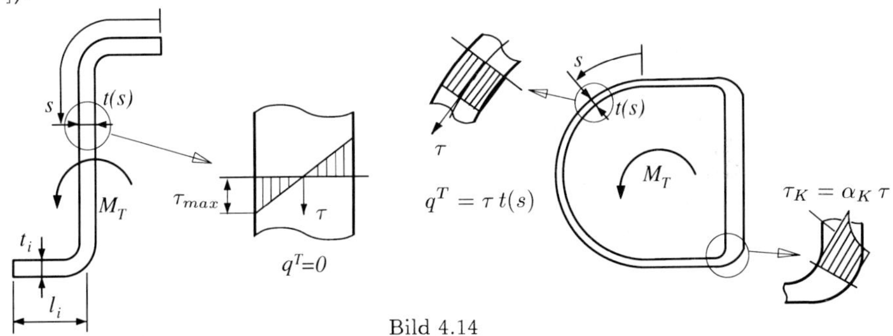

Bild 4.14

4.2.1 Offene dünnwandige Profile

(4.15) Offene dünnwandige Profile haben eine sehr geringe Torsionssteifigkeit, da ihr *Drillwiderstand* J_T im Gegensatz zu vergleichbaren geschlossenen Profilen sehr klein ist. Die *Verwindung* ϑ und die *Schubspannung* τ_{max} sind somit oft von beträchtlicher Größe. Ohne Wölbbehinderung gilt mit l als abgewickelter Profillänge:

$$J_T = \frac{1}{3} \oint_0^l t^3\, ds \qquad \left(J_T = \frac{1}{3} \sum_i l_i\, t_i^3 \right) \; , \tag{4.10}$$

$$\vartheta = \frac{M_T}{G\, J_T} \quad , \quad \tau_{max}(s) = G\, \vartheta\, t(s) = \frac{M_T}{J_T} t(s) \; . \tag{4.11}$$

Ohne Schubfeldidealisierungen ergibt sich die Lage des Schubmittelpunktes M bei Bezugnahme auf die Trägheitshauptachsen y, z durch den Schwerpunkt S aus:

$$Q_z\, y_M = \oint_0^l q^B(s)\, r(s)\, ds \,, \qquad \text{wobei} \qquad S_y(s) = \sum_{i=1}^{j} A_i\, z_i + \oint_0^s z(\bar{s})\, t(\bar{s})\, d\bar{s} \,,$$

$$\text{mit} \quad q^B(s) = \frac{Q_z\, S_y(s)}{J_y} \,, \qquad J_y = \sum_{i=1}^{n} A_i\, z_i^2 + \oint_0^l z^2(s)\, t(s)\, ds \,, \tag{4.12}$$

j ... Anzahl der konzentrierten Flächen innerhalb s,
n ... Anzahl der konzentrierten Flächen.

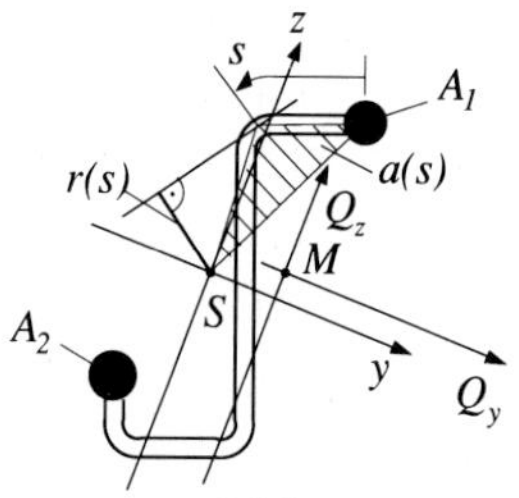

Bild 4.15

Damit folgt:

$$y_M = \frac{1}{J_y} \oint_0^l S_y(s)\, r(s)\, ds \,,$$

$$z_M = -\frac{1}{J_z} \oint_0^l S_z(s)\, r(s)\, ds \,, \tag{4.13}$$

bzw. für Querschnitte ohne konzentrierte Flächenanteile A_i wegen $2\, a(s) = \oint r(s)\, ds$, wobei auf das Vorzeichen zu achten ist:

$$y_M = \frac{2}{J_y} \oint_0^l z\, a(s)\, t(s)\, ds \,, \qquad z_M = -\frac{2}{J_z} \oint_0^l y\, a(s)\, t(s)\, ds \,. \tag{4.14}$$

(4.16) Anmerkung: Für symmetrische Profile liegt der SMP auf der Symmetrieachse; für die Bestimmung der Lage von M kann in diesem Fall ein beliebiger Bezugspunkt auf der Symmetrieachse gewählt werden (d.h. es muß der Schwerpunkt *nicht* ermittelt werden).

Beispiel 4.5: Für einen Stab mit dem im Bild 4.16 dargestellten symmetrischem Profil ist die Beanspruchung und die Verdrillung bei wölbkraftfreier Biege-Torsionsbeanspruchung und gegebenen Schnittgrößen M_B, Q zu ermitteln:

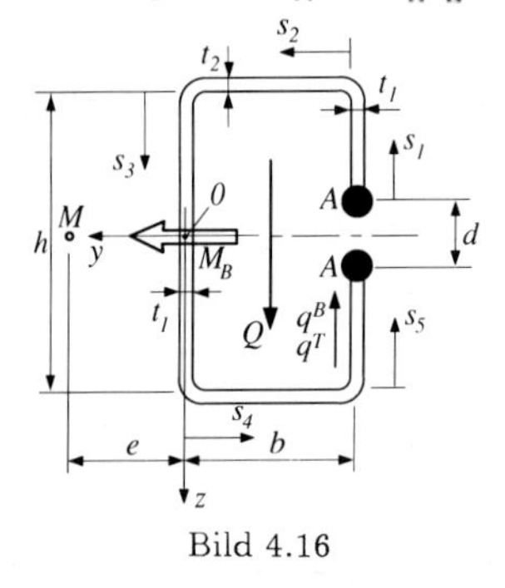

Bild 4.16

Schubfluß aus Querkraftbiegung:

$$q^B(s) = \frac{Q\, S(s)}{J_y} \,,$$

Biegung: $\sigma_B = \dfrac{M_B}{J_y} z$, mit

$$J_y = \frac{t_1 h^3}{12} + 2\left(\frac{t_1 \left(\frac{h-d}{2}\right)^3}{12} + t_1 \left(\frac{h-d}{2}\right)\left(\frac{h+d}{4}\right)^2\right) + 2\, b\, t_2 \frac{h^2}{4} + 2\, A\, \frac{d^2}{4} \,.$$

$S(s)$ bereichsweise ermittelt:

$$\begin{aligned}
\text{Bereich 1: } & S(s_1) = A\tfrac{d}{2} + t_1\, s_1 \left(\tfrac{d+s_1}{2}\right) \qquad (s_1 > 0)\\
2:\ & S(s_2) = A\tfrac{d}{2} + t_1 \left(\tfrac{h-d}{2}\right)\left(\tfrac{h+d}{4}\right) + t_2\, s_2 \tfrac{h}{2} = S\left(s_1 = \tfrac{h-d}{2}\right) + t_2\, s_2\, \tfrac{h}{2}\\
3:\ & S(s_3) = S(s_2 = b) + t_1\, s_3 \left(\tfrac{h-s_3}{2}\right)\\
4:\ & S(s_4) = S(s_3 = h) - t_2\, s_4\, \tfrac{h}{2}\\
5:\ & S(s_5) = S(s_4 = b) - t_1\, s_5 \left(\tfrac{h-s_5}{2}\right) \qquad \left(s_5 < \tfrac{h-d}{2}\right)\\
& = S\left(s_5 = \tfrac{h-d}{2}\right) = 0
\end{aligned}$$

Damit ist $q^B(s)$ bereichsweise bestimmt und mit $\tau^B(s) = q^B(s)/t(s)$ der entsprechende Schubspannungsverlauf. Der SMP M liegt auf der Symmetrieachse ($z_M = 0$). Für die Bestimmung von e kann laut (4.16) auch 0 als Bezugspunkt herangezogen werden. Mit Gl. (4.13) gilt:

$$e = \frac{1}{J_y}\left\{ \int_0^{\frac{h-d}{2}} S(s_1)\, b\, ds_1 + \int_0^{b} S(s_2)\,\frac{h}{2}\, ds_2 + \int_0^{h} S(s_3)\, 0\, ds_3 + \int_0^{b} S(s_4)\,\frac{h}{2}\, ds_4 + \right.$$
$$\left. + \int_0^{\frac{h-d}{2}} S(s_5)\, b\, ds_5 \right\}$$

Mit obigen $S(s_i)$ und J_y ergibt sich schließlich e als Funktion von A, b, h, d, t_1, t_2; speziell ergibt sich für $A = 0,\ d \to 0,\ t_1 = t_2 = t$:

$$J_y = \frac{t\, h^2}{2}\left(\frac{h}{3} + b\right) , \qquad e = 2\, b\, \frac{1 + \frac{3b}{2h}}{1 + \frac{3b}{h}} ,$$

bzw. gilt für Schubfeldidealisierungen (d.h. $A \gg \oint t(s)\, ds$ und d/h nicht zu klein):

$$J_y \to 2\, A\, \frac{d^2}{4} , \qquad e \to \frac{1}{A\frac{d^2}{2}}\left\{ \oint_0^{l} A\, \frac{d}{2}\, r(s)\, ds \right\} = b\left(2\frac{h}{d} - 1\right) ,$$

also z.B. für $d = h$ ist $e = b$. Mit bekanntem e ist nun auch das durch Q hervorgerufene Torsionsmoment M_T bekannt:

$$M_T = -Q\left(e + \frac{b}{2}\right) ; \quad \stackrel{\text{Gl.}(4.10)}{\Longrightarrow} \quad J_T = \frac{1}{3}\left[t_1^3\left(2\frac{h-d}{2} + h\right) + t_2^3\, 2\, b\right] ,$$

$$\stackrel{\text{Gl. }(4.11)}{\Longrightarrow} \quad \vartheta = -\frac{3\,Q}{G}\, \frac{e + \frac{b}{2}}{t_1^3\,(2h - d) + 2\, t_2^3\, b} ,$$

$$\Longrightarrow \quad \tau^T_{max}(s) = 3\, Q\, \frac{e + \frac{b}{2}}{t_1^3\,(2h - d) + 2\, t_2^3\, b}\, t(s) = f(t_1, t_2, h, b, d)\, Q\, t(s) .$$

Die größte Schubspannung tritt (je nach Verhältnis $t_1 : t_2$) entweder bei $s_2 = b$ oder bei $s_3 = h/2$ auf.

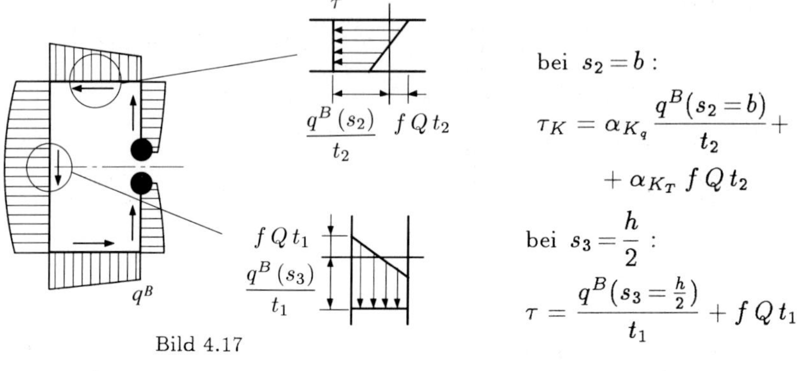

Bild 4.17

Beispiel 4.6: Man bestimme die Lage des Schubmittelpunktes a) des geschlitzten, dünnwandigen Kreisprofiles mit konstanter Wanddicke (Bild 4.18) und b) des C-förmigen Profiles (Bild 4.19):

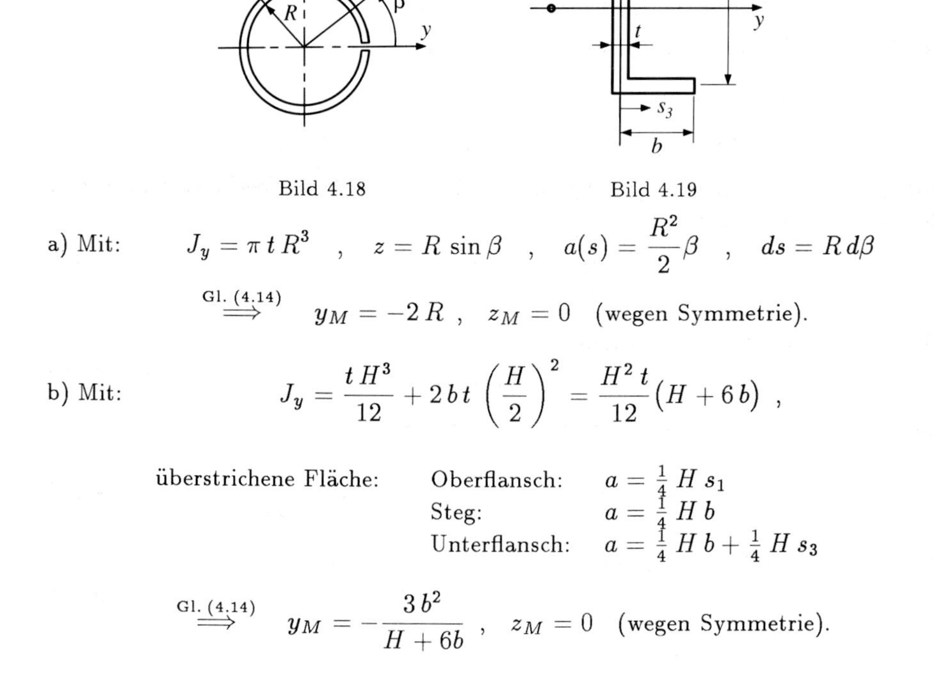

Bild 4.18 Bild 4.19

a) Mit: $$J_y = \pi\, t\, R^3 \quad , \quad z = R \sin\beta \quad , \quad a(s) = \frac{R^2}{2}\beta \quad , \quad ds = R\, d\beta$$

$$\overset{\text{Gl. (4.14)}}{\Longrightarrow} \quad y_M = -2\,R \ , \quad z_M = 0 \quad \text{(wegen Symmetrie).}$$

b) Mit: $$J_y = \frac{t\,H^3}{12} + 2\,b\,t\left(\frac{H}{2}\right)^2 = \frac{H^2\,t}{12}(H + 6\,b) \ ,$$

überstrichene Fläche:

Oberflansch:	$a = \frac{1}{4}\,H\,s_1$
Steg:	$a = \frac{1}{4}\,H\,b$
Unterflansch:	$a = \frac{1}{4}\,H\,b + \frac{1}{4}\,H\,s_3$

$$\overset{\text{Gl. (4.14)}}{\Longrightarrow} \quad y_M = -\frac{3\,b^2}{H + 6b} \ , \quad z_M = 0 \quad \text{(wegen Symmetrie).}$$

Beispiel 4.7: Die Lage des Schubmittelpunktes des im Bild 4.20 dargestellten Profils und dessen Drillwiderstand sollen bestimmt werden:

Der SMP liegt auf der Symmetrieachse; es kann daher für die Bestimmung der y-Koordinate der Bezugspunkt 0 gewählt werden.

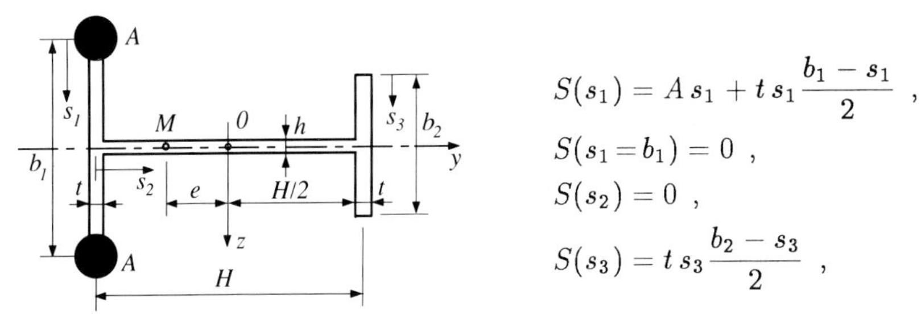

$$S(s_1) = A\,s_1 + t\,s_1 \frac{b_1 - s_1}{2} \;,$$
$$S(s_1 = b_1) = 0 \;,$$
$$S(s_2) = 0 \;,$$
$$S(s_3) = t\,s_3 \frac{b_2 - s_3}{2} \;,$$

Bild 4.20

$$e = \frac{1}{J_y}\Big(\int_0^{b_1}\Big(A\,s_1 + t\,s_1\frac{b_1 - s_1}{2}\Big)\frac{H}{2}ds_1 - \int_0^{b_2} t\,s_3\frac{b_2 - s_3}{2}\,\frac{H}{2}\,ds_3\Big) \;,$$

$$J_y = 2\,A\frac{b_1^2}{4} + \frac{b_1^3\,t}{12} + \frac{b_2^3\,t}{12} \quad\Longrightarrow\quad e = \frac{\frac{H}{2}\left[6\,A\,b_1^2 + t\,(b_1^3 - b_2^3)\right]}{6\,A\,b_1^2 + t\,(b_1^3 + b_2^3)} \;,$$

$$J_T = \frac{1}{3}\sum l_i\,t_i^3 + 2\,J_{TA} = \frac{1}{3}\left[(b_1 + b_2)\,t^3 + H\,h^3\right] + 2\,J_{TA} \;,$$

J_{TA} ... Drillwiderstand des Versteifungsprofiles.

(4.17) *Mit Wölbbehinderung* gelten folgende Beziehungen:

Für die axiale Verschiebung:

$$u(x,s) = \vartheta(x)\,\varphi^*(s) \quad , \quad \varphi^*(s) = \varphi(s) - z_M\,y(s) + y_M\,z(s) \;, \tag{4.15}$$

mit $\varphi^*(s)$ der auf den Schubmittelpunkt (als Drehachse) bezogenen Wölbfunktion an der Stelle s, für die gilt:

$$\oint_0^l \varphi^*\,t(s)\,ds = 0 \;. \tag{4.16}$$

Die Wölbspannungen ergeben sich zu:

$$\sigma_{x_W} = E\,\varphi^*\,\vartheta' \;, \tag{4.17}$$

und für den durch die Wölbbehinderung erzeugten Schubfluß gilt:

$$q_W(s) = -E\,\vartheta'' \oint_0^s \varphi^*(\bar{s})\,t(\bar{s})\,d\bar{s} \;. \tag{4.18}$$

Der von q_W herrührende Beitrag zum Gesamttorsionsmoment M_T ergibt sich zu:

$$M_W = -E\,C_W\,\vartheta'' \;, \tag{4.19}$$

mit dem Wölbwiderstand:

$$C_W = \oint_0^l \varphi^{*2}(s)\,t(s)\,ds \;. \tag{4.20}$$

Somit lautet die Differentialgleichung der Wölbkrafttorsion:

$$G\,J_T\,\vartheta - E\,C_W\,\vartheta'' = M_T \;, \tag{4.21}$$

mit der allgemeinen Lösung

$$\vartheta = \frac{M_T}{G\,J_T}\big(1 + C_1 \cosh \alpha x + C_2 \sinh \alpha x\big) \ , \quad \text{mit} \quad \alpha = \sqrt{\frac{G\,J_T}{E\,C_W}} \ ; \qquad (4.22)$$

C_1 und C_2 werden aus den Randbedingungen bestimmt. Formeln für die Ermittlung von C_W können z.B. [24,35] entnommen werden.

(4.18) Anmerkung: Für die Bestimmung der Wölbfunktion φ^* wird wie folgt vorgegangen:

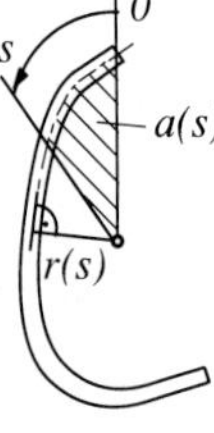

Bild 4.21

Es gilt:

$$\varphi(s) = \varphi_0 - \oint_0^s r(\bar{s})\, d\bar{s} = \varphi_0 - 2\,a(s) \ ; \qquad (4.23)$$

φ_0 muß nun so gewählt werden, daß Gl. (4.16) mit Gl. (4.15b) erfüllt ist.

Beispiel 4.8: Ein geschlitztes Rohr laut Bild 4.18 und Bild 4.22 ist an einem Ende unverschieblich eingespannt und am anderen Ende durch eine Einzelkraft P, deren Wirkungslinie durch den Kreismittelpunkt verläuft, belastet. Es sind die Verwölbung und die Verdrehung des Endquerschnittes, die Längs- und Schubspannungen sowie die Vertikalverschiebung am freien Ende zu ermitteln:

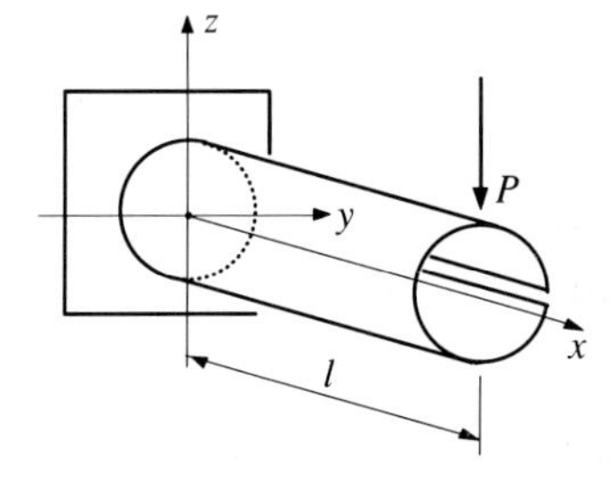

Bild 4.22

Nach Beispiel 4.6a) liegt der Schubmittelpunkt bei $y_M = -2\,R$ und $z_M = 0$. Damit ergeben sich die Schnittkräfte zu $M = P\,(l - x)$, $Q = -P$ und $M_T = -Q\,y_M = P\,y_M$. Die Wölbfunktion ergibt sich mit Gl. (4.23) unter Beachtung von Gl. (4.16) zu:

$$\varphi_0 = R^2\,\pi \quad \Longrightarrow \quad \varphi^*(\beta) = R^2\left(\pi - \beta - 2\,\sin\beta\right) \ ,$$

und damit kann der Wölbwiderstand aus Gl. (4.20) ermittelt werden:

$$C_W = \int_0^{2\pi} \left[R^2\left(\pi - \beta - 2\,\sin\beta\right)\right]^2 t\,R\,d\beta = R^5\,t\,\pi\left(\frac{2}{3}\pi^2 - 4\right) \ .$$

Mit dem Drillwiderstand des geschlitzten Rohres $J_T = 2\,R\,\pi\,t^3/3$ folgt aus Gl. (4.22):

$$\alpha^2 = \frac{G\,J_T}{E\,C_W} = \frac{G}{E}\frac{t^2}{R^4(\pi^2 - 6)} \ .$$

Die Randbedingungen $x = 0 : \ \vartheta = 0$ und $x = l : \ \vartheta' = 0$ liefern für Gl. (4.22): $C_1 = -1, \ C_2 = \tanh \alpha l$, und damit folgt:

$$\vartheta(x) = \frac{M_T}{G\,J_T}\big(1 - \cosh \alpha x + \tanh \alpha l \ \sinh \alpha x\big) \ ,$$

$$\vartheta'(x) = -\frac{\alpha\,M_T}{G\,J_T}\big(\sinh \alpha x - \tanh \alpha l \ \cosh \alpha x\big) \ ,$$

$$\vartheta''(x) = -\frac{\alpha^2 M_T}{G J_T}\left(\cosh\alpha x - \tanh\alpha l \sinh\alpha x\right) .$$

Der Drehwinkel χ folgt aus der Integration von $\chi' = \vartheta$ und der Randbedingung $x = 0 : \chi = 0$ zu:

$$\chi(x) = \frac{M_T}{\alpha G J_T}\left[\alpha x - \sinh\alpha x + \tanh\alpha l\left(\cosh\alpha x - 1\right)\right] .$$

Mit der Durchbiegung aus der Querkraftbiegung eines Kragträgers und zufolge der Wölbkrafttorsion folgt die gesamte Durchbiegung bei $\beta = \pi$:

$$w = w_b + w_T = -\frac{P l^3}{3 E J_y} - \chi(l)\, y_M .$$

Die maximale Biegespannung tritt ebenso wie die maximale Wölbspannung aus der Gl. (4.17) im Einspannquerschnitt $(x=0)$ auf:

$$\begin{aligned}\sigma_x(x=0) &= \sigma_{x_b} + \sigma_{xW} = \frac{M}{J_y} z + E \varphi^* \vartheta' \\ &= \frac{P l}{R^3 \pi t} R \sin\beta + E R^2\left(\pi - \beta - 2\sin\beta\right)\frac{\alpha M_T}{G J_T}\tanh\alpha l .\end{aligned}$$

Die Anteile der maximalen Schubspannung folgen aus der Saint-Venant'schen Torsion Gl. (4.11) mit

$$\tau_{max,T} = \frac{M_T}{J_T} t = \frac{3P}{\pi t^2} ,$$

zufolge der Querkraft Gl. (4.12):

$$\tau_Q = \frac{Q_z S_y(s)}{J_y t} \quad \text{mit} \quad S_y(s) = \oint_0^s z(\bar{s})\, t\, d\bar{s} \quad \Longrightarrow \quad \tau_Q = \frac{-P}{R t \pi}\left(1 - \cos\beta\right) ,$$

und aus der Wölbschubspannung Gl. (4.18) mit

$$\tau_W = \frac{q_W}{t} = \frac{E}{t}\frac{\alpha^2 M_T}{G J_T}\int_0^\beta R^2\left(\pi - \bar{\beta} - 2\sin\bar{\beta}\right) t R\, d\bar{\beta} .$$

Die Verwölbung bei $x=l$ ergibt sich mit Gl. (4.15) zu:

$$u(\beta=0) = \vartheta(x=l) R^2 \pi \quad , \quad u(\beta=2\pi) = \vartheta(x=l)\left(-R^2\pi\right) .$$

Da $\vartheta(x=l) < 0$ zeigt die obere Kante nach hinten und die untere Kante um den gleichen Betrag nach vorne.

Beispiel 4.9: Der Schubmittelpunkt und der Drillwiderstand des in Bild 4.23 dargestellten I-Profiles sind zu ermitteln. Da es sich um einen einfach-symmetrischen Querschnitt handelt, liegen der Bezugspunkt 0 und der SMP auf der z-Achse. Aus Gl. (4.23) folgt mit $\varphi = \varphi_0 - 2a(s_i)$:

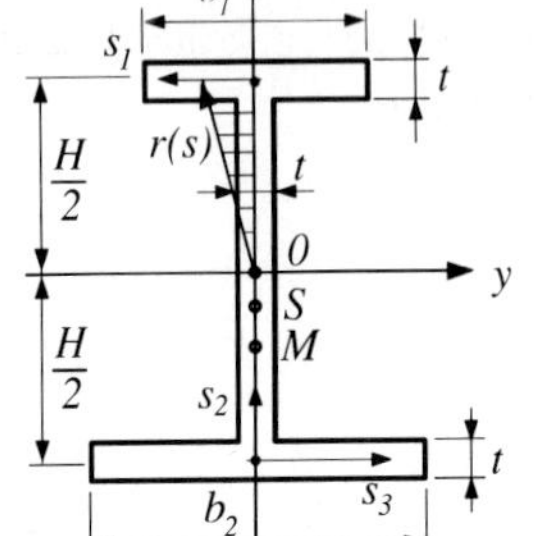

Bild 4.23

$$\text{Oberflansch:}\quad a = \frac{H}{4}\, s_1 \;, \quad \varphi = \varphi_0 - \frac{H}{2}\, s_1 \;,$$

$$\text{Steg:}\quad a = 0 \;, \quad \varphi = \varphi_0 = 0 \;,$$

$$\text{Unterflansch:}\quad a = \frac{H}{4}\, s_3 \;, \quad \varphi = \varphi_0 - \frac{H}{2}\, s_3 \;.$$

Mit Gl. (4.15) und $y_M = 0$ in Gl. (4.16) eingesetzt ergibt:

$$z_M = \frac{1}{J_z} \int_0^L y\, \varphi(s)\, t\, ds \quad \text{mit} \quad J_z = \frac{t}{12}\left(b_1^3 + b_2^3\right) \;,$$

damit folgt nach Integration und Bestimmung der Schwerpunktslage:

$$z_M = \frac{H}{2}\, \frac{b_1^3 - b_2^3}{b_1^3 + b_2^3} < z_S = \frac{H}{2}\, \frac{b_1 - b_2}{b_1 + b_2} \quad \text{mit} \quad b_1 < b_2 \;.$$

Der Drillwiderstand kann mittels Gl. (4.10) berechnet werden:

$$J_T = \frac{1}{3} \sum_i l_i\, t_i^3 = \frac{t^3}{3}\left(H + b_1 + b_2\right) \;.$$

4.2.2 Geschlossene, dünnwandige Profile

(4.19) Bei geschlossenen, dünnwandigen, einzelligen Profilen ist der Torsions-Schubfluß q^T konstant, und somit gilt:

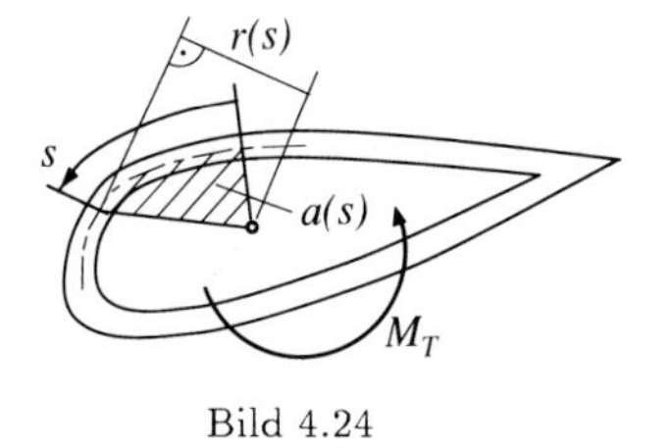

Bild 4.24

$$M_T = \oint q^T\, r(s)\, ds = q^T\, 2\, A \tag{4.24}$$

(1. Bredtsche Formel),

mit A der von der Querschnittsmittellinie eingeschlossenen Fläche.

(4.20) Hinsichtlich der Verdrillung ϑ gilt für jeden beliebigen Schubflußverlauf:

$$\oint \tau\, ds = 2\, G\, \vartheta\, A \;, \tag{4.25}$$

bzw. speziell beim einzelligen Querschnitt:

$$\vartheta = \frac{q^T}{2\, G\, A} \oint \frac{1}{t(s)}\, ds \overset{\text{Gl. (4.24)}}{=} \frac{M_T}{G\,(2A)^2} \oint \frac{1}{t(s)}\, ds \tag{4.26}$$

(2. Bredtsche Formel).

$$\text{Andererseits gilt:} \quad \vartheta = \frac{M_T}{G\, J_T} \quad \Longrightarrow \quad J_T = \frac{(2A)^2}{\oint \frac{1}{t(s)} ds} \;. \tag{4.27}$$

(4.21) Anmerkung: Der dickwandige Hohlquerschnitt wird nach folgender Beziehung berechnet:

$$J_T = \frac{(2A)^2}{\oint \frac{ds}{t}} + \frac{1}{3} \oint \big(t(s)\big)^3 \, ds \; . \tag{4.28}$$

Beispiel 4.10: Um aufzuzeigen, um wieviel mehr geschlossene Hohlprofile bei gleichem Materialeinsatz torsionssteifer sind als offene Profile, seien bei Saint-Venant'scher (d.h. wölbunbehinderter) Torsion die Verdrillung a) des dünnwandigen, ungeschlitzten und b) des geschlitzten Kreisrohres verglichen:

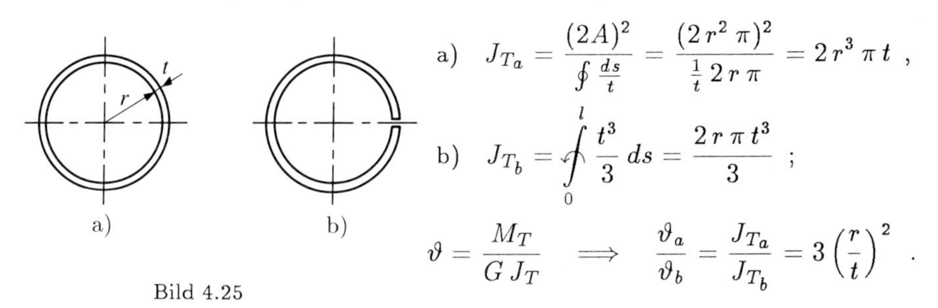

Bild 4.25

a) $J_{T_a} = \frac{(2A)^2}{\oint \frac{ds}{t}} = \frac{(2\, r^2\, \pi)^2}{\frac{1}{t}\, 2\, r\, \pi} = 2\, r^3\, \pi\, t$,

b) $J_{T_b} = \int_0^l \frac{t^3}{3} \, ds = \frac{2\, r\, \pi\, t^3}{3}$;

$$\vartheta = \frac{M_T}{G\, J_T} \quad \Longrightarrow \quad \frac{\vartheta_a}{\vartheta_b} = \frac{J_{T_a}}{J_{T_b}} = 3\left(\frac{r}{t}\right)^2 .$$

Zum Beispiel ergibt sich bei $d = 35\,\text{mm}$, $t = 2\,\text{mm}$: $\vartheta_a / \vartheta_b = 229,7$! Die Enden des wölbunbehindert verdrillten geschlitzten Rohres haben am Schlitz folgenden Versatz:

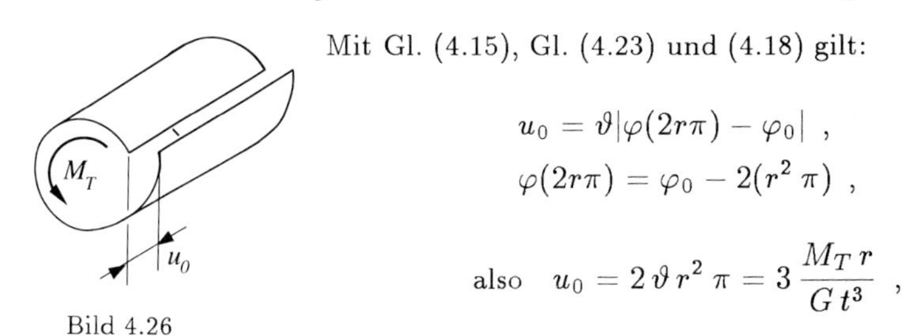

Bild 4.26

Mit Gl. (4.15), Gl. (4.23) und (4.18) gilt:

$$u_0 = \vartheta |\varphi(2r\pi) - \varphi_0| \; ,$$
$$\varphi(2r\pi) = \varphi_0 - 2(r^2\, \pi) \; ,$$

also $u_0 = 2\, \vartheta\, r^2\, \pi = 3\, \frac{M_T\, r}{G\, t^3}$,

während beim ungeschlitzten Rohr keine Verwölbung auftritt.

(4.22) Bei mehrzelligen, geschlossenen, dünnwandigen Hohlprofilen gilt für Saint-Venant'sche Torsion:

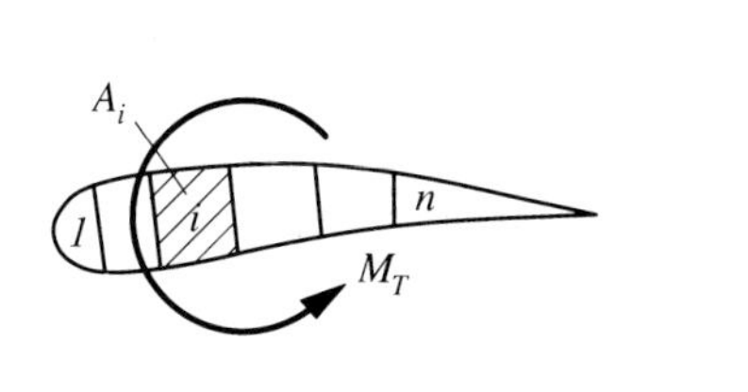

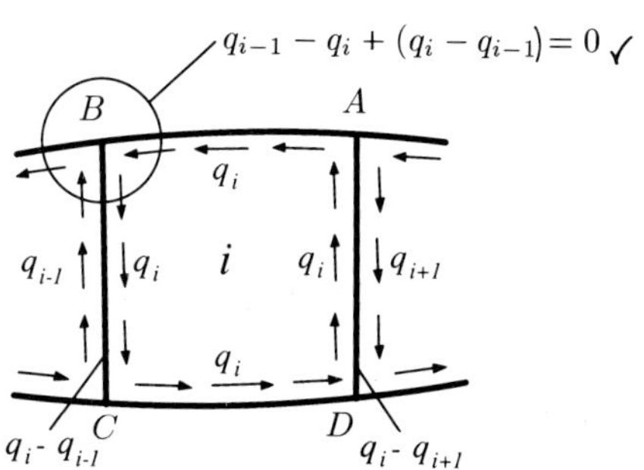

Bild 4.27

Mit
$$M_T = \sum_{i=1}^{n} M_{T_i} = \sum_{i=1}^{n} q_i \, 2\, A_i \tag{4.29}$$

und $\vartheta_i = \vartheta_j = \vartheta$ folgt mit Gl. (4.26) und den Definitionen

$$a_{ii} := \left(\oint \frac{ds}{t}\right)_i \,, \quad a_{il} := \left(\int_B^C \frac{ds}{t}\right)_i \,, \quad a_{ir} := \left(\int_D^A \frac{ds}{t}\right)_i \tag{4.30}$$

das Gleichungssystem:

$$\begin{Bmatrix} a_{11} & -a_{1r} & & & & \\ -a_{2l} & a_{22} & -a_{2r} & & 0 & \\ & & \ddots & & & \\ & & -a_{il} & a_{ii} & -a_{ir} & \\ & 0 & & & \ddots & \\ & & & & -a_{nl} & a_{nn} \end{Bmatrix} \begin{Bmatrix} q_1 \\ q_2 \\ \vdots \\ q_i \\ \vdots \\ q_n \end{Bmatrix} \frac{1}{G\,\vartheta} = \begin{Bmatrix} 2A_1 \\ 2A_2 \\ \vdots \\ 2A_i \\ \vdots \\ 2A_n \end{Bmatrix} , \tag{4.31}$$

mit einer symmetrischen Koeffizientenmatrix in Bandstruktur, aus der die Quotienten $(q_i/G\,\vartheta)$ für alle $i = 1, \ldots, n$ Teilzellen ermittelt werden können. Wegen Gl. (4.29) gilt

$$G\,\vartheta = \frac{M_T}{\sum\limits_{i=1}^{n} (q_i/G\,\vartheta) 2A_i} \tag{4.32}$$

und schließlich

$$q_i = \frac{(q_i/G\,\vartheta)\, M_T}{\sum\limits_{i=1}^{n} 2\,(q_i/G\,\vartheta)\, A_i} \quad \text{und} \quad \vartheta = \frac{M_T}{G \sum\limits_{i=1}^{n} 2\,(q_i/G\,\vartheta)\, A_i} \,. \tag{4.33}$$

Beispiel 4.11: Das im Bild 4.28 dargestellte Dural-Strangpreßprofil wird durch ein Torsionsmoment M_T belastet. Man berechne die Schubflüsse und die Verwindung bei Saint-Venant'scher Torsion:

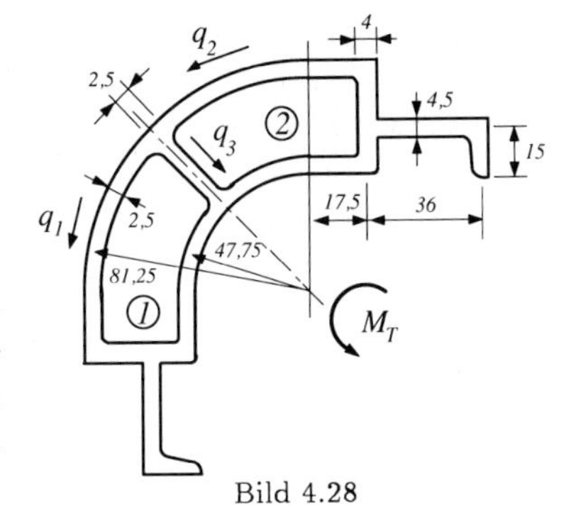

Bild 4.28

Zunächst wird das Profil als zweizelliges, dünnwandiges Hohlprofil betrachtet. Die Flächen der Zellen 1 und 2 ergeben sich zu $A_1 = A_2 = A = (\pi/8)(81,25^2 - 47,75^2) + 17,5 \cdot (81,25 - 47,75) = 2283\ \text{mm}^2$.

Die Ausdrücke gemäß Gl. (4.30) ergeben sich zu

$$a_{11} = \oint \frac{ds}{t} = \frac{(81,25\,\pi/4) + (47,75\,\pi/4) + 2 \cdot 17,5 + (81,25 - 47,75)}{2,5} + \\ + \frac{81,25 - 47,75}{4,0} = a \;,$$

$$a_{1l} = 0\ ,\ a_{1r} = \frac{81,25 - 47,5}{2,5} = -a_w\ ,\ a_{22} = a_{11} = a\ ,\ a_{2l} = a_{1r}\ ,\ a_{2r} = 0\ .$$

$$\begin{Bmatrix} a & a_w \\ a_w & a \end{Bmatrix} \begin{Bmatrix} q_1 \\ q_2 \end{Bmatrix} \frac{1}{G\vartheta} = \begin{Bmatrix} 2A \\ 2A \end{Bmatrix}$$

woraus sofort folgt: $q_1 = q_2 = q$ mit
$$\frac{q}{G\vartheta} = \frac{2A}{a + a_w}$$

und somit wegen Gl. (4.33a):
$$q = \frac{\frac{2A}{a+a_w} M_T}{4 \frac{2A}{a+a_w} A} = \frac{M_T}{4A}\ ,$$

bzw. mit Gl. (4.33b):
$$\vartheta = \frac{M_T}{G\,4 \frac{2A}{a+a_w} A} = \frac{M_T(a + a_w)}{8\,G\,A^2}\ .$$

Mit Gl. (4.27) ergibt sich somit der Drillwiderstand des zweizelligen Profiles zu

$$J_{T_Z} = \frac{M_T}{G\vartheta} = \frac{8\,A^2}{a + a_w} = 663960\ \text{mm}^4\ .$$

Der Einfluß der beiden L-Profile kann näherungsweise aus Gl. (4.10) mit

$$J_{T_L} = 2\,\frac{1}{3}\left(36 \cdot 4,5^3 + 15 \cdot 4,5^3\right) = 3098\ \text{mm}^4$$

ermittelt werden. Der Umstand, daß die Profilwände relativ dick sind, wird laut Anmerkung (4.21) mit

$$J_{T_w} = 2\,\frac{1}{3}\Big[\Big(\frac{81,25\pi}{4} + \frac{47,75\pi}{4} + 2 \cdot 17,5 + \frac{81,25 - 47,75}{2}\Big)2,5^3 + \left(81,25 - 47,75\right)4,0^3\Big] = 3024\ \text{mm}^4$$

berücksichtigt. Damit ergibt sich ein Gesamtdrillwiderstand von $J_{T_{ges}} = J_{T_Z} + J_{T_L} + J_{T_w} = 670082\ \text{mm}^4$. Die Verwindung ϑ folgt aus Gl. (4.27) mit $\vartheta = M_T/G\,J_{T_{ges}}$.

4.2.3 Schubfeldidealisierungen für querkraft-, biege- und torsionsbeanspruchte geschlossene Profile

Für die querlastbedingte Biegung und Torsion geschlossener Kastenquerschnitte mit Längssteifen (Schubfeldidealisierungen, nur symmetrische Querschnitte) gilt:

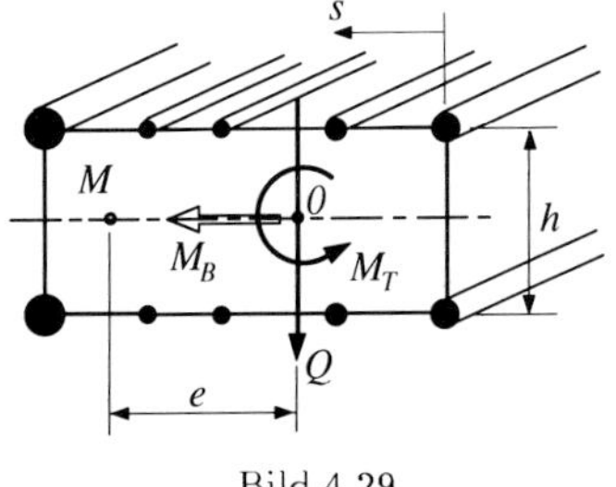

Bild 4.29

Auf einen beliebigen Bezugspunkt 0 (auf der Querschnittssymmetralen) bezogen lassen sich die Schnittgrößen (Schubflüsse, Längskräfte in den Längssteifen, ...) durch die ihnen statisch äquivalenten Schnittkräfte Q, M_B, M_{T_0} darstellen.

Das Biegemoment M_B bewirkt Längskräfte in den Steifen, Q und M_{T_0} bewirken Schubflüsse in den dünnen Blechfeldern.

Schub zufolge Querkraft:

Beim offenen Profil gälte:
$$\bar{q}(s) = \frac{Q\,S(s)}{J_y} \ . \tag{4.34}$$

Bei geschlossenem Profil und beliebigem Startpunkt für die Bogenlänge s kann im allgemeinen *nicht* angenommen werden, daß $q^Q(s=0) = 0$ gilt, sondern es wird dieser Schubfluß mit
$$q^Q(s=0) := q_0^Q \tag{4.35}$$
definiert. Somit gilt:
$$q^B(s) = \bar{q}(s) + q_0^Q \ . \tag{4.36}$$

Schubfluß zufolge Querkraft und Torsion:

Der Schubfluß zufolge Torsion ist im geschlossenen Hohlprofil konstant. Faßt man q_0 als Summe aus dem unbekanntem Schubflußanteil q_0^Q und dem aus der Torsion kommenden Schubfluß q^T zusammen
$$q_0 = q_0^Q + q^T \ , \tag{4.37}$$

so muß die folgende statische Äquivalenz der Schnittkräfte Q und M_{T_0} mit den Schubflüssen gelten:
$$M_{T_0} = \oint q(s)\,r(s)\,ds = \oint \big(\bar{q}(s) + q_0\big)\,r(s)\,ds \ . \tag{4.38}$$

Mit Gl. (4.34) und Gl. (4.24) ist q_0 bestimmbar:
$$M_{T_0} = \oint \bar{q}(s)\,r(s)\,ds + \oint q_0\,r(s)\,ds \quad \Longrightarrow \quad q_0 = \frac{1}{2A}\Big(M_{T_0} - \oint \bar{q}(s)\,r(s)\,ds\Big) \ . \tag{4.39}$$

Somit ist der Schubfluß an jeder Stelle ermittelt:
$$q(s) = \bar{q}(s) + q_0 \ . \tag{4.40}$$

Für *drillfreie Querkraftbiegung* muß die Wirkungslinie der Querkraft, die keine Torsion zur Folge haben soll, durch den *Schubmittelpunkt* gehen. Mit $\vartheta = 0$ folgt aus der grundlegenden Beziehung Gl. (4.25) mit obigen Beziehungen der Abstand e des SMP vom Bezugspunkt 0 zu
$$e = \frac{1}{J_y}\left(\oint S(s)\,r(s)\,ds - 2A\,\frac{\oint \frac{S(s)}{t(s)}\,ds}{\oint \frac{ds}{t(s)}}\right) \ . \tag{4.41}$$

(4.23) Im längsversteiften Hohlkasten können bei enger Anordnung der Längssteifen (Stringers) folgende Näherungen angewendet werden:

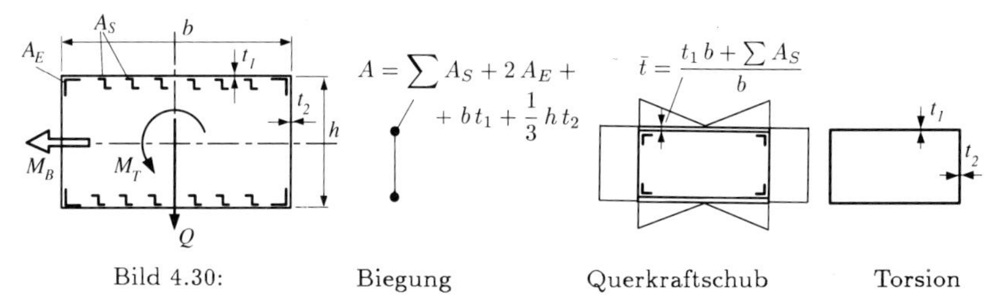

Bild 4.30: Biegung Querkraftschub Torsion

Beispiel 4.12: Man berechne für das im Bild 4.31 dargestellte Profil $\bar{q}(s)$:

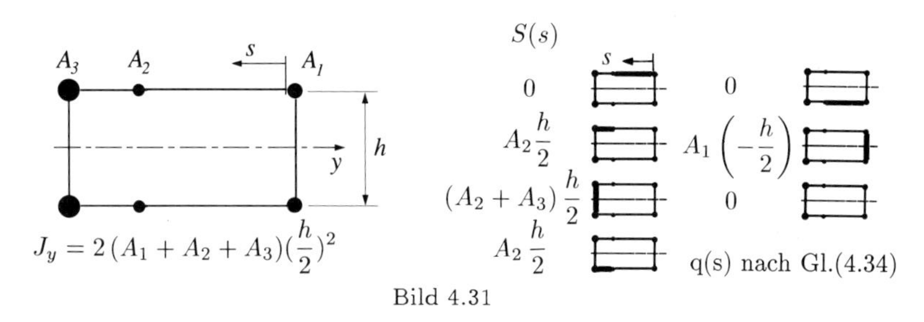

Bild 4.31

Beispiel 4.13: Für den Querkraftschub im dünnwandigen Rechteck- und Kreishohlprofil ergibt sich:

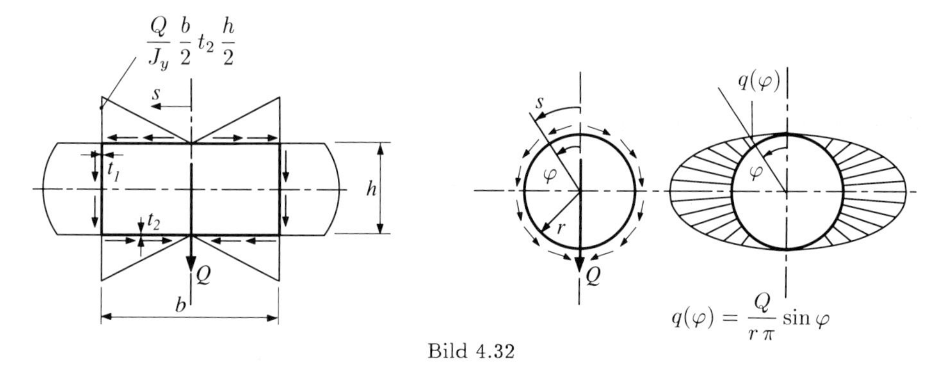

Bild 4.32

4.3 Die mittragende Gurtbreite bei Biegeträgern und versteiften Platten

(4.24) Unter Voraussetzung der Gültigkeit der Bernoulli-Euler-Biegetheorie ergibt sich bei einfacher, gerader Biegung im Querschnitt eine über die Breite konstante Verteilung der Normalspannungen. In Wirklichkeit treten in breiten Gurten keine konstanten Normalspannungen auf. Die – vorwiegend im Schiffbau übliche – Einführung einer *mittragenden Gurtbreite* (nicht zu verwechseln mit der mittragenden Plattenbreite bei ausgebeulten Platten, siehe Kapitel 6.4.4) ermöglicht eine Behandlung breitflanschiger Biegeträger bzw. längsversteifter gebogener Platten nach der einfachen Biegetheorie. Unter Heranziehung der Airyschen Spannungsfunktion (siehe Kapitel 2.4) lassen sich z.B. für die folgenden 3 Fälle (siehe Bild 4.33 bis 4.35) bei gelenkig gelagerten Enden die Spannungsverteilungen $\sigma_{ij}(x,y)$ im Gurt ermitteln.

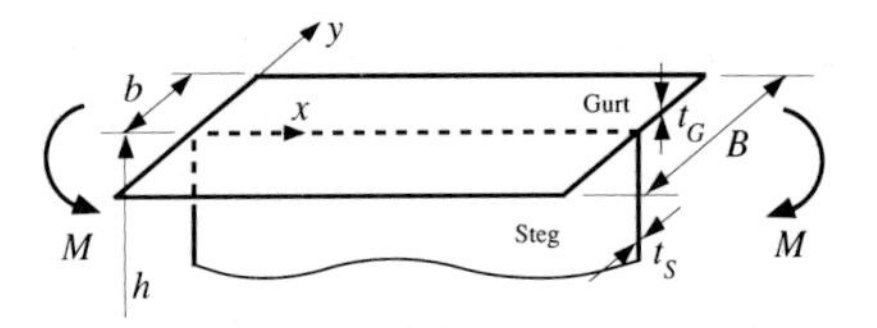

Bild 4.33 I: Freie Längsränder (I-, T-Träger)

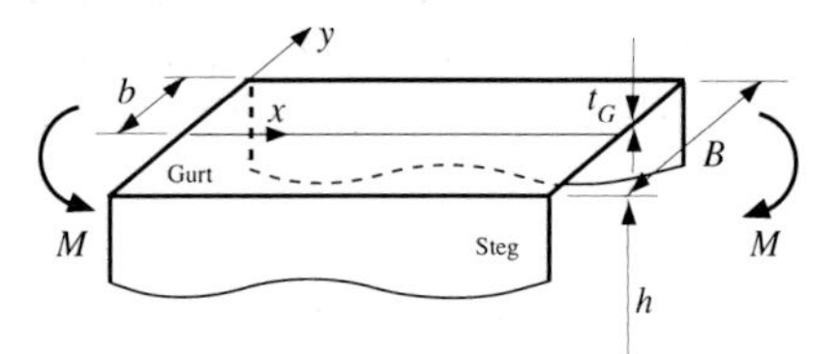

Bild 4.34 II: Kastenträger

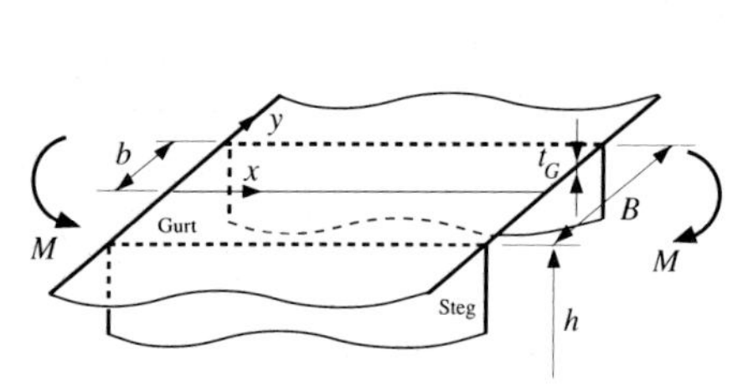

Bild 4.35 III: Durchgehende, versteifte Platte

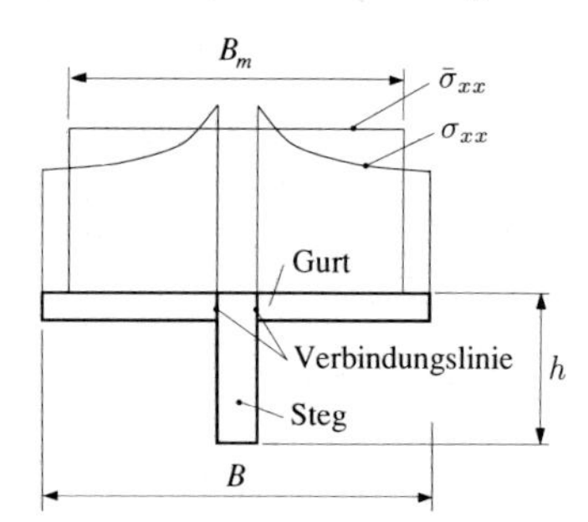

Bild 4.36: Spannungsverteilung

Bild 4.36 zeigt an einem Querschnitt schematisch die Längsspannungsverteilung σ_{xx} im Gurt. Ihr Maximum tritt an der Verbindung zwischen Gurt und Steg auf. Dort ist σ_{xx} aber unter den hier getroffenen Voraussetzungen nicht unbedingt gleich der Längsspannung des Steges, da die Querdehnung im Steg und im Gurt verschieden ist (Stegquerspannung $\overline{\sigma}_{yy} \equiv 0$, Gurtspannung $\sigma_{yy} \not\equiv 0$).

(4.25) Als wirksamer Gurtanteil wird der Teil des Gurtes angesehen, der bei über die gesamte mittragende Breite konstanter Längsspannung $\overline{\sigma}_{xx}$ (gleich der Spannung am Stegende) dieselbe Gurtkraft ergibt wie der ganze Gurt bei ungleichförmig verteilter Längsspannung $\sigma_{xx}(y)$.

Beim Träger mit nur einem breiten Gurt und schlankem Steg wird nun

$$\beta := \frac{I_0}{I^*} \frac{A_0}{B\,t_G} , \tag{4.42}$$

als Stegeinflußzahl definiert. Dabei ist A_0 der Inhalt des Trägerquerschnittes nach Abzug des Anteiles des einen zu behandelnden Gurtes, und I_0 ist das Trägheitsmoment dieses Restquerschnittes um dessen Schwerachse. I^* ist das Trägheitsmoment des Restquerschnittes um Mitte Gurt. Für I- und Kastenträger mit gleichen oberen und unteren Gurten ist

$$\beta = \frac{1}{6} \frac{t_S\,(h - 3\,t_G)}{B\,t_G} , \tag{4.43}$$

wobei beim Kastenträger t_S die Summe der Stegdicken ist.

In den Bildern 4.37 bis 4.39 ist die mittragende Breite B_m/B an den Stellen des maximalen Biegemomentes über das Verhältnis L/B, für beidseitig gelenkig gelagerte Träger mit verschiedenen Formen einer symmetrischen Lastverteilung bei den drei in den Bildern 4.33 bis 4.35 dargestellten Gurtformen dargestellt; entnommen aus [7]. L ist die Trägerlänge (bzw. in speziellen Fällen die Länge zwischen den Momentennulldurchgängen).

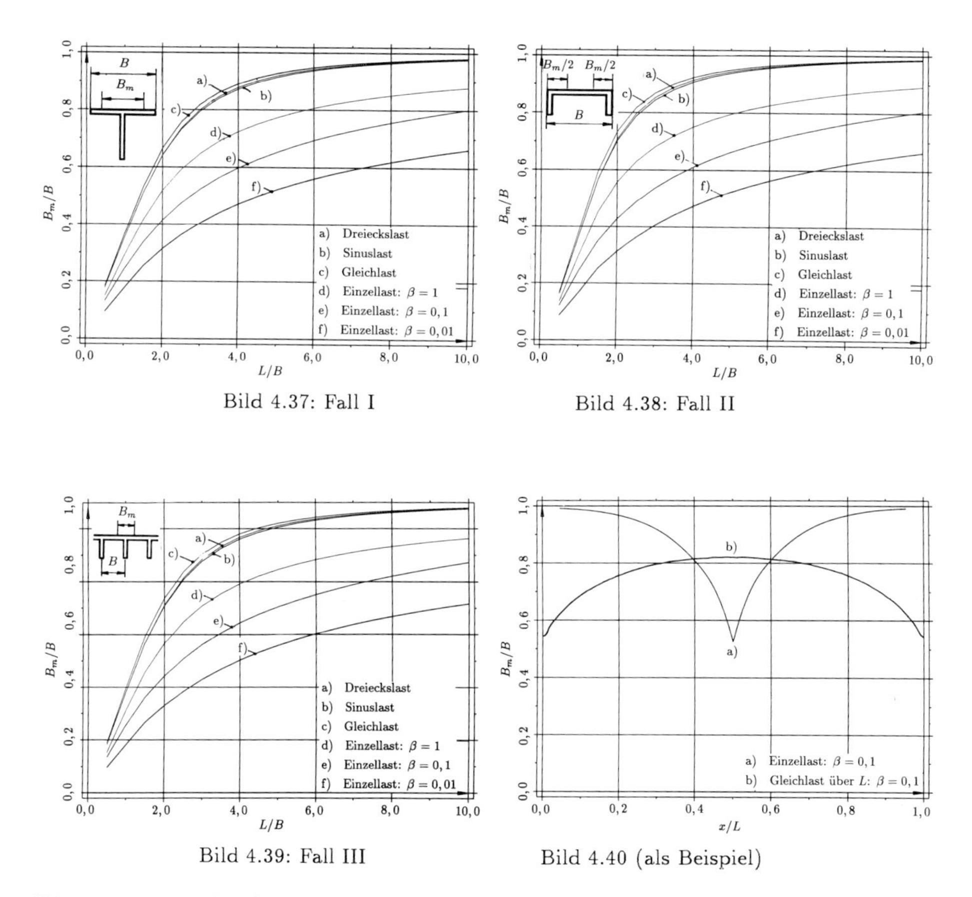

Bild 4.37: Fall I

Bild 4.38: Fall II

Bild 4.39: Fall III

Bild 4.40 (als Beispiel)

Die Ergebnisse B_m/B für die mittige Einzellast-Belastung hängen stark von der Stegeinflußzahl β ab. Es ist allerdings zu beachten, daß gerade für diesen Fall sich die mittragende Breite über die Trägerlänge stark verändert (siehe Bild 4.40) und daß wirkliche Einzellasten (Singularitäten) praktisch nicht vorkommen.

(4.26) In [7] wird angemerkt, daß B_m/B stets über die Länge konstant ist, wenn eine sinusförmige Ausbiegung erfolgt. Da dies beim Stabknicken (bei gelenkiger Lagerung) vorliegt, kann für die Bestimmung der Biegesteifigkeit zur Berechnung der kritischen Last von breitflanschigen Trägern bzw. zur Bestimmung der kritischen Last für das globale Beulen längsversteifter Platten (vgl. Kap. 6.4.3) mit einer konstanten mittragenden Breite gerechnet werden.

Beispiel 4.14: Ein beidseitig gelenkig gelagerter Biegeträger mit dem im Bild 4.41 dargestellten Querschnitt wird a) über seine ganze Länge ($L = 3$ m) mit der Gleichlast q bzw. b) durch eine mittige Einzellast P belastet. Man bestimme für beide Fälle jeweils die mittragende Breite der Gurte sowie die größte Längsspannung im Gurt:

a) $L/B = 5$, und mit Gl. (4.43) folgt $\beta = 0,145$. Aus Bild 4.38, Kurve c erhalten wir:

$$B_m/B = 0,95 \ .$$

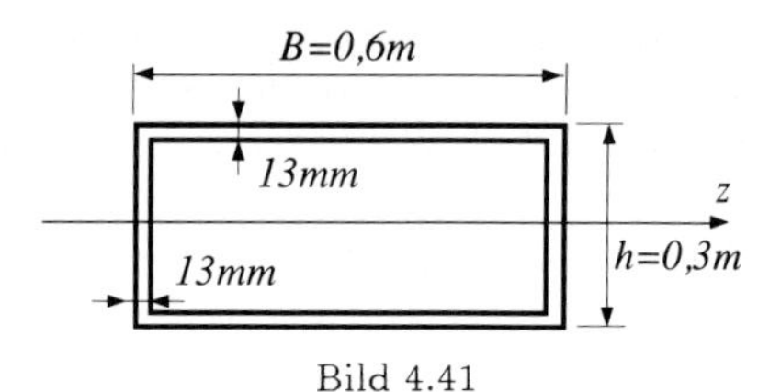

Bild 4.41

Damit folgt die mittragende Breite mit $B_m = 0,95\,B$ zu $B_m = 57$ cm. Die Stegeinflußzahl β hat hier keine maßgebliche Bedeutung und ist nur zu Vergleichszwecken angeführt.

$$J_y = 2\left(\frac{57 \cdot 1,3^3}{12} + \frac{1,3 \cdot 27,4^3}{12} + 57 \cdot 1,3 \cdot 14,35^2\right) = 34996 \text{ cm}^4 \ ,$$

$$W_y = \frac{2\,J_y}{H - t_G} = 2439 \text{ cm}^3 \ , \quad M|_{\left(\frac{L}{2}\right)} = \frac{L^2}{8} q = 11250\,q \ [\text{Ncm}]\ ; \ q \text{ in } [\text{N/cm}] \ .$$

Damit folgt:
$$\sigma_{xx} = \frac{M}{W_y} = 4,61\,q \ [\text{N/cm}^2] \ .$$

b) Aus Bild 4.38, Interpolation zwischen den Kurven d und e, folgt $B_m = 0,68\,B$. Das zugehörige Widerstandsmoment ist

$$W_y = \frac{2\left(\frac{40,8 \cdot 1,3^3}{12} + 40,8 \cdot 1,3 \cdot 14,35^2 + \frac{1,3 \cdot 27,4^3}{12}\right) 2}{30 - 1,3} = 1834 \text{ cm}^3 \ .$$

Dieses ist wegen der Lastkonzentration um etwa 25% kleiner als bei Gleichlast.

Ginge man davon aus, daß der Gurt voll trägt, d.h. daß

$$W_y = \frac{2\left(\frac{60 \cdot 1,3^3}{12} + 60 \cdot 1,3 \cdot 14,35^2 + \frac{1,3 \cdot 27,4^3}{12}\right) 2}{30 - 1,3} = 2550 \text{ cm}^3$$

wäre, so ergäbe sich eine *Unterschätzung* der Längsspannung im Gurt bei Gleichlast um ca. 4% und bei Einzellast um ca. 28%!

Aufgaben zu Kapitel 4:

Aufgabe 4.01: Erklären Sie die Schubfeldidealisierungen!

Aufgabe 4.02: Wie kann der Grad der statischen Unbestimmtheit bei ebenen Schubfeldträgern bestimmt werden?

Aufgabe 4.03: Wodurch ist die Lage des Schubmittelpunktes bei Schubfeldträgern mit gekrümmten Stegblechen bestimmt?

Aufgabe 4.04: Wie sind die Schubspannungen zufolge Torsion bei offenen und bei geschlossenen, dünnwandigen Profilen über die Wanddicke verteilt?

Aufgabe 4.05: Drillwiderstand J_T bei offenen, dünnwandigen Profilen?

Aufgabe 4.06: Bestimmung der Koordinaten des SMP bei offenen Profilen?

Aufgabe 4.07: Wie lauten 1. und 2. Bredtsche Formel und wozu dienen sie?

Aufgabe 4.08: Drillwiderstand für mäßig dickwandiges Hohlprofil?

Aufgabe 4.09: Wie werden die Schubflüsse aus Querkraftbiegung und Torsion beim längsversteiften Hohlkastenträger ermittelt?

Aufgabe 4.10: Was versteht man unter mittragender Gurtbreite bei Biegeträgern?

Aufgabe 4.11: Man bestimme für ein T100-Profil nach DIN 1024 1) den Schubmittelpunkt und 2) dessen Drillwiderstand. Die Profilrundungen können vernachlässigt werden.

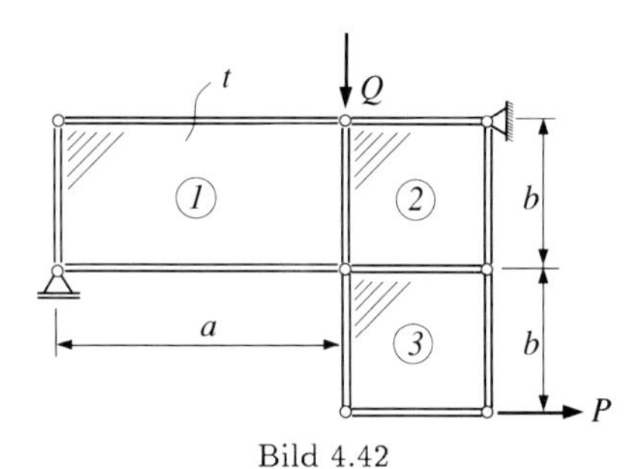

Bild 4.42

Aufgabe 4.12: Der in Bild 4.42 skizzierte Schubfeldträger soll untersucht werden. Geg.: $a = 400$ mm, $b = 200$ mm, $t = 1,2$ mm, $E = 7 \cdot 10^4$ N/mm^2, Einspannfaktor $\varrho = 1,3$, Belastung $Q = \alpha \cdot P$. Ges.: 1) Verhältnis α_1, damit Feld 1 schubspannungsfrei wird. 2) Verhältnis α_2, damit Feld 2 schubspannungsfrei wird. 3) Berechnen und skizzieren Sie den Normalkraftverlauf für $\alpha = \alpha_2$ bei jener Belastung P, bei der im Feld 3 Beulen mit einer Sicherheit $\gamma = 2$ gerade nicht auftritt. Überprüfen Sie die Sicherheit gegen Beulen im Feld 1! Hinsichtlich Beulen wird auf das Kap. 6.4.5 verwiesen.

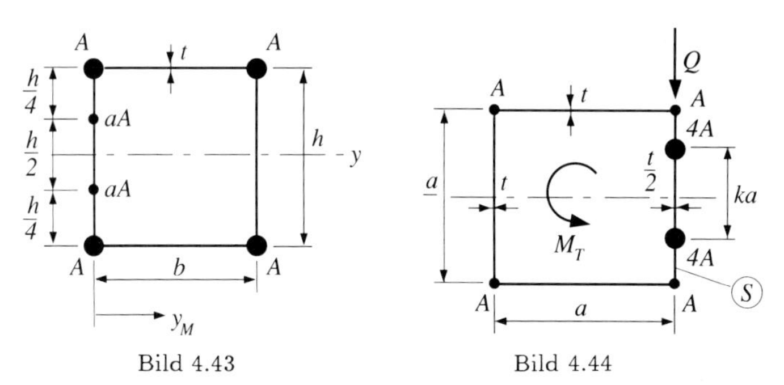

Bild 4.43 Bild 4.44

Aufgabe 4.13: Bestimmen Sie für den in Bild 4.43 dargestellten Kastenträger mit Längssteifen die Lage des Schubmittelpunktes in Abhängigkeit von a. Geg.: $b = 30$ cm, $h = 40$ cm.

Aufgabe 4.14: Für einen längsversteiften Kastenträger (Bild 4.44) mit gegebenen a, A und t ist gesucht: 1) Verhältnis $M_T/(Qa)$, sodaß der Steg S schubflußfrei ist. 2) Faktor k, sodaß die unter 1) gefundene Belastung keine Verdrillung hervorruft.

Aufgabe 4.15: Gegeben ist ein längsversteifter Kastenträger unter Querkraft- und Momentenbelastung Q bzw. M_T (Bild 4.45) mit den Parametern a, b, t_1, A sowie den Materialdaten E, G und ν. Ges.: 1) Bestimmen Sie das Verhältnis der Blechdicken t_1/t_2, sodaß in Feld 1 und Feld 2 die gleiche Schubspannung τ auftritt! 2) Bestimmen Sie die Verdrillung des Querschnittes!

Aufgabe 4.16: Für einen längsversteiften Hohlkasten (Bild 4.46) unter der Belastung M_T und Q ist gegeben: A_E, A_S, t_1, t_2, b, h. Ges.: 1) Abstand x des Angriffspunktes der Querkraft Q, damit es zufolge M_T und Q zu einer drillfreien Absenkung kommt. 2) Schubflußverteilung am verschmierten Kastenprofil unter der Voraussetzung, daß Q entsprechend 1) wirkt.

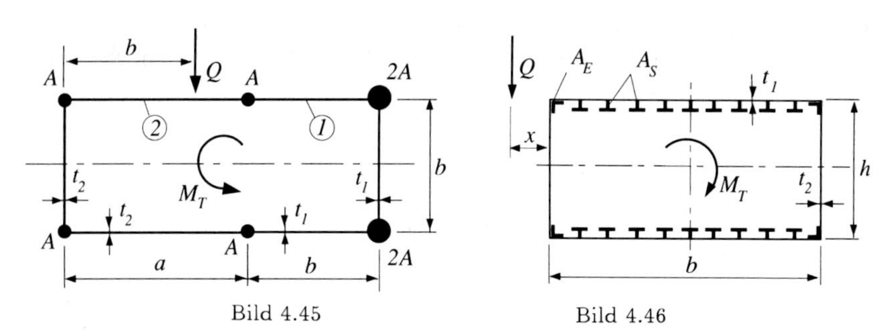

Bild 4.45 Bild 4.46

Aufgabe 4.17: Ein Hebezeug für Container unter Extrembelastung (Bild 4.47) mit den gegebenen Geometriedaten $a, t, l, A_1, A_2 = 4A_1, m$ und Werkstoffdaten $E, {}^0\sigma_F, \nu$ ist zu untersuchen. Nach dem Anheben des Containers komme es zum Versagen von Seil 1. Die folgenden dabei auftretenden Extremalbeanspruchungen für den Hauptträger sind gesucht: 1) Schubspannungen in den Blechfeldern 1, 3, 7 und 10. 2) Längskräfte in den Steifen. 3) Max. Vergleichsspannung in den Steifen bzw. Blechfeldern a) unter Verwendung der Leichtbauidealisierungen bzw. b) mit Berücksichtigung von Normalspannungen in den Blechfeldern. 4) Verdrillung des Hauptträgers. 5) τ_{max}. Hinweis: Mit ${}^1\sigma_{ij}$ dem Spannungszustand vor dem Seilriß und ${}^2\sigma_{ij}$ nach dem Abklingen der Schwingungen nach dem Seilriß gilt für die Extremalbeanspruchung: $\sigma_{ij} \approx {}^2\sigma_{ij} \pm \Delta\sigma_{ij}$ mit $\Delta\sigma_{ij} = {}^2\sigma_{ij} - {}^1\sigma_{ij}$.

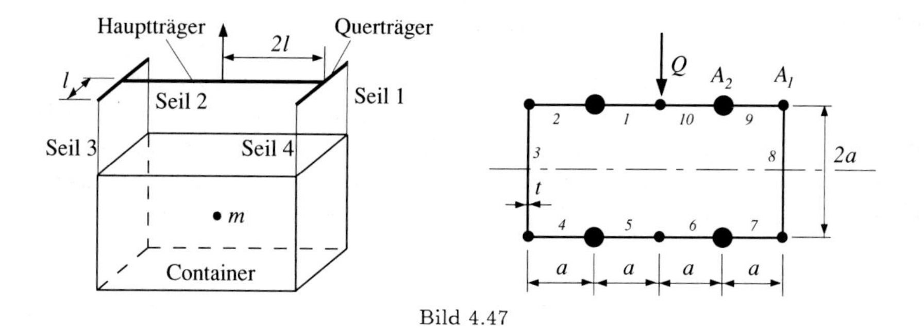

Bild 4.47

5. Kraft- und Verschiebungsgrößenmethode

Zur Berechnung von statisch unbestimmten bzw. aus Teilstrukturen zusammengesetzten, linear elastischen Konstruktionen bietet die Mechanik u.a. Sätze an, die auf dem Prinzip vom stationären Wert des Potentials für Gleichgewichtszustände bzw. den Sätzen von Castigliano und Menabrea (siehe z.B. [36]) aufbauen. Je nachdem, ob als unmittelbar berechnete Unbekannte Kräfte (Schnittgrößen) oder Verschiebungen auftreten, unterscheiden wir Kraft- und Verschiebungsgrößenmethoden.

5.1 Kraftgrößenmethode

(5.1) Der grundsätzliche, schrittweise Ablauf der Kraftgrößenmethode sei an folgendem Schemabild skizziert:

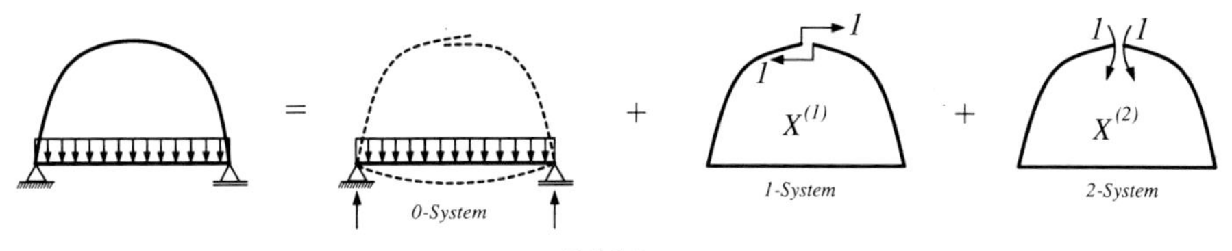

Bild 5.1

Schritt 1: Das statisch unbestimmte bzw. aus Teilstrukturen zusammengesetzte System wird durch „Schneiden" statisch bestimmt gemacht bzw. in statisch bestimmte Teilsysteme aufgelöst. Es entsteht das *Nullsystem*, auf das i.a. die *volle Belastung* wirkt. Die Schnittgrößen (bzw. Spannungverteilungen) werden in diesem System berechnet: $S_i^{(0)}$. Diese S_i können z.B. Momenten-, Normal- und Querkraftverteilungen bei Stäben oder Schalen bzw. Stabkräfte bei Fachwerken sein.

Schritt 2: Die „statisch Unbestimmten" (Schnittkräfte, ev. Auflagerreaktionen) werden nacheinander *mit dem Wert „1"* auf das zugehörige sonst unbelastete, aufgeschnittene k-System an den Schnittstellen aufgebracht, und die in diesen Systemen (*1-System, 2-System, ... k-System, ... n-System,* mit n ... Grad der statischen Unbestimmtheit) wirkenden Schnittkräfte (bzw. Spannungsverteilungen) werden berechnet: $S_i^{(1)}, S_i^{(2)}, \dots\ S_i^{(k)}, \dots\ S_i^{(n)}$.

Schritt 3: Nun werden die Multiplikatoren $X^{(1)}, X^{(2)}, \dots\ X^{(k)}, \dots\ X^{(n)}$ bestimmt, mit denen die einzelnen „statisch Unbestimmten" , die in den k-Systemen mit „1" eingebracht wurden, multipliziert werden müssen, damit *im Gesamtsystem die Verträglichkeitsbeziehungen* erfüllt werden; d.h. es muß gelten:

$$\frac{\partial U^*}{\partial X^{(k)}} = 0 \qquad \forall\ k = 1, 2, \dots\ , n\ , \tag{5.01}$$

mit U^* der Ergänzungsenergie des *Gesamtsystems* (0-System unter der gegebenen Belastung, 1-System unter Belastung $X^{(1)}$„1" , ... n-System unter Belastung $X^{(n)}$ „1"). Diese Verträglichkeitsbeziehungen liefern n Gleichungen für die n unbekannten Multiplikatoren $X^{(k)}$, die somit berechnet werden können.

Schritt 4: Superpositon der Lösung aus dem Nullsystem und den mit den jeweiligen Multiplikatoren $X^{(k)}$ multiplizierten Lösungen der k-Systeme:

$$S_i = S_i^{(0)} + X^{(1)}\,S_i^{(1)} + X^{(2)}\,S_i^{(2)} + \ldots + X^{(k)}\,S_i^{(k)} + \ldots + X^{(n)}\,S_i^{(n)} \;. \quad (5.02)$$

Beispiel 5.1: Man erstelle ein Gleichungssystem zur Berechnung der Stabkräfte in einem statisch unbestimmten Fachwerk über die Kraftgrößenmethode:

Die Schritte 1 und 2 aus (5.1) ergeben $S_i^{(k)}$. Mit S_i als Stabkraft im i-ten Stab folgt im Schritt 3 die Ergänzungsenergie:

$$U^* = \frac{1}{2}\sum_{(i)} \frac{l_i}{(EA)_i}\,S_i^2 = \sum_{(i)} U_i^* \;, \quad (5.03)$$

mit

$$U_i^* = \frac{1}{2}\frac{l_i}{(EA)_i}\left(S_i^{(0)} + X^{(1)}\,S_i^{(1)} + \ldots + X^{(n)}\,S_i^{(n)}\right)^2 \;. \quad (5.04)$$

Die Verträglichkeitsbedingungen gemäß Gl. (5.01) ergeben das Gleichungssystem:

$$\frac{\partial U^*}{\partial X^{(1)}} = X^{(1)}p_{11} + X^{(2)}p_{12} + X^{(3)}p_{13} \ldots + X^{(k)}p_{1k} \ldots + X^{(n)}p_{1n} + p_{10} = 0$$

$$\frac{\partial U^*}{\partial X^{(2)}} = X^{(1)}p_{21} + X^{(2)}p_{22} + X^{(3)}p_{23} \ldots + X^{(k)}p_{2k} \ldots + X^{(n)}p_{2n} + p_{20} = 0$$

$$\vdots$$

$$\frac{\partial U^*}{\partial X^{(n)}} = X^{(1)}p_{n1} + X^{(2)}p_{n2} + X^{(j)}p_{nj} \ldots + X^{(k)}p_{nk} \ldots + X^{(n)}p_{nn} + p_{n0} = 0 \quad (5.05)$$

mit

$$p_{kj} = \sum_{(i)} S_i^{(k)}\,S_i^{(j)}\,\frac{l_i}{(EA)_i} = p_{jk} \;, \quad (5.06)$$

woraus erkennbar ist, daß die Koeffizientenmatrix des linearen, algebraischen, inhomogenen Gleichungssystems

$$\underset{\approx}{\mathbf{p}}\,\underset{\sim}{X} = -\underset{\sim}{p} \quad (5.07)$$

symmetrisch ist. Aus Gl. (5.07) folgen die Multiplikatoren $X^{(k)}$ mit $k = 1, 2, \ldots, n$. Somit ist im Schritt 4 jede Stabkraft bestimmt.

Beispiel 5.2: Die Stabkräfte des im Bild 5.2 dargestellten ebenen Fachwerkes ($EA = c =$ konst.) sollen mittels der Kraftgrößenmethode berechnet werden:

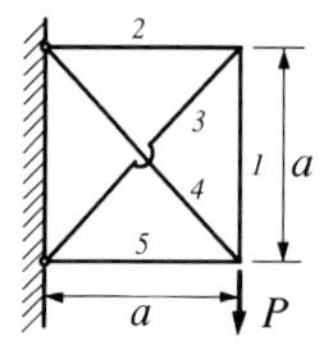

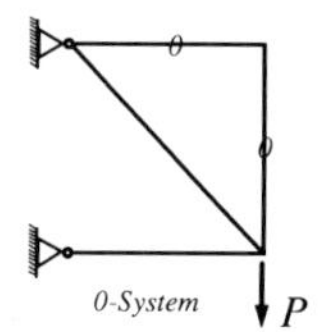

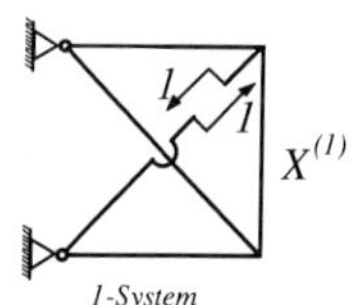

Bild 5.2: Schritt 1

		Schritt 2		Schritt 3		Schritt 4 (Ergebnis)
Stab i	$\frac{l_i}{(EA)_i}$	$S_i^{(0)}$	$S_i^{(1)}$	$\frac{S_i^{(0)} S_i^{(1)} l_i}{(EA)_i}$	$\frac{S_i^{(1)} S_i^{(1)} l_i}{(EA)_i}$	$S_i^{(0)} + X^{(1)} S_i^{(1)}$
1	$\frac{a}{c}$	0	$-\frac{\sqrt{2}}{2}$	0	$\frac{1}{2}\frac{a}{c}$	$\frac{\sqrt{2}}{2}\frac{P(4+\sqrt{2})}{4\sqrt{2}+3}$
2	$\frac{a}{c}$	0	$-\frac{\sqrt{2}}{2}$	0	$\frac{1}{2}\frac{a}{c}$	$\frac{\sqrt{2}}{2}\frac{P(4+\sqrt{2})}{4\sqrt{2}+3}$
3	$\frac{a\sqrt{2}}{c}$	0	1	0	$\frac{a\sqrt{2}}{c}$	$-\frac{P(4+\sqrt{2})}{4\sqrt{2}+3}$
4	$\frac{a\sqrt{2}}{c}$	$P\sqrt{2}$	1	$P\sqrt{2}\frac{a\sqrt{2}}{c}$	$\frac{a\sqrt{2}}{c}$	$P\sqrt{2}-\frac{P(4+\sqrt{2})}{4\sqrt{2}+3}$
5	$\frac{a}{c}$	$-P$	$-\frac{\sqrt{2}}{2}$	$\frac{P\sqrt{2}}{2}\frac{a}{c}$	$\frac{1}{2}\frac{a}{c}$	$-P+\frac{\sqrt{2}}{2}\frac{P(4+\sqrt{2})}{4\sqrt{2}+3}$

$$p_{10} = \frac{P(4+\sqrt{2})a}{2c} \qquad p_{11} = \frac{4\sqrt{2}+3}{2}\frac{a}{c}$$

$$X^{(1)} p_{11} + p_{10} = 0 \quad \Longrightarrow \quad X^{(1)} = -\frac{p_{10}}{p_{11}} = -\frac{P(4+\sqrt{2})}{4\sqrt{2}+3} .$$

Beispiel 5.3: Es soll der Biegemomentenverlauf $M(\varphi)$ zufolge der Einzelkraft P und des dadurch eingeleiteten Schubflusses im als dünnen Stab idealisierten Rumpfspant eines Flugzeuges (siehe Bild 5.3) mittels der Kraftgrößenmethode bestimmt werden (vgl. [6]):

Die Schubflußverteilung folgt aus Beispiel 4.13 mit $q(\varphi) = \frac{P}{R\,\pi}\sin\varphi$.

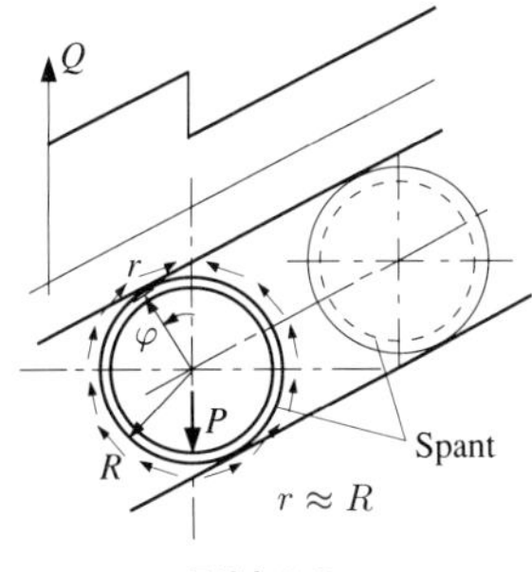

Bild 5.3

Im Schritt 1 kann unter Ausnützung der Symmetrie der Rumpfspant als zweifach statisch unbestimmtes System behandelt werden. Schritt 2 ist in Bild 5.4 dargestellt.

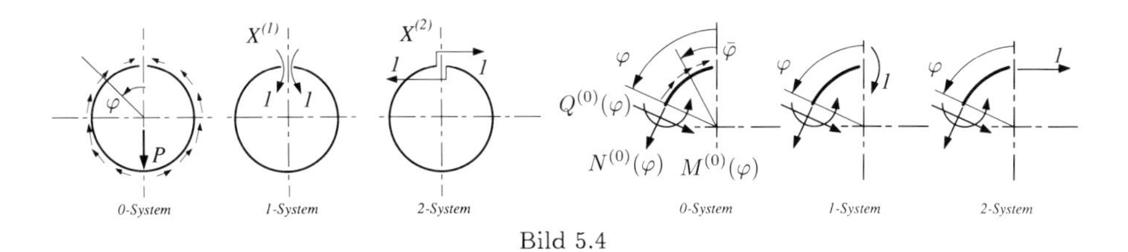

Bild 5.4

Für die Ergänzungsenergie gilt:

$$U^* = 2\int_0^\pi \Big[\frac{1}{2}\frac{\big(M(\varphi)\big)^2}{E\,J} + \frac{1}{2}\frac{\big(N(\varphi)\big)^2}{E\,A} + \frac{1}{2}\frac{\big(Q(\varphi)\big)^2}{G\,A_s}\Big]\, r\, d\varphi .$$

Vernachlässigung der Ergänzungsenergieanteile aus $N(\varphi)$ und $Q(\varphi)$ ergibt näherungsweise:

$$U^* \approx 2\int_0^\pi \frac{1}{2\,E\,J}\Big[M^{(0)}(\varphi) + X^{(1)} M^{(1)}(\varphi) + X^{(2)} M^{(2)}(\varphi)\Big]^2 r\, d\varphi .$$

Schritt 3: Die Verträglichkeitsbeziehung Gl. (5.01) führt auf

$$\left.\begin{array}{l}\dfrac{\partial U^*}{\partial X^{(1)}}=0\\[2mm]\dfrac{\partial U^*}{\partial X^{(2)}}=0\end{array}\right\}\quad\Longrightarrow\quad\begin{array}{l}X^{(1)}p_{11}+X^{(2)}p_{12}+p_{10}=0\\X^{(1)}p_{21}+X^{(2)}p_{22}+p_{20}=0\ ,\end{array}$$

mit

$$p_{jk}=2\int_0^{\pi}\frac{1}{EJ}M^{(j)}(\varphi)\,M^{(k)}(\varphi)\,r\,d\varphi\ .$$

Mit $r\approx R$ gilt

$$M^{(0)}(\varphi)=\int_0^{\varphi}q(\bar\varphi)\left(1-\cos(\varphi-\bar\varphi)\right)r^2\,d\bar\varphi=\frac{P\,r}{\pi}\left(1-\cos\varphi-\frac{1}{2}\varphi\,\sin\varphi\right)\ ,$$

$$M^{(1)}(\varphi)=+1\quad,\quad M^{(2)}(\varphi)=1\,r\,(1-\cos\varphi)\ .$$

Somit läßt sich das Gleichungssystem $\underset{\approx}{\mathbf{p}}\,\underset{\sim}{X}=-\underset{\sim}{p}$ aufstellen:

$$\begin{Bmatrix}2\pi r & 2\pi r^2\\2\pi r^2 & 3\pi r^3\end{Bmatrix}\begin{Bmatrix}X^{(1)}\\X^{(2)}\end{Bmatrix}=\begin{Bmatrix}-P\,r^2\\-\frac{7}{4}P\,r^3\end{Bmatrix}\ .$$

Daraus ergibt sich

$$X^{(1)}=\frac{1}{4}\frac{P\,r}{\pi}\quad,\quad X^{(2)}=-\frac{3}{4}\frac{P}{\pi}\ ,$$

womit im Schritt 4 über

$$M(\varphi)=M^{(0)}+X^{(1)}\,M^{(1)}(\varphi)+X^{(2)}\,M^{(2)}(\varphi)$$

der Biegemomentenverlauf bestimmt ist:

$$M(\varphi)=\frac{P\,r}{2\,\pi}\left(1-\frac{1}{2}\cos\varphi-\varphi\,\sin\varphi\right)\quad\text{für}\quad 0\le\varphi\le\pi\ .$$

Beispiel 5.4: Für den im Bild 5.5 dargestellten, statisch unbestimmten Schubfeldträger sollen die Schubflüsse in den einzelnen Feldern bestimmt werden:

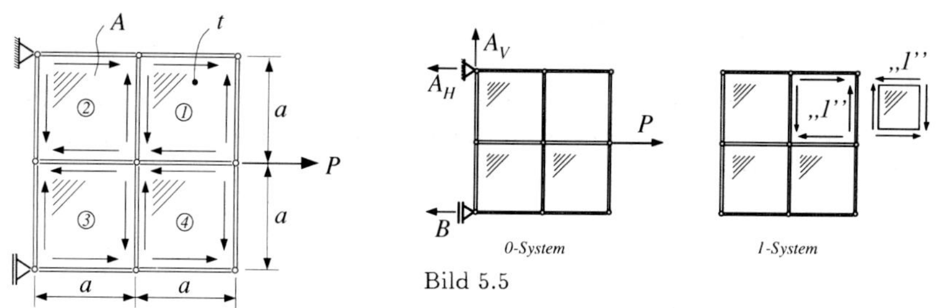

Bild 5.5

Die Schubflüsse sind im linken Bild so eingetragen, wie sie seitens der Schubfelder auf die Feldrandstäbe wirken. Mit $s=12$, $b=4$, $k=8$ folgt aus Gl. (4.07), daß das System einfach statisch unbestimmt ist. Im Schritt 1 folgt für das durch Herausschneiden des Blechfeldes 1 statisch bestimmt gemachte 0-System aus den Gleichgewichtsbedingungen und nach Anwendung des Schnittprinzips:

$$A_H=B=\frac{P}{2}\quad,\quad A_V=0\quad,\quad q_2^{(0)}=q_3^{(0)}=\frac{P}{2\,a}\quad,\quad q_4^{(0)}=0\ .$$

Im Schritt 2 wird der statisch unbestimmte Schubfluß q_1 mit dem Wert „1" aufgebracht. Es folgt damit

$$q_2^{(1)} = q_3^{(1)} = -1 \quad , \quad q_4^{(1)} = 1 \ .$$

Im Bild 5.6 sind die zugehörigen Normalkraftverläufe eingetragen.

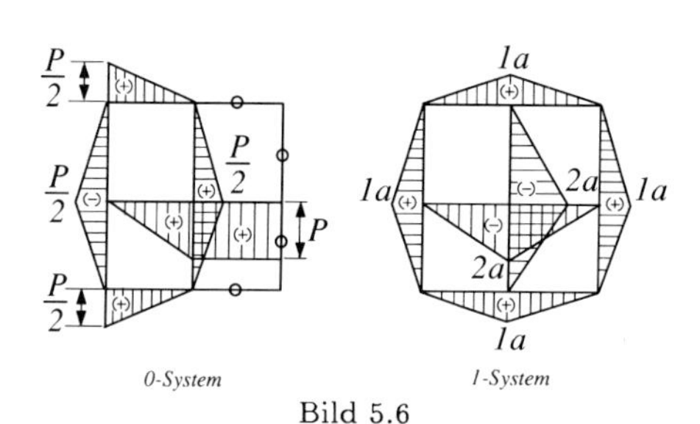

Bild 5.6

Schritt 3: Die Ergänzungsenergie für ein Blechfeld folgt aus Gl. (2.26) mit:

$$U_{Bl}^* = \frac{1}{4G} \int_V 2\,\sigma_{xy}^2\, dV = \frac{1}{2Gt} a^2\, q^2 \ ,$$

und der Ausdruck für den Normalkraftanteil eines Stabes lautet (siehe z.B. [36]) mit EA = konst. für alle Stäbe:

$$U_N^* = \frac{1}{2\,EA} \int_0^a \big(N(x)\big)^2\, dx \ .$$

Somit ergibt sich für die Ergänzungsenergie des Gesamtsystems:

$$U_{ges}^* = U_{N,ges}^* + U_{Bl,ges}^* = \frac{1}{2\,EA} \sum_{i=1}^{12} \Big[\int_0^a \big(N_i(x)\big)^2\, dx \Big] + \frac{1}{2\,G\,t} a^2 \sum_{j=1}^{4} q_j^2 \ ,$$

mit $\qquad N_i(x) = N_i^{(0)}(x) + X^{(1)}\, N_i^{(1)}(x) \quad , \quad q_j = q_j^{(0)} + X^{(1)}\, q_j^{(1)} \ .$

Nach Berechnung des Normalkraftverlaufes für alle Stäbe i und der Schubflüsse für alle Felder j folgt mit Gl. (5.01):

$$\frac{\partial U_{ges}^*}{\partial X^{(1)}} = \frac{\partial U_{N,ges}^*}{\partial X^{(1)}} + \frac{\partial U_{Bl,ges}^{(1)}}{\partial X^{(1)}} = 0 \quad \Longrightarrow \quad X^{(1)} = P\,\frac{2\,EA + 5\,a\,G\,t}{8\,a\,EA + 16\,a^2\,G\,t} \ .$$

Schritt 4 liefert nach Superposition der Lösungen aus dem 0-System und 1-System:

$$q_1 = q_4 = X^{(1)} \quad , \quad q_2 = q_3 = \frac{P}{2\,a} - X^{(1)} \ .$$

Beispiel 5.5: An einem mit innerem Überdruck p belasteten Rohr soll das Vorgehen zur Berechnung der Beanspruchung im Bereich einer Ringsteife mittels der Kraftgrößenmethode skizziert werden:

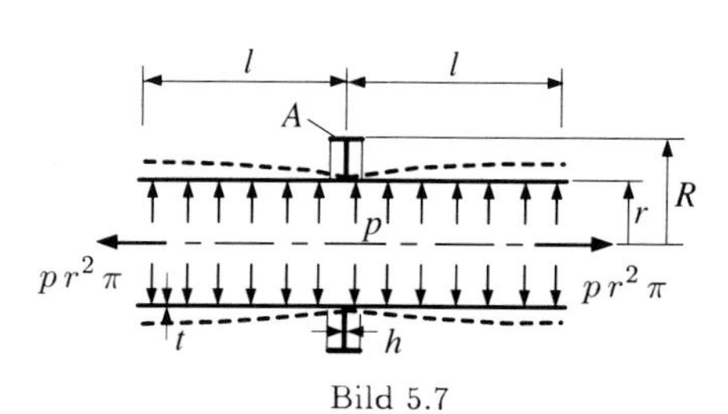

Bild 5.7

l sei ausreichend (hinsichtlich Abklingen der Biegestörung) aber nicht zu groß gewählt.

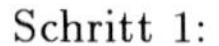

Schritt 1:

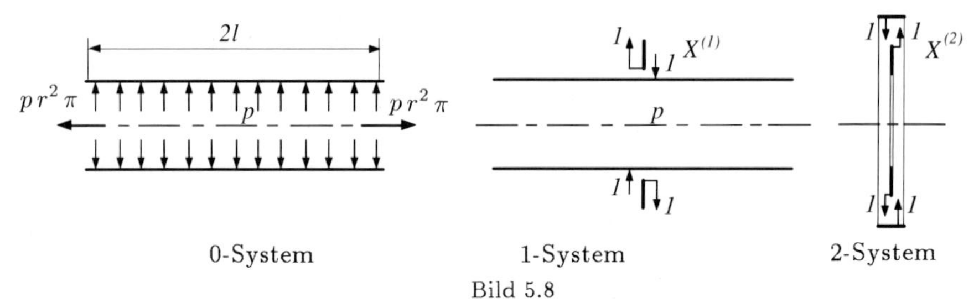

Bild 5.8

Schritt 2:

0-System: $n_\varphi^{(0)} = \dfrac{p\,r}{t}$, $n_x^{(0)} = \dfrac{p\,r}{2\,t}$ (für reinen Membranspannungszustand).

1-System: Zylinderschale: $m_\varphi^{(1)}(x)$, $m_x^{(1)}(x)$, $q^{(1)}(x)$

für konz. Einheits-Ringlast; z.B aus [24];

Kreisringscheibe: $n_r^{(1)}(r)$, $n_\varphi^{(1)}(r)$

für konz. radiale Einheits-Streckenlast am Innenrand; z.B. aus [24].

2-System: Kreisringscheibe: $n_r^{(2)}(r)$, $n_\varphi^{(2)}(r)$

für konz. radiale Einheits-Streckenlast am Außenrand; z.B. aus [24];

Kreisträger $N^{(2)} =$ „-1" R .

Schritt 3: Die Ergänzungsenergie setzt sich zusammen aus jener der Zylinderschale

$$U^*_{Zyl} = U^*_a\big(n_\varphi^{(0)},\, n_x^{(0)},\, X^{(1)}m_\varphi^{(1)},\, X^{(1)}m_x^{(1)},\, X^{(1)}q^{(1)}\big) \;, \quad \text{z.B. gemäß [17]},$$

jener in der Kreisringscheibe

$$U^*_{Scheibe} = U^*_b\big(X^{(1)}n_r^{(1)},\, X^{(1)}n_\varphi^{(1)},\, X^{(2)}n_r^{(2)},\, X^{(2)}n_\varphi^{(2)}\big) \;, \quad \text{z.B. gemäß [17]},$$

und jener im Kreisträger $\qquad U^*_{Träger} = U^*_c = \big(X^{(2)}\big)^2 \dfrac{R^3\,\pi}{E\,A}$.

Aus $\qquad \dfrac{\partial}{\partial X^{(1)}}\big(U^*_a + U^*_b + U^*_c\big) = 0 \quad , \quad \dfrac{\partial}{\partial X^{(2)}}\big(U^*_a + U^*_b + U^*_c\big) = 0$

ergeben sich die Multiplikatoren $X^{(1)}$ und $X^{(2)}$, und im Schritt 4 sind dann die Beanspruchungen durch Superposition zu ermitteln.

5.2 Verschiebungsgrößenmethode

(5.2) Bei der Verschiebungsgrößenmethode wird das Gesamtpotential V (Verzerrungsenergie U und Potentialänderung der äußeren Kräfte W) in Abhängigkeit von der Veränderung der Lagekoordinaten des Systems dargestellt. Dabei handelt es sich i.a. um ein diskretes oder über Ritzsche Ansätze diskretisiertes System mit n Freiheitsgraden. Nach dem Satz vom stationären Wert des Potentials wird eine Gleichgewichtslage dort gefunden, wo alle ersten (partiellen) Ableitungen des Potentials nach den n Lagekoordinaten Null sind.

Aus dem Prinzip der virtuellen Arbeit folgt für *konservative Systeme*:

$$\delta A = 0 \longrightarrow \delta V = 0 \quad , \quad V = V(u_1, u_2, \ldots, u_n)$$

$$\Longrightarrow \quad \delta V = \frac{\partial V}{\partial u_1}\delta u_1 + \frac{\partial V}{\partial u_2}\delta u_2 + \ldots + \frac{\partial V}{\partial u_n}\delta u_n = 0 \quad \Longrightarrow$$

$$\frac{\partial V}{\partial u_k} = 0 \qquad \forall\ k = 1, 2, \ldots, n \ . \tag{5.08}$$

Beispiel 5.6: Das im Bild 5.9 dargestellte ebene Fachwerksystem mit 2 Freiheitsgraden soll mittels der Verschiebungsgrößenmethode untersucht werden:

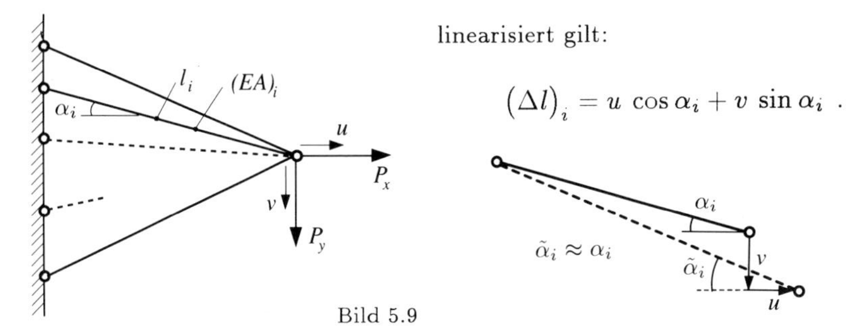

Bild 5.9

Das Gesamtpotential setzt sich zusammen aus $V = U + W$, und somit gilt:

$$V = \left\{\sum_{(i)} \frac{1}{2}\left(\frac{EA}{l}\right)_i (\Delta l)_i^2\right\} - P_x u - P_y v$$

$$= \left\{\sum_{(i)} \frac{1}{2}\left(\frac{EA}{l}\right)_i (u\cos\alpha_i + v\sin\alpha_i)^2\right\} - P_x u - P_y v \ ,$$

$$\frac{\partial V}{\partial u} = \left\{\sum_{(i)} \frac{1}{2}\left(\frac{EA}{l}\right)_i (u\cos\alpha_i + v\sin\alpha_i)\cos\alpha_i\right\} - P_x = 0 \ ,$$

$$\frac{\partial V}{\partial v} = \left\{\sum_{(i)} \frac{1}{2}\left(\frac{EA}{l}\right)_i (u\cos\alpha_i + v\sin\alpha_i)\sin\alpha_i\right\} - P_y = 0 \ .$$

Diese beiden Bestimmungsgleichungen für die beiden Verschiebungskomponenten (Lagekoordinaten) u und v lauten in Matrizenschreibweise:

$$\left\{\begin{matrix} \sum\limits_{(i)} \left(\frac{EA}{l}\right)_i \cos^2\alpha_i & \sum\limits_{(i)} \left(\frac{EA}{l}\right)_i \sin\alpha_i\,\cos\alpha_i \\ \sum\limits_{(i)} \left(\frac{EA}{l}\right)_i \sin\alpha_i\,\cos\alpha_i & \sum\limits_{(i)} \left(\frac{EA}{l}\right)_i \sin^2\alpha_i \end{matrix}\right\} \left\{\begin{matrix} u \\ v \end{matrix}\right\} = \left\{\begin{matrix} P_x \\ P_y \end{matrix}\right\} ,$$

kurz

$$\underset{\approx}{\mathbf{K}}\ \underset{\sim}{u} = \underset{\sim}{P} \ . \tag{5.09}$$

(5.3) Die Koeffizientenmatrix der unbekannten Verschiebungen kann als *Steifigkeitsmatrix* interpretiert werden. Sie ist bei korrespondierender Zuordnung von Kraft-

und Verschiebungskomponenten symmetrisch und (im Falle stabilen Gleichgewichts) positiv definit (vgl. Finite Elemente z.B. in [38]).

Aus diesem Gleichungssystem wird $\underset{\sim}{u}$ berechnet, daraus $(\Delta l)_i$, und somit sind die Stabkräfte S_i bestimmt:

$$S_i = \left(\frac{EA}{l}\right)_i (\Delta l)_i \ .$$

Für allgemeine ebene Fachwerke ist der Rechengang analog:

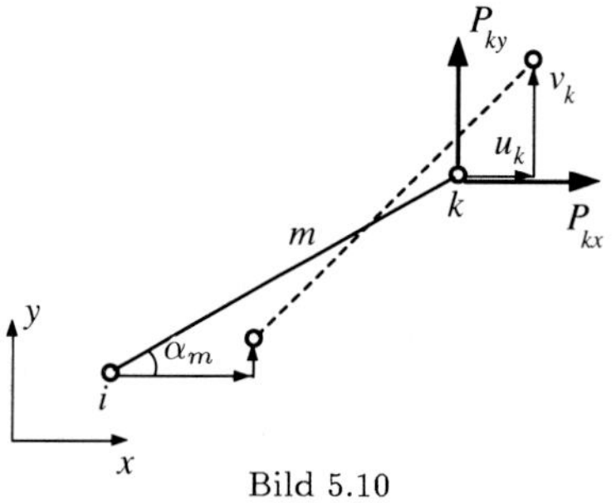

Bild 5.10

$$(\Delta l)_m = \left(u_k \cos\alpha_m + v_k \sin\alpha_m\right) - \left(u_i \cos\alpha_m + v_i \sin\alpha_m\right) \ ,$$

$$V = \sum_{(m)} U_m - \sum_{(k)} P_{kx}\, u_k - \sum_{(k)} P_{ky}\, v_k \ ,$$

$$\frac{\partial V}{\partial u_k} = 0 \quad , \quad \frac{\partial V}{\partial v_k} = 0 \qquad \forall\ k \ .$$

Räumliche Fachwerke werden analog behandelt.

(5.4) Für allgemeine Bauteile und Konstruktionen führt die Verschiebungsgrößenmethode in Verbindung mit bereichsweisen speziellen Ritzschen Ansatzfunktionen für die Verschiebungen zu verschiebungsorientierten Finite-Elemente-Methoden.

Aufgaben zu Kapitel 5:

Aufgabe 5.01: Erläutern Sie den grundsätzlichen Ablauf der Kraftgrößenmethode!

Aufgabe 5.02: Erläutern Sie den grundsätzlichen Ablauf der Verschiebungsgrößenmethode!

Aufgabe 5.03: Für das in Bild 5.11 dargestellte Stabwerk soll mittels der Kraftgrößenmethode berechnet werden, wie groß das Verhältnis H/P sein muß, damit keine Kraft im Stab 2 entsteht. Alle Stäbe besitzen gleiches EA. Geg.: $a = 40$ mm, $b = 30$ mm, $c = 50$ mm, $E = 7 \cdot 10^4$ N/mm^2, $A = 1$ mm^2.

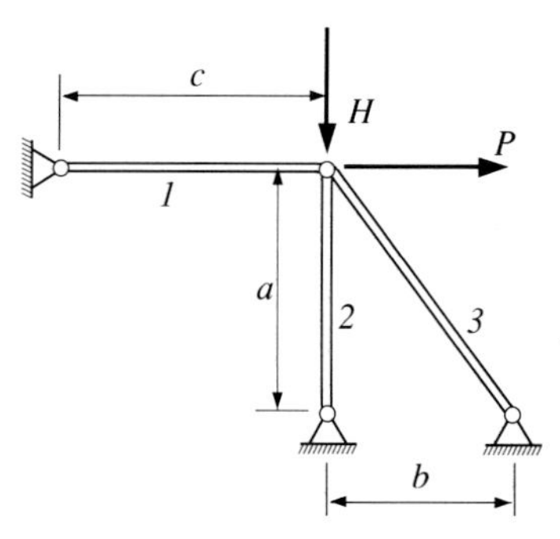

Bild 5.11

Aufgabe 5.04: Für einen Integrationsstand eines Satelliten (Bild 5.12) soll die Sicherheit gegen Fließen in den Querschnitten D und E mittels der Kraftgrößenmethode berechnet werden. Der Querkrafteinfluß darf nicht vernachlässigt werden. Geg.: $l = 2$ m, $a = 1$ m, $s = 0,3$ m, $t = 4$ mm, $\sigma_F = 235$ N/mm^2, $F = 5 \cdot 10^4$ N.

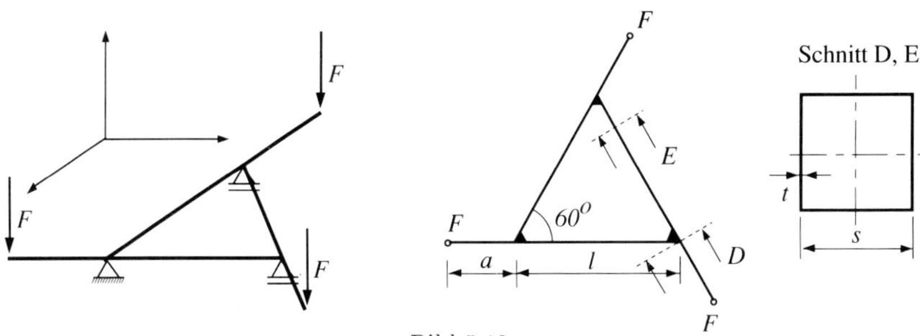

Bild 5.12

Aufgabe 5.05: Für die in Bild 5.13 dargestellte Kreisplatte aus linear elastischem, homogenem, isotropem Material sollen für die am Loch wirkende Gleichlast q_i die Beanspruchungen n_{ii} in der Platte und N in der Steife berechnet werden. Geg.: $R_i, R_a, t_1, t_2, b; E, \nu; q_i$. Hinweis: Für die Kreisringscheibe mit radial nach außen gerichtetem Druck q_i am Innenrand gilt:

$$n_{rr}(r) = -q_i \frac{R_i^2(R_a^2 - r^2)}{r^2(R_a^2 - R_i^2)} \quad , \quad n_{\varphi\varphi}(r) = q_i \frac{R_i^2(R_a^2 + r^2)}{r^2(R_a^2 - R_i^2)} \ ,$$

und im Falle eines radial nach innen wirkenden Drucks q_a am Außenrand gilt:

$$n_{rr}(r) = -q_a \frac{R_a^2(r^2 - R_i^2)}{r^2(R_a^2 - R_i^2)} \quad , \quad n_{\varphi\varphi}(r) = -q_a \frac{R_a^2(r^2 + R_i^2)}{r^2(R_a^2 - R_i^2)} \ .$$

Aufgabe 5.06: Gegeben ist das in Bild 5.14 skizzierte ebene Stabwerk mit $a = 20$ cm, $b = 15$ cm, $c = 30$ cm, $l = 25$ cm, und für alle Stäbe $E = 7200$ kN/cm^2, $D = 0,5$ cm. Ges.: 1) Absenkung des Kraftangriffspunktes als Funktion der Kraft P mit Hilfe der Verschiebungsgrößenmethode. 2) Wie verändert sich die unter 1) gefundene Beziehung, wenn der Druckstab seine Knicklast erreicht hat und man annimmt, daß er keine Laststeigerung mehr aufnimmt?

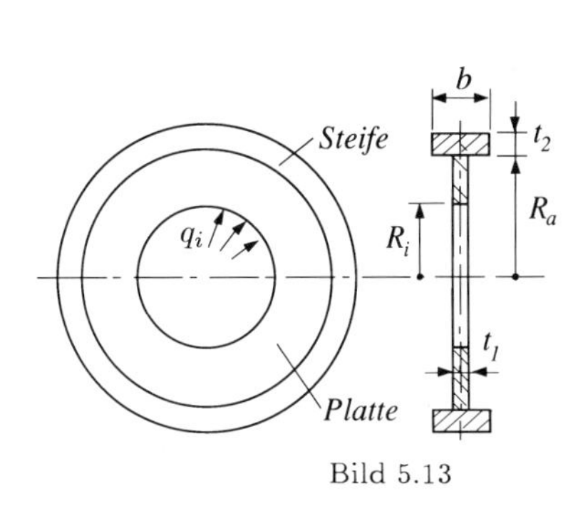

Bild 5.13

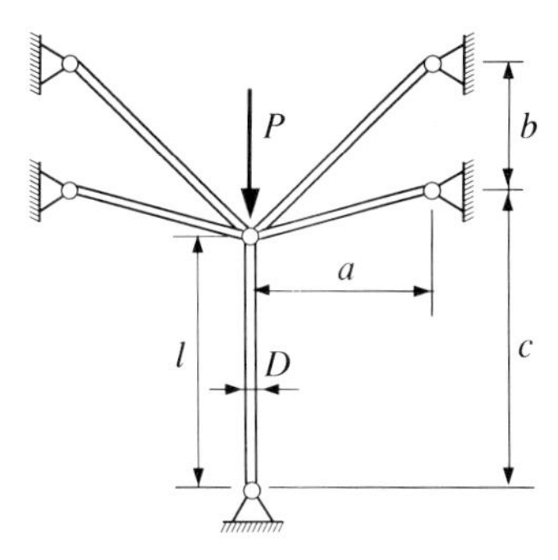

Bild 5.14

6. Stabilitätsverlust

6.1 Arten des Stabilitätsverlustes von Gleichgewichtslagen

(6.1) Gleichgewichtslagen können instabil werden durch:

- Gleichgewichtsverzweigung,
- Durchschlagen,
- Erreichen der plastischen Traglast,
- Kombination obiger Versagensformen,
- Flatter-Instabilität (ev. bei nichtkonservativen Systemen).

Eine ausführliche Behandlung von Stabilitätsproblemen ist [2,11,31] zu entnehmen. Die besonderen Aspekte der Stabilität von Leichtbau-Konstruktionen unter thermischer Belastung werden hier nicht behandelt; diesbezüglich siehe z.B. [37].

6.1.1 Gleichgewichtsverzweigung

(6.2) Die Kenntnis der Art des Nachbeulverhaltens ist wesentlich für die Beurteilung der *Imperfektionsempfindlichkeit* der Bauteile (siehe Last-Verschiebungskurven im Bild 6.1). Eine detaillierte Behandlung von speziellen Formen der Gleichgewichtsverzweigung erfolgt für Stäbe, Platten und Schalen in den Folgekapiteln.

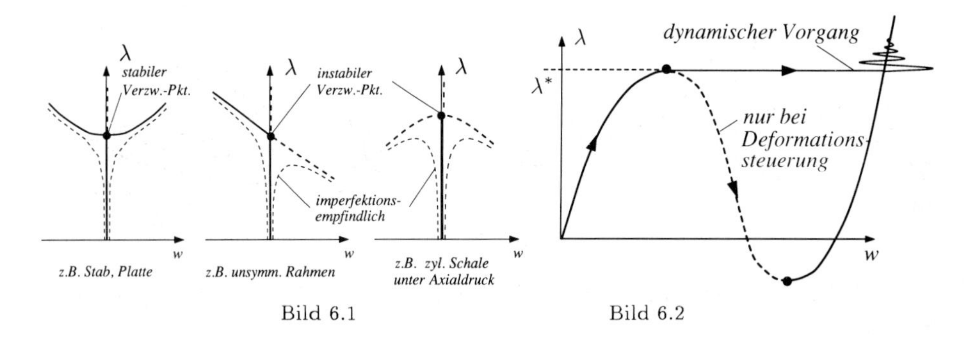

Bild 6.1 Bild 6.2

6.1.2 Durchschlagen

(6.3) Schwach gewölbte Konstruktionen neigen zum Stabilitätsverlust durch Durchschlagen (siehe Bild 6.2). Bei üblicher Laststeigerung schlägt beim Erreichen des Durchschlagpunktes der Bauteil durch (dynamischer Vorgang), um eventuell einen entfernteren Gleichgewichtszustand (der nicht unbedingt existieren muß) einzunehmen, wenn der dynamische Prozeß (durch Dämpfung) abgeklungen ist. In vielen Fällen sind dabei die Verformungen so groß, daß sich plastische Deformationen einstellen.

Der instabile Gleichgewichtspfad, der an den Durchschlagspunkt anschließt, kann nur bei deformationsgesteuerten Systemen durchfahren werden. Als Beispiel wird in Bild 6.3 das Durchschlagen eines Fachwerkes und in Bild 6.4 das Durchschlagen eines flachen Bogenträgers dargestellt. Flache Bogenträger schlagen durch; steilere Bogenträger können entweder antimetrisch oder (noch steilere) durch „Ausweichen“ verzweigen.

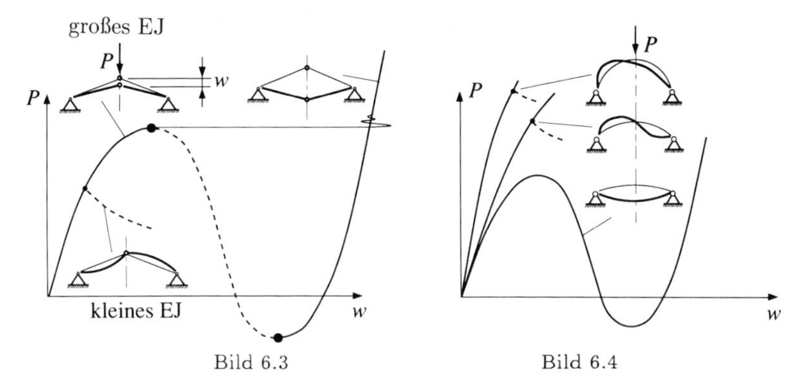

Bild 6.3 Bild 6.4

Mäßig flache Kalotten schlagen rotationssymmetrisch durch; steilere Kugelkalotten beulen unter Verzweigung mit i.a. hochwelligen Beulmustern (bzw. Ausbildung einer dominanten Einzeldelle im Nachbeulbereich); sehr flache Kalotten (im Grenzfall Kreisplatten) stellen ein reines Spannungsproblem dar. In Bild 6.5 ist eine außendruckbelastete Kugelkalotte dargestellt.

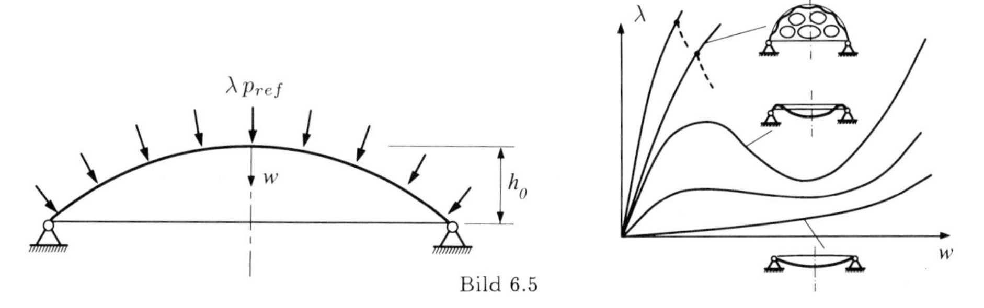

Bild 6.5

Beispiel 6.1: Am Beispiel des v.Mises-Fachwerkes soll das Durchschlagen analysiert werden:

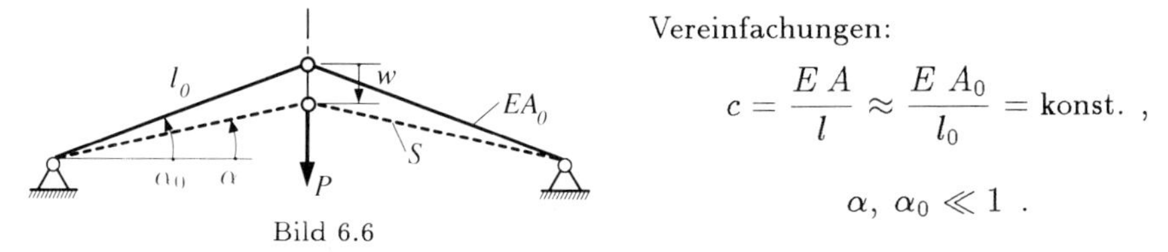

Bild 6.6

Vereinfachungen:

$$c = \frac{E\,A}{l} \approx \frac{E\,A_0}{l_0} = \text{konst.}\ ,$$

$$\alpha,\ \alpha_0 \ll 1\ .$$

Aus dem Gleichgewicht im verformten Zustand folgt für die Stabkraft $S(\alpha)$:

$$P + 2\,S\sin\alpha = 0 \quad\Longrightarrow\quad P = -2\,S\sin\alpha\ ,$$

$$S = c\,\Delta l = \frac{E\,A_0}{l_0}\Big(-\big(l_0 - \frac{l_0\cos\alpha_0}{\cos\alpha}\big)\Big) \approx -E\,A_0\,\frac{\alpha_0^2 - \alpha^2}{2}$$

$$\Longrightarrow\quad P \approx E\,A_0\,\alpha\big(\alpha_0^2 - \alpha^2\big)\ .$$

Durchschlagen tritt ein, wenn $\frac{\partial P}{\partial w} = 0 \iff \frac{\partial P(\alpha)}{\partial \alpha} = 0$ d.h.

$$\alpha_0^2 - 3\big(\alpha^*\big)^2 = 0 \quad \Longrightarrow \quad \alpha^* = \frac{\alpha_0}{\sqrt{3}} \quad , \quad P^* = \frac{2}{3}\frac{\alpha_0^3}{\sqrt{3}}\, E\, A_0 \ .$$

Kontrolle auf Knicken vor Durchschlagen:

$$-S(P^*) = E\, A_0 \frac{\alpha_0^2 - \frac{\alpha_0^2}{3}}{2} = E\, A_0 \frac{\alpha_0^2}{3} < \frac{\pi^2\, E\, J}{l_0^2} \ ?$$

Kontrolle auf plastische Traglast: $E\,\frac{\alpha_0^2}{3} < \sigma_F$?

Beispiel 6.2: Gegeben ist der Zweistab aus Beispiel 6.1 mit folgenden Daten: $P = 3$ kN, $l_0 = 1{,}5$ m, $\sigma_F = 400$ N/mm^2, $E = 2 \cdot 10^5$ N/mm^2. Gesucht ist ein Kreisringquerschnitt (Durchmesser d, Dicke t) für die Stäbe mit geringstem Gewicht und möglichst kleinem Durchmesser, sodaß P bei möglichst kleinem, positivem α_0 aufgenommen werden kann:

3 Parameter: d, t, α_0 und 3 Bedingungen:

$$1)\ P \le \frac{2\,\alpha_0^3}{3\sqrt{3}}\, E\, A_0 \ , \quad 2)\ -S(P) \le \sigma_F\, A_0 \ , \quad 3)\ -S(P) \le \frac{\pi^2\, E\, J}{l_0^2} \ ;$$

zusätzlich ist zu prüfen, ob das Rohr nicht als Zylinderschale beult.

$$\left.\begin{array}{lll} \text{Aus 1)} & \Longrightarrow & P = \dfrac{2\,\alpha_0}{3\sqrt{3}}\, E\, A_0 \\ \text{aus 2)} & \Longrightarrow & P = 2\,\sigma_F\, A_0 \dfrac{\alpha_0}{\sqrt{3}} \\ \text{aus 3)} & \Longrightarrow & P = \dfrac{2\,\alpha_0\, \pi^2\, E\, J}{\sqrt{3}\, l_0^2} \end{array}\right\} \ ; \quad \text{mit} \quad \begin{array}{l} A_0 = d\, \pi\, t \\ J = \dfrac{\pi\, d^3\, t}{8} \end{array}$$

folgen 3 Gleichungen für d, t, α_0. Mit obigen Angaben ergibt sich: $d = 60{,}4$ mm, $t = 0{,}44$ mm, $\alpha_0 = 4{,}4°$. Kontrolle auf Schalenbeulen – siehe Kapitel 6.5.1.

6.1.3 Erreichen der plastischen Traglast

Bezüglich der plastischen Traglast sei auf die Grundzüge der Plastizitätstheorie im Kap. 2.5 und auf die Fachliteratur, z.B. [22], verwiesen.

6.1.4 Flatter-Instabilität

(6.4) Bei nicht-konservativen Systemen *kann* Flatter-Instabilität auftreten. Beim Erreichen (bzw. Überschreiten) der Flatter-Last führt eine (noch so kleine) Störung zu einer Störbewegung in der Form von Schwingungen mit stark zunehmender Amplitude (zum „Flattern").

(6.5) Flatter-Instabilitäten können nur mit dem *kinetischen Stabilitätskriterium* entdeckt werden. Bei quasistatischer Laststeigerung werden im kritischen Zustand zwei benachbarte Eigenfrequenzen gleich, um bei weiterer Laststeigerung konjugiert komplex zu bleiben. Verschwindet schon früher die erste Eigenfrequenz (um dann imaginär zu werden), so tritt der Stabilitätsverlust (wie bei konservativen Systemen) durch Divergenz ein.

6.2 Gleichgewichtsverzweigung bei axial belasteten Stäben

Als allgemeiner Fall wird zunächst das Biegedrillknicken behandelt und anschließend auf den speziellen Fall des Euler-Knickens eingegangen.

6.2.1 Das Biegedrillknicken

(6.6) Werden gerade Stäbe in Richtung ihrer Stabachse gedrückt, so können die Instabilitätsformen des Biegeknickens, des (gekoppelten) Biegedrillknickens und des reinen Drillknickens beobachtet werden. Diese Verzweigungsfälle können für isotropes, homogenes, linear elastisches Material bei konstantem Querschnitt und Vernachlässigung der Biegeschubdeformationen und der Querschnittsveränderungen mit folgenden i.a. gekoppelten Differentialgleichungen behandelt werden [4]:

$$EJ_z v'''' + Pv'' + Pz_M\chi'' = 0 \ , \qquad (6.01a)$$

$$EJ_y w'''' + Pw'' - Py_M\chi'' = 0 \ , \qquad (6.01b)$$

$$Pz_M v'' - Py_M w'' + EC_W\chi'''' - GJ_T\chi'' + Pi_M^2\chi'' = 0 \ , \qquad (6.01c)$$

mit P der im Schwerpunkt des Querschnittes angreifenden, als Druckkraft positiven Axialkraft in Richtung der Stabachse. Die Koordinaten des Schubmittelpunktes M (auf den der Verdrehwinkel χ bezogen ist) sind vom Schwerpunkt aus zu zählen. i_M ist der Trägheitsradius bezogen auf M:

$$i_M^2 = i_P^2 + r_M^2 \qquad \text{mit} \qquad r_M^2 = y_M^2 + z_M^2 \ , \ J_P = A\, i_P^2 \ ,$$

mit A ... Querschnittsfläche und J_p ... polares Flächenträgheitsmom.

Aus dem Satz von Gleichungen (6.01) und den Randbedingungen lassen sich die Eigenwertprobleme für die Berechnung der Verzweigungslasten ableiten.

Beispiel 6.3: Für einen Stab konstanten Querschnittes mit allgemeiner Gabellagerung (d.h. für $x = 0$ und $x = l$ gilt: $v = 0$, $v'' = 0$, $w = 0$, $w'' = 0$, $\chi = 0$, $\chi'' = 0$) sollen die an den Enden in Richtung der Stabachse angreifenden kritischen Axiallasten bestimmt werden, und zwar für doppelt-symmetrische, für einfach-symmetrische und für völlig unsymmetrische Querschnitte:

Der Ansatz $$v = V\sin\frac{\pi x}{l} \ , \quad w = W\sin\frac{\pi x}{l} \ , \quad \chi = \mathrm{X}\sin\frac{\pi x}{l} \qquad (6.02)$$

erfüllt alle Randbedingungen und stellt für spezielle Axiallasten (nämlich Verzweigungslasten) eine nichttriviale Lösung des Gleichungssystems (6.01) dar. Dieser

Lösungsansatz ist aber nicht die allgemeine Lösung (siehe später). In die Gl. (6.01) eingesetzt, wird das folgende algebraische Gleichungssystem für die (verallgemeinerten) „Lagekoordinaten" V, W, X erhalten:

$$\begin{Bmatrix} E\,J_z\left(\frac{\pi}{l}\right)^2 - P & 0 & -P\,z_M \\ 0 & E\,J_y\left(\frac{\pi}{l}\right)^2 - P & P\,y_M \\ -P\,z_M & P\,y_M & EC_W\left(\frac{\pi}{l}\right)^2 + GJ_T - Pi_M^2 \end{Bmatrix} \begin{Bmatrix} V \\ W \\ \mathrm{X} \end{Bmatrix} = \underset{\sim}{0} \; . \tag{6.03}$$

Eine Verzweigung stellt eine Abweichung vom trivialen Gleichgewichtspfad ($V = 0 \wedge W = 0 \wedge \mathrm{X} = 0$), also das Auftreten nichttrivialer Lösungen, dar. Nichttriviale Lösungen erfordern, daß die Koeffizientendeterminante in Gl. (6.03) verschwindet.

a) Für doppelt-symmetrische Querschnitte mit der x- bzw. y-Achse als Symmetrieachse gilt: $y_M = z_M = 0$, und das Gleichungssystem (6.03) ist entkoppelt. Für folgende Werte der Verzweigungslasten P^* treten nichttriviale Lösungen auf:

$V \neq 0$; d.h. Knicken um die z-Achse: $${}_zP^* = \frac{\pi^2\,E\,J_z}{l^2} \; , \tag{6.04a}$$

$W \neq 0$; d.h. Knicken um die y-Achse: $${}_yP^* = \frac{\pi^2\,E\,J_y}{l^2} \; , \tag{6.04b}$$

$\mathrm{X} \neq 0$; d.h. reines Drillknicken: $${}_TP^* = \frac{1}{i_M^2}\left[E\,C_W\left(\frac{\pi}{l}\right)^2 + G\,J_T\right] \; . \tag{6.04c}$$

Die maßgebliche kritische Last ist $P^* = \min\left({}_zP^*,\, {}_yP^*,\, {}_TP^*\right)$.

b) Für nur einfach-symmetrische Querschnitte (mit z-Achse als Symmetrieachse) gilt $y_M = 0$ und $z_M \neq 0$, und die zweite Gleichung in Gl. (6.03) ist von den anderen entkoppelt. Sie liefert für $W \neq 0$ (d.h. Knicken um die y-Achse) obigen ${}_yP^*$-Eigenwert, Gl. (6.04b), während die beiden verbleibenden gekoppelten Gleichungen dann nichttriviale Lösungen haben, wenn (mit den Bezeichnungen von Gl. (6.04)):

$$\left(\frac{{}_zP^*}{P_i^*} - 1\right)\left(\frac{{}_TP^*}{P_i^*} - 1\right) - \left(\frac{z_M}{i_M}\right)^2 = 0 \; . \tag{6.05}$$

Die Wurzeln P_1^*, P_2^* der quadratischen Gl. (6.05) für P_i^* stellen die kritischen Lasten für Verzweigung in Form des gekoppelten Biegedrillknickens dar. Auch hier gilt wieder $P^* = \min\left({}_yP^*,\, P_1^*,\, P_2^*\right)$ für die bemessungsrelevante kritische Last.

c) Für den vollständig unsymmetrischen Querschnitt (mit y- und z-Achsen als Trägheitshauptachsen durch den Schwerpunkt) bedeutet das geforderte Verschwinden der Koeffizientendeterminante in Gl. (6.03) bei Verwendung der Bezeichnungen von Gl. (6.04):

$$\left(1 - \frac{{}_zP^*}{P_i^*}\right)\left(1 - \frac{{}_yP^*}{P_i^*}\right)\left(1 - \frac{{}_TP^*}{P_i^*}\right) - \left(1 - \frac{{}_zP^*}{P_i^*}\right)\left(\frac{y_M}{i_M}\right)^2 - \left(1 - \frac{{}_yP^*}{P_i^*}\right)\left(\frac{z_M}{i_M}\right)^2 = 0 \tag{6.06}$$

Die Wurzeln P_i^* dieser kubischen Gleichung stellen Biegedrillknicklasten dar, mit $P^* = \min\left(P_1^*,\, P_2^*,\, P_3^*\right)$, der bemessungsrelevanten kritischen Axiallast.

(6.7) Anmerkung: Beim reinen Drillknicken (Fall a) im Beispiel 6.3 stellt die Schubmittelpunktsachse auch die Drillachse (um die sich der Querschnitt beim Drillknicken dreht) dar. In den Fällen b) und c) ist die Drillachse aus den Eigenvektoren $\{V,\ W,\ \mathrm{X}\}_i^T$ des Eigenwertproblems Gl. (6.03) ermittelbar.

Wird aber eine Drillachse erzwungen, z.B. durch die Nietreihe einer an ein Blechfeld angenieteten Profilsteife (siehe Bild 6.7), so kann in vielen Fällen diese Nietreihe mit den Koordinaten y_D, z_D als „erzwungene Drillachse“ betrachtet werden und die hinsichtlich des Biegedrillknickens der Steife kritische Axiallast (unter Voraussetzung gelenkiger Endlagerung) mittels

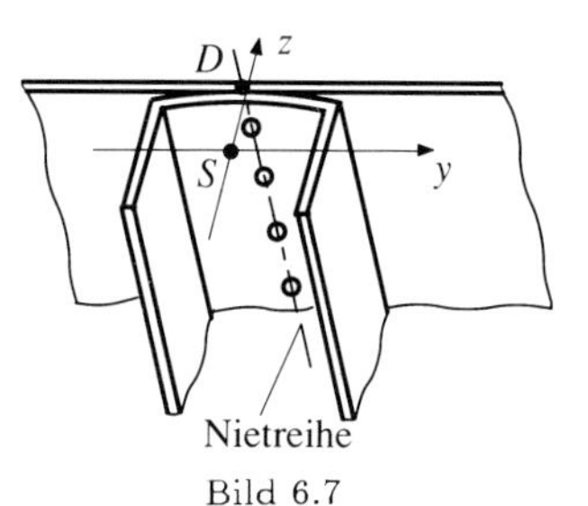

Bild 6.7

$$P^* = \frac{1}{(i_M^D)^2}\left[E\,C_W^D\left(\frac{\pi}{l}\right)^2 + G\,J_T\right] \tag{6.07}$$

bestimmt werden; siehe [4]. Dabei gilt:

$$\left(i_M^D\right)^2 = i_M^2 + (z_D - z_M)^2 + (y_D - y_M)^2 + 2\left[(z_D - z_M)z_M + (y_D - y_M)y_M\right] \tag{6.08}$$

und
$$C_W^D = C_W + J_z(z_D - z_M)^2 + J_y(y_D - y_M)^2 \ . \tag{6.09}$$

6.2.2 Das Euler-Knicken

Für Fälle, in denen Drillknicken oder Biegedrillknicken ausgeschlossen werden kann, also reines Biegeknicken betrachtet wird, ist aus Gl. (6.01) bei Festlegung von z in jene Richtung, in die der Stab ausknickt – es sei also ohne Beschränkung der Allgemeinheit Knicken um die y-Achse betrachtet und $P_K^* = {}_yP^*$, $J = J_y$ gesetzt – nur

$$E\,J\,w'''' + P\,w'' = 0 \tag{6.10}$$

relevant, bzw. nach Einführung eines dimensionslosen Lastparameters α

$$\alpha^2 := \frac{P}{E\,J} \ , \tag{6.11}$$

gilt für den Stab mit konstantem Querschnitt:
$$w'' + \alpha^2\,w = 0 \ , \tag{6.12}$$

mit der Lösung:

$$w = A\cos(\alpha x) + B\sin(\alpha x) \ . \tag{6.13}$$

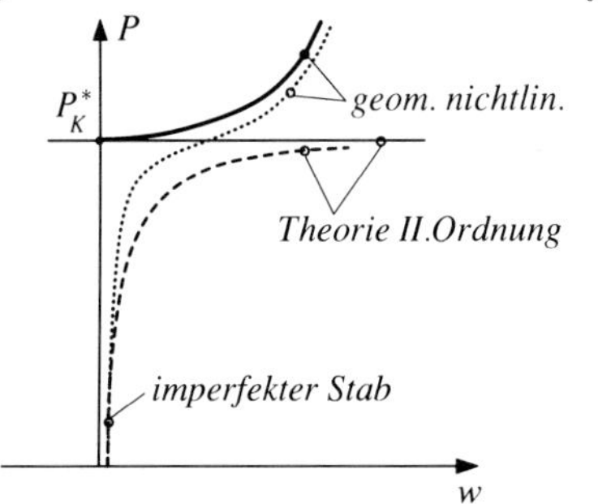

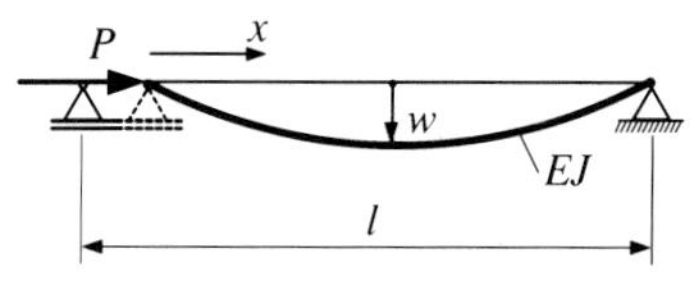

Bild 6.8

Für den beidseitig gelenkig gelagerten Stab (Bild 6.8) muß wegen der Randbedingung $x = 0 : w = 0$ der Koeffizient A in Gl. (6.13) verschwinden, und wegen $x = l : w = 0$ muß $B \sin(\alpha l) = 0$ gelten, woraus für eine nichttriviale Lösung (Verzweigung) $\sin(\alpha^* l) = 0$ zu fordern ist, d.h.:

$$\alpha_n^* = \frac{n\,\pi}{l} \quad , \quad n = 1, 2, \ldots \tag{6.14}$$

Maßgeblich ist der kleinste kritische Lastparameter $\alpha_1^* = \frac{\pi}{l}$, woraus die Euler-Knickformel folgt:

$$P_K^* = \frac{\pi^2\,E\,J}{l^2} \;. \tag{6.15}$$

(6.8) Anmerkung: In der Beziehung Gl. (6.15) ist, siehe auch Voraussetzungen zu der Gl. (6.01), die Schubnachgiebigkeit des Querschnittes nicht berücksichtigt. Für schubweiche Stäbe (z.B. Sandwichstäbe - siehe Kapitel 7.2.1) stellt P_K^* eine auf der unsicheren Seite liegende Näherung dar. Für homogene Stäbe, die elastisch knicken, sind i.a. die Schubdeformationen vernachlässigbar.

(6.9) Für homogene Stäbe konstanten Querschnittes ist Gl. (6.15) auch bei anderen Randbedingungen anwendbar, wenn l durch l_K, die *Knicklänge*, ersetzt wird:

$$P_K^* = \frac{\pi^2\,E\,J}{l_K^2} \;. \tag{6.16}$$

(6.10) Die Knicklänge hängt von den Randbedingungen ab, z.B.:

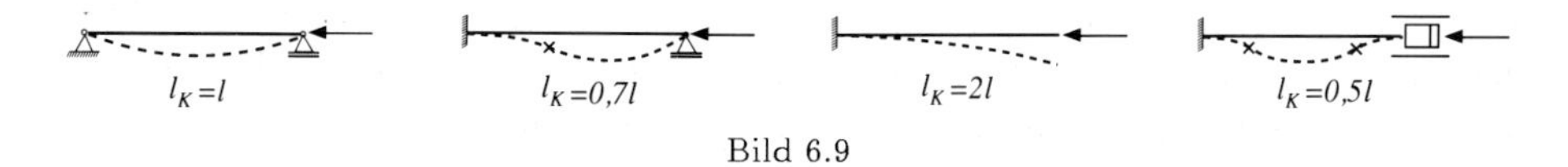

Bild 6.9

(6.11) Als Gedächtnisstütze zur Bestimmung der Knicklänge hilft es, sich die Knickfigur zu skizzieren und die Knicklänge als Abstand der Wendepunkte bzw. Sinus-Halbwellenlänge zu betrachten.

(6.12) Die kritische Spannung im Querschnitt - die Knickspannung - ergibt sich zu:

$$\sigma_K^* = \frac{\pi^2\,E}{\lambda_K^2} \qquad \text{mit} \qquad \lambda_K = \frac{l_K}{i} \;, \tag{6.17}$$

i ... Trägheitsradius für das axiale Flächenträgheitsmoment.

(6.13) Falls sich $\sigma_K^* > {}^0\sigma_F$ ergibt (also bei kleiner Schlankheit λ_K) liegt kein elastisches Knicken mehr vor, und es kann gemäß Abschnitt 2.5.2 bzw. Beispiel 2.8 vorgegangen werden. Diverse Regelwerke (Normen und dergleichen) geben ebenfalls Vorgehensweisen an.

(6.14) Es ist stets jene Knickachse bzw. Richtung von w und somit jene von der Querschnittsform und von den Randbedingungen abhängige Bewertung der Sicherheit gegen Knicken heranzuziehen, welche die kleinste Knicklast ergibt, siehe folgendes Beispiel.

Beispiel 6.4: Für einen *IPB200*-Stahlträger, $l = 10$m, siehe Bild 6.10, soll die kritische Axiallast ermittelt werden, wobei die Näherung für I-Träger: $C_W \approx J_z H^2/4$ aus [24] verwendet werden darf:

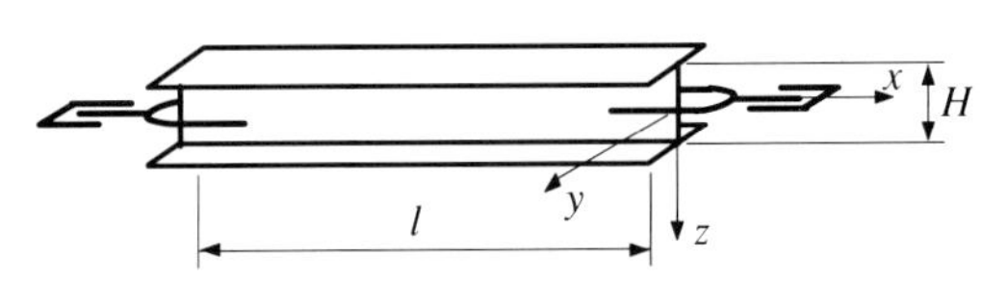

Bild 6.10

Es gilt: $${}_yP_K^* = \frac{\pi^2 E J_y}{l^2} = 1181\,\text{kN} \quad , \quad {}_zP_K^* = \frac{\pi^2 E J_z}{(0,5\,l)^2} = 1658\,\text{kN} \ .$$

Obgleich $J_z = 2000\,\text{cm}^4 < J_y = 5700\,\text{cm}^4$, ergibt sich, daß wegen der größeren Knicklänge das Knicken um die y-Achse (also in z-Richtung) vor dem Knicken in y-Richtung auftritt. Ferner ist auf Drillknicken zu prüfen, wobei mit Gl. (4.10) folgt:

$$J_T = \frac{1}{3}\sum_i l_i\,t_i^3 = 49,86\,\text{cm}^4 \quad , \quad C_W = J_z\frac{H^2}{4} = 2 \cdot 10^5\,\text{cm}^6 \ ,$$

mit H dem Abstand der Flanschmitten, und mittels $i_M^2 = i_P^2 = i_y^2 + i_z^2 = 98,64\,\text{cm}^2$ folgt aus Gl. (6.04c): ${}_TP^* = 5763\,\text{kN}$. Damit ist die kritische Last für Knicken um die y-Achse entscheidend.

(6.15) Bei komplexeren Lagerungsarten oder veränderlichem $E\,J$ kann die Lösung direkt aus der allgemeinen Differentialgleichung oder über das Galerkinverfahren bzw. mittels des Potentials durch Anwendung des Dirichletschen Kriteriums oder über das Ritzsche Verfahren gefunden werden. Für das Gesamtpotential gilt:

$$V = \frac{1}{2}\int_0^l E\,J(x)\,w''^2\,dx - \frac{1}{2}\int_0^l P(x)\,w'^2\,dx + \begin{array}{l}\text{weitere Pot.-Anteile aus elast.}\\ \text{Lagerung bzw. Lasten} \ldots\end{array} \tag{6.18}$$

$P(x)$ ist dabei als Druckkraft positiv und es gilt: $P(x) = -N(x)$.

Beispiel 6.5: Es soll für den im Bild 6.11 dargestellten Träger auf zwei Stützen mit mittiger Feder die Knicklast berechnet werden:

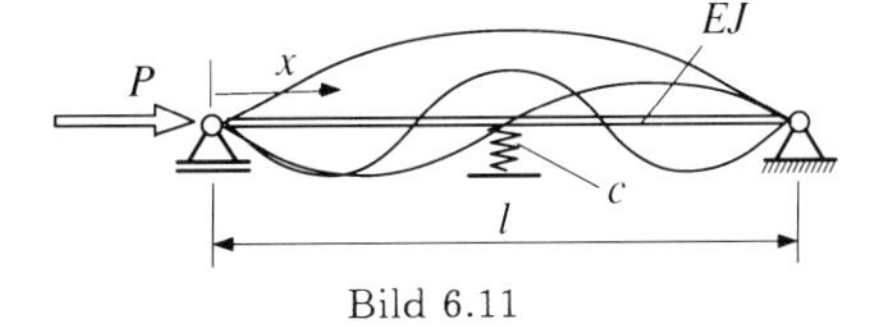

Bild 6.11

Das Gesamtpotential lautet:

$$V = \frac{1}{2}\int_0^l E\,J\,w''^2\,dx - \frac{1}{2}\int_0^l P\,w'^2\,dx + \frac{1}{2}\,c\left(w|_{l/2}\right)^2 \ . \tag{6.19}$$

Der allgemeine, mehrgliedrige Ritzsche Ansatz

$$\tilde{w}(x) = a_1\,\varphi_1(x) + a_2\,\varphi_2(x) + \ldots \tag{6.20}$$

erfüllt in folgender Form die kinematischen Randbedingungen:

$$\tilde{w} = a_1 \sin\frac{\pi x}{l} + a_2 \sin\frac{2\pi x}{l} + a_3 \sin\frac{3\pi x}{l} \ .$$

Damit in Gl. (6.19) ergibt sich das Gesamtpotential $\tilde{V}$ des durch den Ritzschen Ansatz diskretisierten Ersatzmodells. Die Bedingung für Gleichgewicht, $\delta V = 0$, führt für das Ersatzmodell mit endlich vielen Freiheitsgraden zu der Bedingung

$$\delta\tilde{V} = 0 \quad \Longrightarrow \quad \frac{\partial\tilde{V}}{\partial a_1}\delta a_1 + \frac{\partial\tilde{V}}{\partial a_2}\delta a_2 \ldots \quad = 0 \quad \Longrightarrow \quad \frac{\partial\tilde{V}}{\partial a_i} = 0 \ . \tag{6.21}$$

Damit das algebraische, homogene, lineare Gleichungssystem

$$\begin{Bmatrix} A_{11} & A_{12} & A_{13} \\ A_{21} & A_{22} & A_{23} \\ A_{31} & A_{32} & A_{33} \end{Bmatrix} \begin{Bmatrix} a_1 \\ a_2 \\ a_3 \end{Bmatrix} = \underset{\sim}{0}$$

$$\text{mit} \quad \begin{aligned} A_{11} &= \frac{EJ}{2}\left(\frac{\pi}{l}\right)^4 l - \frac{P}{2}\left(\frac{\pi}{l}\right)^2 l + c \ , \\ A_{22} &= \frac{EJ}{2}\left(\frac{\pi}{l}\right)^4 2^4 l - \frac{P}{2}\left(\frac{\pi}{l}\right)^2 2^2 l \ , \\ A_{33} &= \frac{EJ}{2}\left(\frac{\pi}{l}\right)^4 3^4 l - \frac{P}{2}\left(\frac{\pi}{l}\right)^2 3^2 l + c \ , \end{aligned} \qquad \begin{aligned} A_{13} &= A_{31} = -c \ , \\ A_{12} &= A_{21} = 0 \ , \\ A_{23} &= A_{32} = 0 \ , \end{aligned}$$

eine nichttriviale Lösung für a_1, a_2, a_3 besitzt, muß die Determinante der Koeffizientenmatrix verschwinden, woraus eine Bestimmungsgleichung (Eigenwertgleichung) für die kritische Last P^* folgt:

$$\det \underset{\approx}{\mathbf{A}}(P^*) = 0 \quad \Longrightarrow \quad P_1^*, \ P_2^*, \ P_3^* \ .$$

Die beiden niedrigsten Knicklasten sind in Abhängigkeit von der Federsteifigkeit im Diagramm, Bild 6.12, eingetragen.

Ab einer gewissen Federsteifigkeit c^* wird der ursprünglich zweite Knick-Modus zum ersten Modus. Eine weitere Steigerung der Federsteifigkeit bringt keine Steigerung der relevanten Knicklast. Dieses Beispiel zeigt, welche Maßnahmen zu setzen sind, wenn man durch Versteifungen die Knick- bzw. Beullasten steigern möchte:

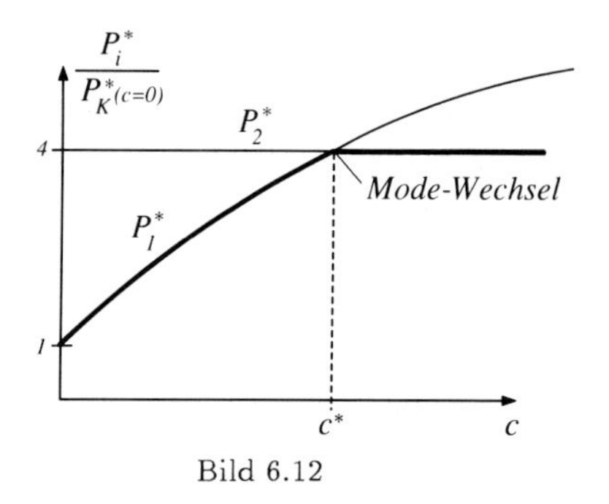

Bild 6.12

Die Versteifungen sollen an jenen Stellen angeordnet sein, wo sie möglichst effizient die Beulfigur verändern (möglichst neue Knotenlinien provozieren), und sie müssen steif genug sein. Allerdings bringt eine weitere Steigerung dieser Steifigkeit ($c > c^*$) keinen weiteren Gewinn und ist aus Gewichtseinsparungsgründen zu unterlassen (vergleiche auch versteifte Platten im Kapitel 6.4.3).

Beispiel 6.6: Es ist die Knicklast eines homogenen Stabes auf konstanter Winklerbettung zu bestimmen:

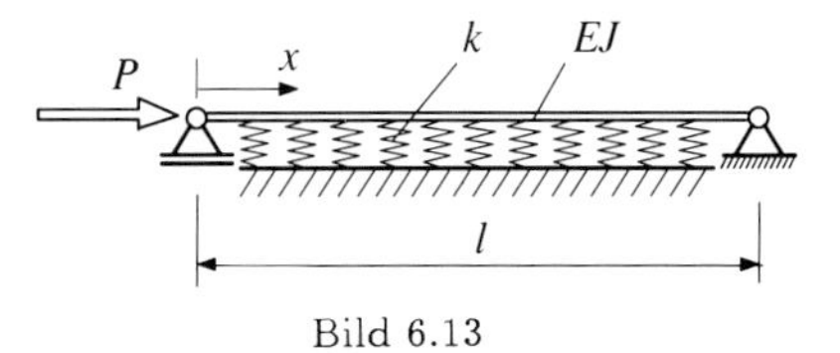

Bild 6.13

Das Problem ist durch die folgende Differentialgleichung beschrieben:

$$\left(E\,J\,w''\right)'' + P\,w'' + k\,w = 0 \ . \tag{6.22}$$

Mit dimensionslosen Abkürzungen

$$\alpha^2 := \frac{P\,l^2}{E\,J} \quad , \quad (\pi\gamma)^4 := \frac{k\,l^4}{E\,J} \quad , \quad \bar{x} := \frac{x}{l} \quad , \quad \bar{w} := \bar{w}(\bar{x}) \tag{6.23}$$

gilt:
$$\bar{w}'''' + \alpha^2 \bar{w}'' + (\pi\gamma)^4\,\bar{w} = 0 \quad \text{mit} \quad (\,)' := \frac{d}{d\bar{x}}(\,) \ . \tag{6.24}$$

Der Lösungsansatz:
$$\bar{w} = C\,\sin(m\,\pi\,\bar{x}) \tag{6.25}$$

erfüllt Gl. (6.24) und die Randbedingungen. Mit Gl. (6.25) in Gl. (6.24) folgt:

$$(m\,\pi)^4 - \alpha^2 (m\,\pi)^2 + (\gamma\,\pi)^4 = 0 \tag{6.26}$$

als Eigenwertgleichung für α. Die Eigenwerte ergeben sich zu

$$\alpha^2(m) = (\gamma\,\pi)^2 \left[\left(\frac{\gamma}{m}\right)^2 + \left(\frac{m}{\gamma}\right)^2\right] \ , \tag{6.27}$$

woraus die kritische Last $P^*(m)$ in Abhängigkeit von der Halbwellenzahl m der Knickform folgt:

$$P^* = \sqrt{kEJ}\left[\left(\frac{\gamma}{m}\right)^2 + \left(\frac{m}{\gamma}\right)^2\right] \ . \tag{6.28}$$

Maßgeblich ist die niedrigste Knicklast, also $\tilde{m}$ für $\frac{dP^*}{dm} = 0$. Diese Bedingung führt auf

$$\tilde{m} = \gamma = \sqrt[4]{\frac{k\,l^4}{E\,J\,\pi^4}} \ , \tag{6.29}$$

welche natürlich nur für ganzzahlige m sinnvoll ist.

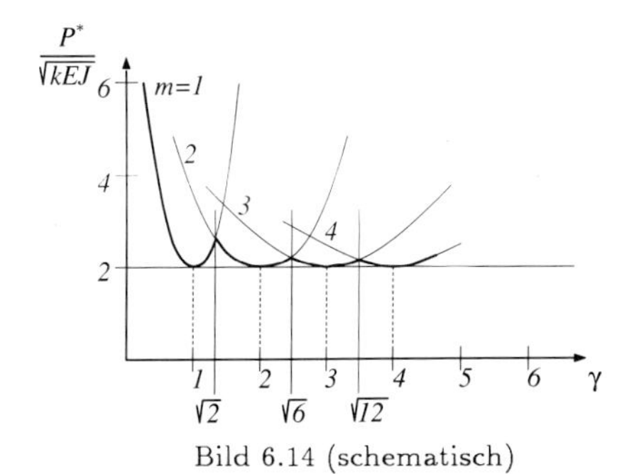

Bild 6.14 (schematisch)

Für lange bzw. hart gebettete Stäbe $(\gamma \gg 1)$ gilt:

$$P^* \quad \longrightarrow \quad 2\sqrt{k\,E\,J} \ . \tag{6.30}$$

Dieses Ergebnis werden wir bei der Betrachtung des lokalen Stabilitätsverlustes von Sandwichkonstruktionen wieder heranziehen (siehe Kapitel 7.2.1).

(6.16) Soll der Einfluß der Schubdeformationen beim Knicken eines homogenen Stabes berücksichtigt werden, so ist von der folgenden (gegenüber der Bernoulli-Euler-Theorie erweiterten) Differentialgleichung auszugehen:

$$w''\left(1-\frac{P}{G\,A_S}\right)+\frac{P\,w}{E\,J}=0 \tag{6.31}$$

A_S ... Schubfläche des konstanten Querschnittes

bzw. mit

$$\alpha_S^2 := \frac{\frac{P}{E\,J}}{(1-\frac{P}{G\,A_S})} \tag{6.32}$$

erhalten wir wieder - wie Gl. (6.12):

$$w''+\alpha_S^2\,w=0\ . \tag{6.33}$$

(6.17) Daraus ist zu erkennen, daß bei Berücksichtigung der Schubdeformationen der Zusammenhang zwischen der Euler-Knicklast P_K^* gemäß Gl. (6.16) ohne Schubeinfluß und der Knicklast $\bar{P}_K^*$ mit Schubeinfluß wie folgt vorliegt:

$$\bar{P}_K^*=\frac{P_K^*}{\left(1+\frac{P_K^*}{G\,A_S}\right)} \qquad \text{bzw.} \qquad \frac{1}{\bar{P}_K^*}=\frac{1}{P_K^*}+\frac{1}{G\,A_S}\ . \tag{6.34}$$

Ähnliche Betrachtungen werden bei Sandwichkonstruktionen (siehe Kapitel 7.2.1) anzustellen sein.

Beispiel 6.7: Es soll der Unterschied zwischen P_K^* und $\bar{P}_K^*$ für einen beidseitig gelenkig gelagerten Stab mit einem Rechteckquerschnitt ($b\cdot h$; Knickachse quer zur Höhenerstreckung) und der Länge l ermittelt werden, und zwar für Stahl ($E=2,1\cdot 10^5$ N/mm^2; $\nu=0,3$; $^0\sigma_F=750$ N/mm^2) bei a) $b=20$ mm, $h=5$ mm, $l=1$ m und b) b, h wie vorhin, aber mit $l=0,20$ m:

Mit $G=80769$ N/mm^2 aus Gl. (2.20) und $J_{min}=20\cdot 5^3/12=208$ mm^4 folgt mit Gl. (6.15) und Gl. (6.34):

$$\text{a)}\quad \begin{matrix} P_K^*=432,00\ \text{N}\ , \\ \bar{P}_K^*=431,98\ \text{N}\ , \end{matrix} \qquad \sigma_K^*=4,32\ \text{N/mm}^2<{}^0\sigma_F\ ,$$

$$\text{b)}\quad \begin{matrix} P_K^*=10793\ \text{N}\ , \\ \bar{P}_K^*=10779\ \text{N}\ , \end{matrix} \qquad \sigma_K^*=108\ \text{N/mm}^2<{}^0\sigma_F\ .$$

Somit ergibt sich bei Berücksichtigung der Schubdeformationen eine völlig vernachlässigbare Abminderung der Knicklast um a) 0,005% und b) 0,13%.

6.2.3 Einfluß von Längskräften bei der Stabbiegung

(6.18) Zur Berücksichtigung von Längskräften ($P\ll P_K^*$, P als Druckkraft positiv) bei der Stabbiegung kann eine Näherung

$$M_{II}(x)\approx M_I(x)\frac{1}{1-\frac{P}{P_K^*}}\ , \qquad w_{II}(x)\approx w_I(x)\frac{1}{1-\frac{P}{P_K^*}} \tag{6.35}$$

angegeben werden, welche die Kenntnis der Knicklast P_K^* voraussetzt und die wesentlich aufwendiger zu ermittelnden Ergebnisse nach der Theorie II. Ordnung bei sehr geringem Aufwand in weiten Grenzen recht gut approximiert.

Beispiel 6.8: Es soll die Verifizierung von Gl. (6.35) am Beispiel des schwach vorgekrümmten Druckstabes mit einer Imperfektion $w_0 = a_0 \sin\frac{\pi x}{l}$, der nach der Theorie II. Ordnung zu untersuchen ist, gezeigt werden:

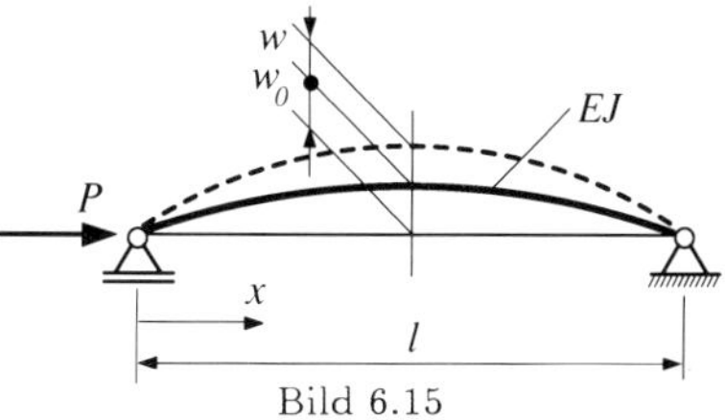

Bild 6.15

Aus
$$E\,J\,w'''' + P\left(w + w_0\right)'' = 0$$

wird mit
$$\alpha^2 := \frac{P\,l^2}{E\,J} \quad , \quad \bar{x} := \frac{x}{l}$$

die inhomogene Differentialgleichung
$$\bar{w}'''' + \alpha^2\,\bar{w}'' = -\alpha^2\,\bar{w}_0'' \ .$$

Der Lösungsansatz $\bar{w} = a \sin\pi\bar{x}$ liefert

$$a = a_0\,\frac{\left(\frac{\alpha}{\pi}\right)^2}{1-\left(\frac{\alpha}{\pi}\right)^2} \quad \Longrightarrow \quad a = a_0\,\frac{\frac{P}{P_K^*}}{1-\frac{P}{P_K^*}} \ .$$

Das Biegemoment nach Theorie II. Ordnung ist bestimmt durch $M_{II}(x) = -E\,J\,w''$, woraus mit $w = a \sin\frac{\pi x}{l}$ und obiger Annahme für a folgt:

$$M_{II}(x) = \frac{P\,a_0 \sin\dfrac{\pi\,x}{l}}{1-\frac{P}{P_K^*}} \ .$$

Nach Theorie I. Ordnung ist das Biegemoment $M_I = P\,a_0 \sin\frac{\pi x}{l}$, also der Zähler im Quotienten für M_{II}, und somit gilt:

$$M_{II}(x) = M_I(x)\,\frac{1}{1-\frac{P}{P_K^*}} \ .$$

Analog läßt sich mit
$$w_I'' = -\frac{P\,a_0 \sin\frac{\pi x}{l}}{E\,J} \quad \text{und} \quad w_I = \frac{\alpha^2}{\pi^2}a_0 \sin\frac{\pi x}{l}$$

zeigen, daß gilt:
$$w_{II} = w_I\,\frac{1}{1-\frac{P}{P_K^*}} \ .$$

Dieses Ergebnis ist schematisch in Bild 6.8 dargestellt.

Beispiel 6.9: Für einen Kragträger unter konstanter Streckenlast p_z und axialer Belastung P (Bild 6.16) soll M_{II} an der Einspannung und w_{II} am freien Stabende abgeschätzt werden:

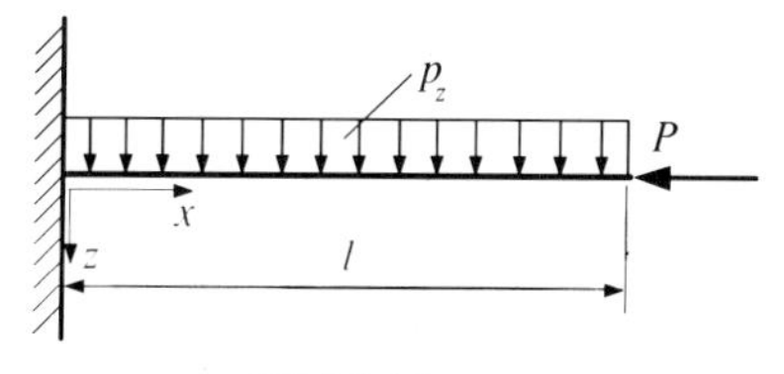

Bild 6.16

Für $|P| \ll P_K^*$ ergibt sich mit

$$M_I(x=0) = \frac{p_z\,l^2}{2} \quad , \quad w_I(x=l) = \frac{p_z\,l^4}{8\,E\,J} \quad , \quad P_K^* = \frac{\pi^2\,E\,J}{4\,l^2}$$

aus Gl. (6.35):

$$M_{II}(x=0) = \frac{p_z\,l^2}{2}\,\frac{1}{1-\frac{P\,4\,l^2}{\pi^2\,E\,J}} \quad , \quad w_{II}(x=l) = \frac{p_z\,l^4}{8\,E\,J}\,\frac{1}{1-\frac{P\,4\,l^2}{\pi^2\,E\,J}} \; .$$

6.3 Das Kippen von hohen, schmalen Biegeträgern

(6.19) Bei $J_y \gg J_z$ kann auch eine Biegemomenten- bzw. Querbelastung (z.B. Streckenlast p_z) zu einer Instabilität, nämlich zum Kippen führen.

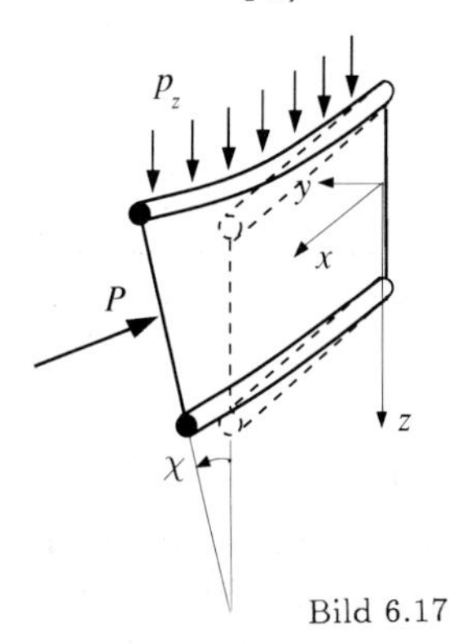

Bild 6.17

Für Balken mit konstantem, doppelt-symmetrischem Querschnitt ist das Kippen durch die folgende Differentialgleichung beschrieben:

$$E\,J_z\,v'''' + P\,v'' + \big(M_y\,\chi\big)'' = 0 \; , \tag{6.36}$$

$$M_y\,v'' + E\,C_W\,\chi'''' - \big(G\,J_T - P\,i_P^2\big)\chi'' = 0 \; . \tag{6.37}$$

Beispiel 6.10: Für einen beidseitig in Gabellagerung gestützten Balken soll bei vorgegebener, konstanter axialer Druckkraft P jenes Endmoment $M_y =$ konst. ermittelt werden, bei dem Kippen eintritt:

Mit dem Ansatz $\qquad v = V \sin\frac{\pi\,x}{l} \quad , \quad \chi = \mathrm{X} \sin\frac{\pi\,x}{l} \quad ,$

der die Randbedingungen für Gabellagerung erfüllt, folgt mit Gl. (6.37) ein homogenes, lineares, algebraisches Gleichungssystem für V und X:

$$\left\{\begin{matrix} {}_zP^* - P & -M_y \\ -M_y & i_P^2({}_TP^* - P) \end{matrix}\right\} \left\{\begin{matrix} V \\ \mathrm{X} \end{matrix}\right\} = \underset{\sim}{0}$$

mit ${}_zP^*$ und ${}_TP^*$ gemäß Gl. (6.04). Die Koeffizientendeterminante muß für eine nichttriviale Lösung verschwinden, d.h. $M_y^2 \to M_y^{*2} = ({}_zP^* - P)({}_TP^* - P)i_P^2$, und somit ergibt sich:

$$M_y^* = \kappa\frac{\pi}{l}\sqrt{E\,J_z\,G\,J_T} \quad \text{mit} \quad \kappa = \sqrt{1 - \frac{E\,C_W}{G\,J_T}\left(\frac{\pi}{l}\right)^2}\sqrt{1-\frac{P}{{}_zP^*}}\sqrt{1-\frac{P}{{}_TP^*}} \; .$$

(6.20) Für schmale, hohe Profile mit $C_W \approx 0$ und für $P \equiv 0$ erhält man bei beidseitiger Gabellagerung die vereinfachte Kippgleichung

$$\chi'' + \frac{M_y^2}{E\,J_z\,G\,J_T}\chi = 0 \; . \tag{6.38}$$

(6.21) Im Bild 6.18 sind einige kritische Lasten für Kippen bei unbehinderter Querschnittsverwölbung als Lösungen von Gl. (6.38) dargestellt.

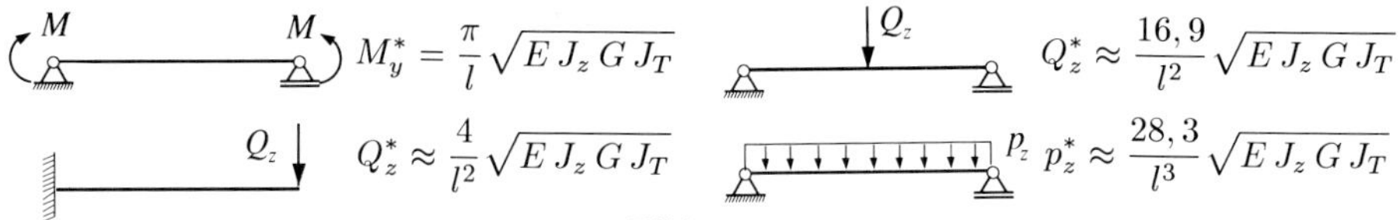

$$M_y^* = \frac{\pi}{l} \sqrt{E\,J_z\,G\,J_T} \qquad Q_z^* \approx \frac{16,9}{l^2} \sqrt{E\,J_z\,G\,J_T}$$

$$Q_z^* \approx \frac{4}{l^2} \sqrt{E\,J_z\,G\,J_T} \qquad p_z^* \approx \frac{28,3}{l^3} \sqrt{E\,J_z\,G\,J_T}$$

Bild 6.18

6.4 Beulen von Platten

6.4.1 Beulen von Rechteckplattenfeldern

Analog zum Stabknicken kann beim Beulen von der Differentialgleichung der Plattenbiegung nach der Theorie II. Ordnung ausgegangen werden. Die zu Gl. (6.10) analoge Plattendifferentialgleichung wird aus Gl. (2.32) wie folgt erhalten, wenn *hier* die Membrankräfte $N_{ij} = -n_{ij}$ als *Druck positiv* eingesetzt werden:

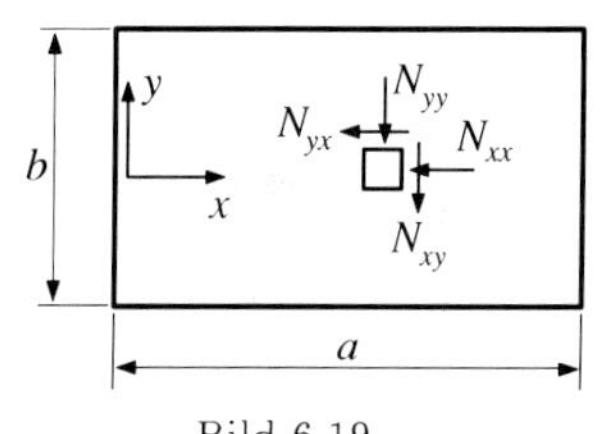

Bild 6.19

$$K\,\Delta\Delta w + N_{xx}\frac{\partial^2 w}{\partial x^2} + N_{yy}\frac{\partial^2 w}{\partial y^2} + 2\,N_{xy}\frac{\partial^2 w}{\partial x\,\partial y} = 0 \ . \tag{6.39}$$

Es wird nun jener (kritische) Membranspannungszustand (d.h. die zu diesem kritischen Membranspannungszustand führende kritische Belastung) gesucht, bei der erstmals nichttriviale Gleichgewichtslagen auftreten (Lösung eines Eigenwertproblems). Dazu wird je nach Randbedingungen ein die Differentialgleichung und alle Randbedingungen erfüllender Ansatz in Gl. (6.39) eingesetzt.

So ist z.B. für die *allseits gelenkig gelagerte Rechteckplatte* unter konstanter Druckbeanspruchung folgender Ansatz geeignet:

$$w(x,y) = a_{mn}\,\sin\frac{m\,\pi\,x}{a}\,\cos\frac{n\,\pi\,y}{b} \ . \tag{6.40}$$

Damit entsteht eine Bestimmungsgleichung für den von den Halbwellenzahlen der Beulfigur (m und n) abhängigen kritischen Membranspannungszustand $N_{ij}^*(m,n)$. Als Ergebnis solcher Eigenwertanalysen läßt sich z.B. bei einachsiger Belastung die *kritische Druckspannung* in der folgenden Form darstellen:

$$\sigma^* = \kappa\,\pi^2\,\frac{E\,t^3}{12\,(1-\nu^2)}\,\frac{1}{t\,b^2} = \kappa\,\frac{\pi^2}{12\,(1-\nu^2)}\,E\left(\frac{t}{b}\right)^2 \ . \tag{6.41}$$

Der Wert von κ hängt neben m und n auch von den Randbedingungen, vom Breiten-Längenverhältnis und von der Belastungsart ab.

(6.22) Faßt man $\kappa\,\pi^2/12\,(1-\nu^2) = k$ zum *Beulfaktor* k zusammen, so läßt sich das Beulen von Rechteckplatten in einfacher Form ausdrücken durch:

$$\sigma^* = k\,E\left(\frac{t}{b}\right)^2 \ . \tag{6.42}$$

(6.23) Anmerkung: Für $\sigma^* > {}^0\sigma_F$ liegt inelastisches Beulen vor, und es kann E in Gl. (6.42) durch E_w ersetzt und gemäß Kapitel 2.5.2 vorgegangen werden.

(6.24) Für die allseits gelenkig gelagerte, längsdruckbelastete Rechteckplatte (siehe Bild 6.20) ergibt sich:

$$\kappa(m, n=1) = \left[\frac{m\,b}{a} + \frac{a}{m\,b}\right]^2 \tag{6.43}$$

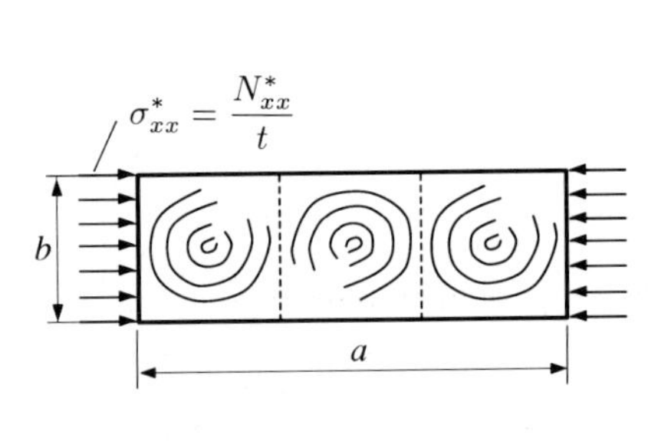

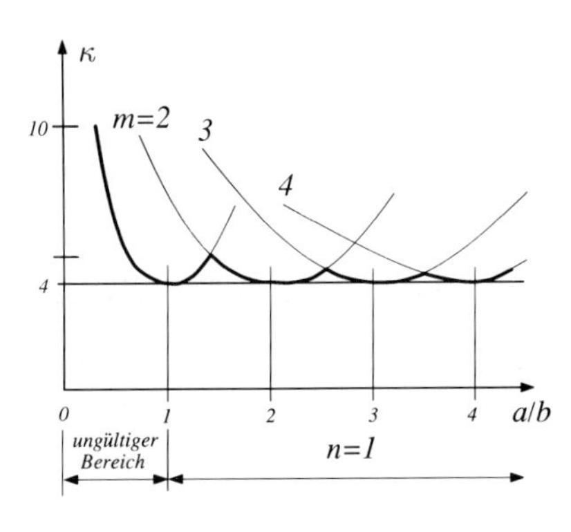

Bild 6.20

Für lange, allseits gelenkig gelagerte Plattenstreifen unter Längsdruck wird der maßgebliche κ-Wert $\kappa \to 4$, also – bei $\nu = 0,3$ – der Beulfaktor $k \to 3,61$.

(6.25) In den Diagrammen Bild 6.21 bis 6.23 sind die Beulfaktoren für eine Vielzahl von Randbedingungen und Belastungsarten (unter Annahme von $\nu = 0,3$) angegeben.

(6.26) Für gemischte Beanspruchungen stehen *Interaktionsdiagramme* (Bild 6.24, 6.25 und 6.26) zur Verfügung [10,32]. Diese werden wie folgt verwendet:

- Es wird zunächst für jede einzelne Belastungsart die *kritische* Spannung so bestimmt, als läge nur diese eine Belastung vor: σ_i^* (i kann z.B. Druck in x-Richtung, Druck in y-Richtung, Schub oder Biegung sein).
- Dann werden die jeweiligen *vorhandenen* Lastspannungen σ_i der einzelnen Belastungsarten mit den jeweils zugehörigen kritischen Werten σ_i^* ins Verhältnis gesetzt: $R_i = \sigma_i/\sigma_i^*$; $R_j = \sigma_j/\sigma_j^*$.
- Das Wertepaar (R_i, R_j) wird in das Interaktionsdiagramm eingetragen. Liegt der Punkt im „stabilen" Bereich (d.h. im Inneren des von der Versagenslinie eingeschlossenen Bereiches), so tritt Stabilitätsverlust mit einer Sicherheit $\gamma = D/d$ nicht auf.

(Eine ähnliche Vorgehensweise finden wir auch bei der Beurteilung rißbehafteter Bauteile mittels der Zwei-Kriterien-Methode, d.h. mittels FAD – siehe Kapitel 8.2.3.)

(6.27) In Analogie zu (6.16) und (6.17) verändert die Berücksichtigung der Schubnachgiebigkeit normal zur Plattenebene die kritischen Lasten; siehe Kapitel 7.2.2.

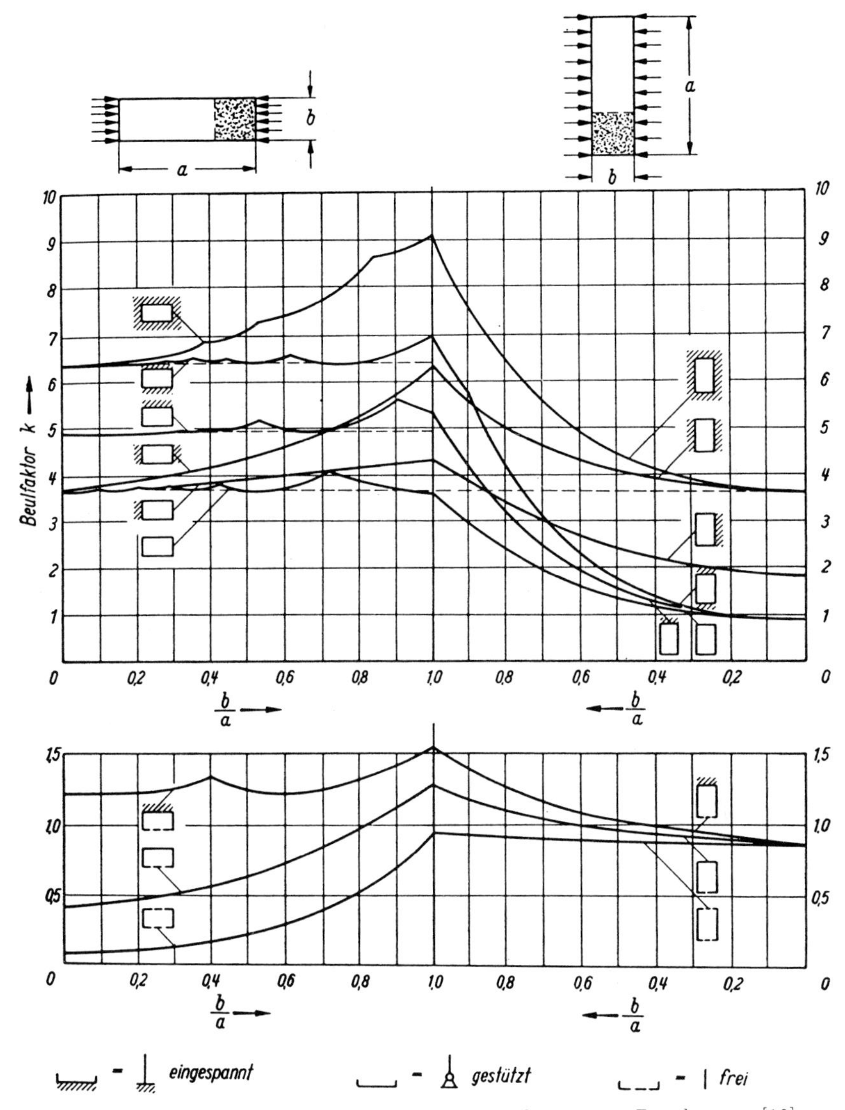

Bild 6.21: Beulfaktoren der ebenen, isotropen Platte unter Druck – aus [10]

Beispiel 6.11: Die Stabilität einer druckbeanspruchten Platte aus elasto-plastischem Material (bilinear idealisiert; siehe Bild 6.27) soll untersucht werden. Gegeben sind folgende Daten: Dicke $t = 10$ mm, $a = 800$ mm, $b = 200$ mm, $q_{ref} = 1600$ N/mm. Gesucht ist die Sicherheit γ_{Beul} gegenüber Beulen.

Aus Bild 6.21 folgt mit $b/a = 0,25$ der Beulfaktor $k = 1,25$. Damit in Gl. (6.42) liefert

$$\sigma_{el}^{*} = k\,E\left(\frac{t}{b}\right)^{2} = 227,5\ \text{N/mm}^2 > {}^{0}\sigma_F\ .$$

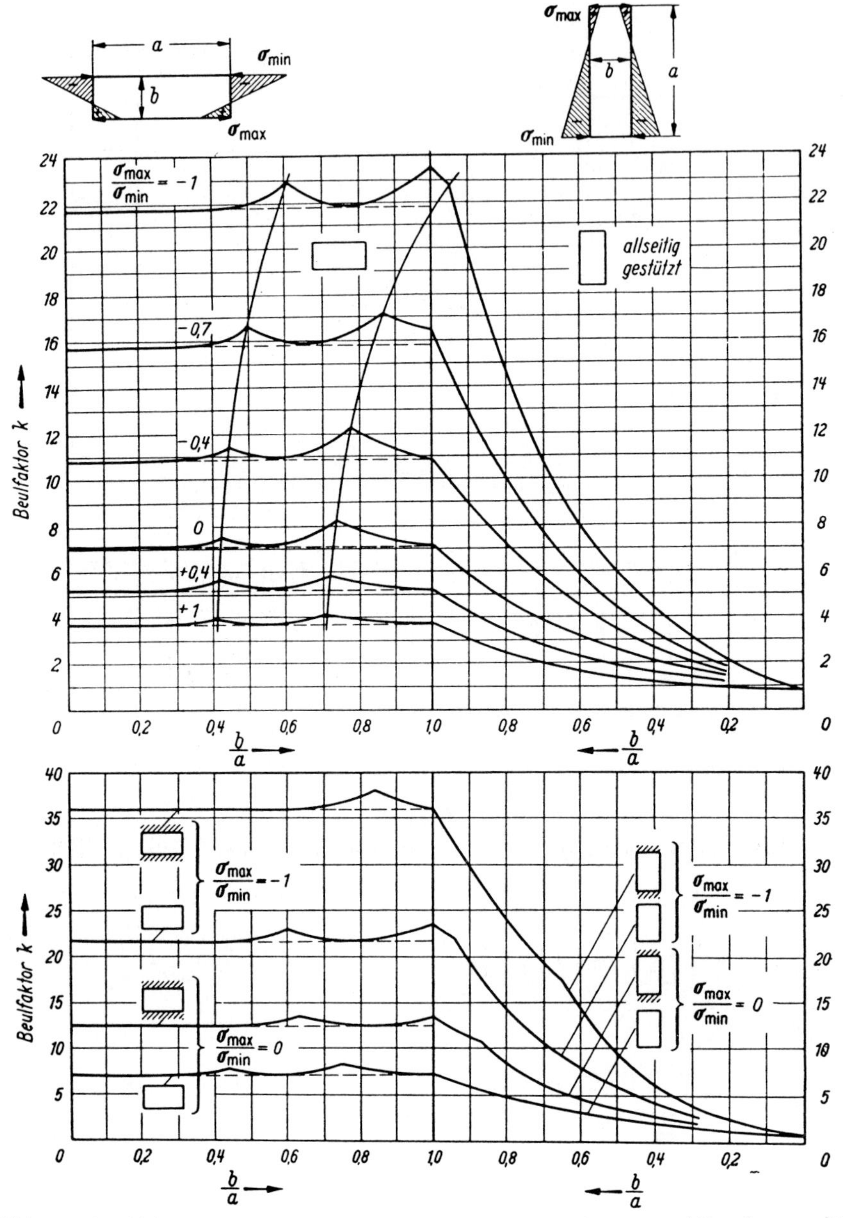

Bild 6.22: Beulfaktoren der ebenen, isotropen Platte unter Biegung und Druck – aus [10]

Es tritt also übereslastisches Beulen auf, und gemäß (2.24) gilt:

$$\sigma^*_{elpl} = k\,E_w \left(\frac{t}{b}\right)^2 ,$$

wobei E_w zu den vorliegenden Randbedingungen aus Bild 2.18 wie folgt zu entnehmen ist:

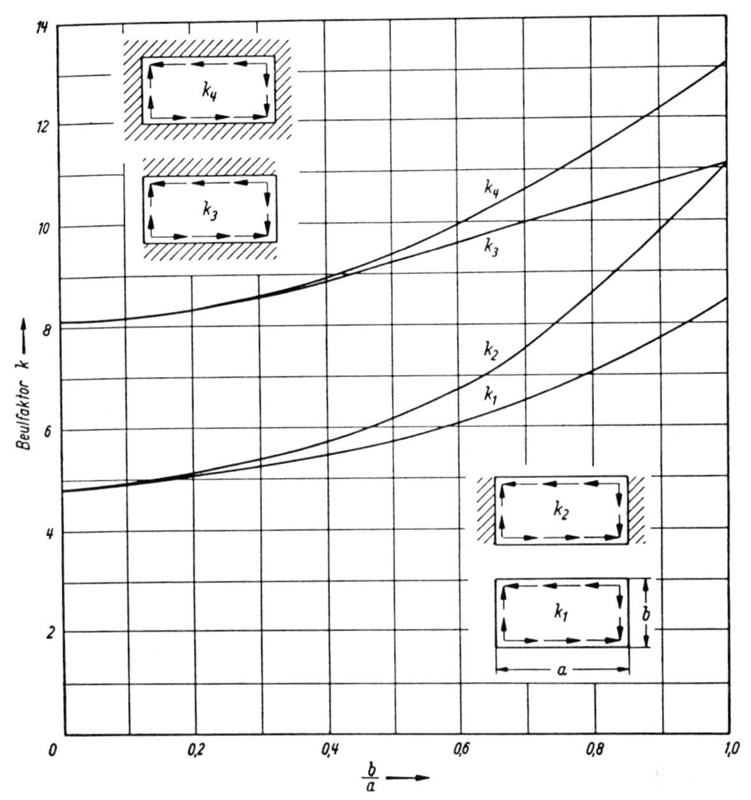

Bild 6.23: Beulfaktoren der ebenen, isotropen Platte unter Schub – aus [10]

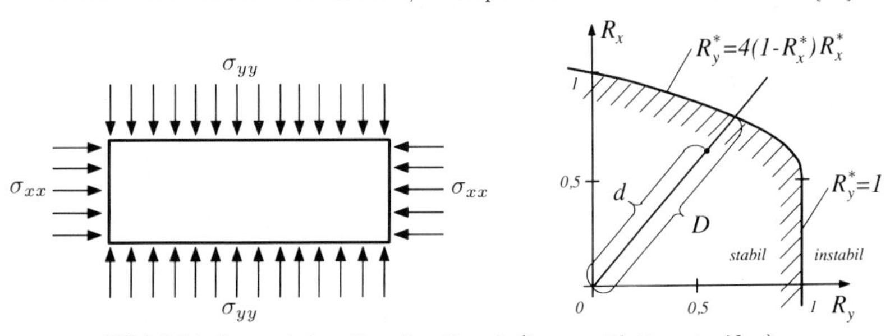

Bild 6.24: Interaktion Druck - Druck (langer Plattenstreifen)

$$E_w = 0,43\, E_s + 0,29\, E_b \quad \text{mit} \quad E_b = \sqrt{E_s^2 + 3\, E_s\, E_t}\ .$$

Die Beschreibung des bilinearen σ-ε-Diagrammes lautet

$$\sigma < {}^0\sigma_F: \quad \varepsilon = \frac{\sigma}{E} \ ; \quad \sigma > {}^0\sigma_F: \quad \varepsilon = 0,002 + \frac{\sigma - {}^0\sigma_F}{E_t}\ .$$

Die Anwendung von (2.26) liefert $\sigma^*_{elpl} = 182,4\ \text{N/mm}^2$, und mit $\sigma_{ref} = q_{ref}/t = 160,0\ \text{N/mm}^2$ folgt somit $\gamma_{Beul} = \sigma^*_{elpl}/\sigma_{ref} = 182,4/160,0 = 1,13$.

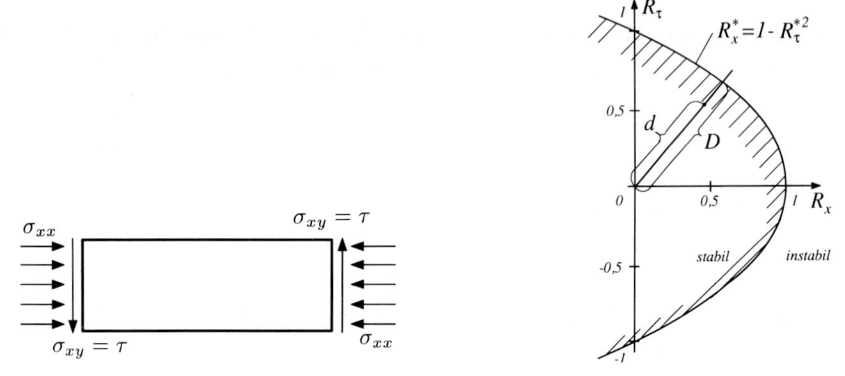

Bild 6.25: Interaktion Druck (Zug) - Schub

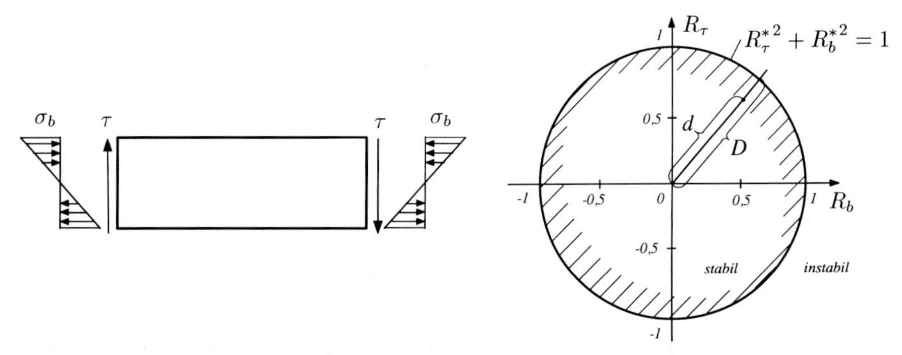

Bild 6.26: Interaktion Biegung - Schub

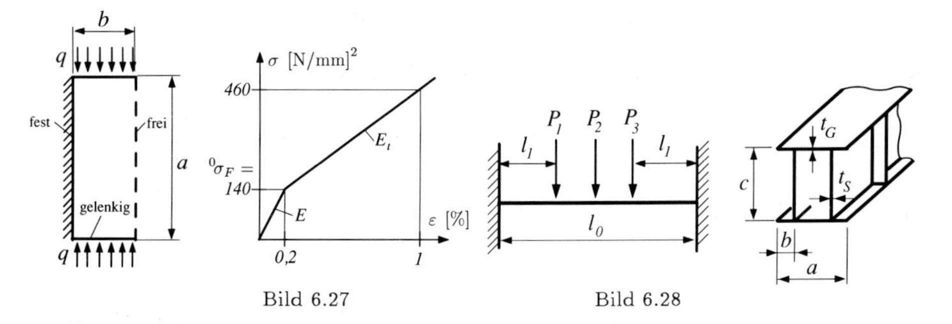

Bild 6.27 Bild 6.28

Beispiel 6.12: Für den in Bild 6.28 dargestellten, beidseitig eingespannten Träger sind folgende Daten gegeben:

$a = c = 120$ mm, $t_S = 1,0$ mm, $t_G = 2,2$ mm; $P_1 = P_2 = P_3 = P = 1$ kN, $l_0 = 9$ m, $l_1 = 3$ m; $E = 7,2 \cdot 10^4$ N/mm^2, $\nu = 0,3$, $^0\sigma_F = 360$ N/mm^2.

An den Lastangriffstellen sind Versteifungen angebracht. Es soll a) der Querschnittsparameter b so bestimmt werden, daß die oben und unten gleichen Gurtblech maximale Beulspannung besitzen, und b) für den so optimierten Querschnitt die Sicherheit γ gegenüber Beulen der Stegbleche bestimmt werden:

a) Die Beulspannungen im äußeren und inneren Teil der Gurtbleche folgen bei konservativer Annahme der Randbedingungen aus Bild 6.21 mit Gl. (6.42) zu:

$$\sigma_a^* = 0,38 \cdot 7,2 \cdot 10^4 \left(\frac{2,2}{b}\right)^2 \quad , \quad \sigma_i^* = 3,6 \cdot 7,2 \cdot 10^4 \left(\frac{2,2}{a-2\,b}\right)^2 \ .$$

Aus $\sigma_a^* = \sigma_i^*$ folgt $b = 23,63$ mm, und die Nachrechnung ergibt:

$$\sigma_a^* = \sigma_i^* = 237,1 \ \mathrm{N/mm^2} < {}^0\sigma_F \ .$$

b) Der Momentenverlauf zufolge der Einzellasten P_i weist das maximale Biegemoment an der Einspannstelle mit

$$M_E = -P\,l_1 \left(\frac{l_0 - l_1}{l_0}\right)^2 - \frac{1}{8}\,P\,l_0 - P\,(l_0 - l_1)\left(\frac{l_1}{l_0}\right)^2 = -3125 \ \mathrm{Nm}$$

auf. Die max. vorhandene Biegespannung ergibt sich mit $W = c^2\,t_S/3 + a\,t_G\,c = 36480 \ \mathrm{mm^3}$ zu:

$$\sigma_b = \frac{M_E}{W} = 85,7 \ \mathrm{N/mm^2} \ ;$$

die kritische Biegespannung für das Stegblech folgt mit $\sigma_{max}/\sigma_{min} = -1$ und sehr konservativen Annahmen mit Bild 6.22 zu:

$$\sigma_b^* = 21,7 \cdot 7,2 \cdot 10^4 \left(\frac{1,0}{120}\right)^2 = 108,5 \ \mathrm{N/mm^2} \ .$$

Die vorhandene Schubspannung folgt mit der Leichtbau-Idealisierung aus Gl. (4.05) zu:

$$\tau = \frac{1,5\,P}{2\,t_S\,c} = 6,25 \ \mathrm{N/mm^2} \ ;$$

die kritische Schubspannung ergibt sich mit Bild 6.23 zu:

$$\tau^* = 4,8 \cdot 7,2 \cdot 10^4 \left(\frac{1,0}{120}\right)^2 = 24,0 \ \mathrm{N/mm^2} \ .$$

Die v. Mises-Vergleichsspannung aus Gl. (2.68) liefert:

$$\bar{\sigma}^* = \sqrt{\sigma_b^* + 3\,\tau^*} = 116,2 \ \mathrm{N/mm^2} < {}^0\sigma_F \ .$$

Mit $R_b = \sigma_b/\sigma_b^* = 0,79$ und $R_\tau = \tau/\tau^* = 0,26$ folgt aus dem Interaktionsdiagramm Bild 6.26 die gesuchte Sicherheit zu:

$$\gamma = \frac{D}{d} = \frac{1}{\sqrt{0,79^2 + 0,26^2}} = 1,2 \ .$$

Beispiel 6.13: Gegeben ist der im Bild 6.29 dargestellte Träger aus homogenem, isotropem Material: E, $\nu = 0,3$, ${}^0\sigma_F$ unter der Biegemomentenbelastung M.

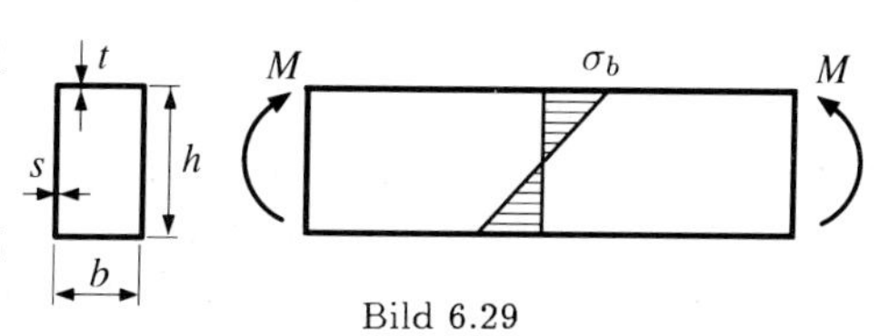

Bild 6.29

Er soll in seinen Abmessungen: h, b, s, t (Optimierungsparameter) so ausgelegt werden, daß bei möglichst geringem Gewicht (Zielfunktion) Versagen durch Plastifizieren oder Beulen der Trägerwände mit Sicherheit γ ausgeschlossen ist (Nebenbedingungen).

Die Nebenbedingungen fordern:

$$1)\ \sigma_b = \frac{M}{W} \leq \frac{1}{\gamma}\,{}^0\sigma_F \ ,\quad 2)\ \sigma_b \leq \frac{1}{\gamma}\,k_{Gurt}\,E\left(\frac{t}{b}\right)^2 \ ,\quad 3)\ \sigma_b \leq \frac{1}{\gamma}\,k_{Steg}\,E\left(\frac{s}{h}\right)^2$$

mit der Zielfunktion: $A = 2(b\,t + h\,s) \rightarrow$ Minimum! Sieht man als Optimum jenen Zustand an, bei dem alle drei Versagensarten mit Sicherheit γ gerade nicht eintreten, so werden aus den Ungleichungen 1) bis 3) entsprechende Gleichungen, und mit $k_{Gurt} = 3,6$ aus Bild 6.21 und $k_{Steg} = 21,6$ aus Bild 6.22 folgt:

$$3,6\left(\frac{t}{b}\right)^2 = 21,6\left(\frac{s}{h}\right)^2 \iff \left(\frac{h}{b}\right)^2 = 6\left(\frac{s}{t}\right)^2 .$$

Mit $p_1 := h/b$ und $p_2 := s/t$ gilt somit $p_1^2 = 6\,p_2^2$. Führt man mit $\phi := A/(b\,h)$ das Völligkeitsverhältnis des Querschnittes ein, so ist die Minimierung von ϕ eine zum ursprünglichen Problem äquivalente Aufgabe:

$$\phi = 2\left(\frac{t}{h} + \frac{s}{b}\right) = 2\,\frac{t}{b}\left(\frac{1}{p_1} + p_2\right) \implies \text{Minimum.}$$

Es folgt aus 2) mit $\sigma_b = {}^0\sigma_F/\gamma$:
$$\frac{t}{b} = \sqrt{\frac{{}^0\sigma_F}{k_{Gurt}\,E}}\ ,$$

und man erhält wegen $p_2 = p_1/\sqrt{6}$:
$$\phi = 2\sqrt{\frac{{}^0\sigma_F}{k_{Gurt}\,E}}\left(\frac{1}{p_1} + \frac{p_1}{\sqrt{6}}\right) .$$

ϕ_{min} ergibt sich aus $\partial\phi/\partial p_1 = 0$ bei $p_1 = \sqrt[4]{6} = 1,565$ und somit $p_2 = 0,639$. Damit gilt für das Optimum:

$$\frac{h}{b} = 1,565 \quad , \quad \frac{s}{t} = 0,639 .$$

Die Bedingung 1) für die maximal zulässige Spannung fordert: $W = \gamma\,M/{}^0\sigma_F$.

Mit
$$W = h\left(b\,t + \frac{1}{3}\,h\,s\right) = h^2\,s\left(\frac{1}{p_1\,p_2} + \frac{1}{3}\right)$$

erhält man mit obigen p_1- und p_2-Werten:
$$h^2\,s = \frac{1}{1,33}\,\frac{\gamma\,M}{{}^0\sigma_F}\ ,$$

aus Bedingung 3) folgt mit 1):
$$h^2 = \frac{k_{Steg}\,E}{{}^0\sigma_F}\,s^2$$

und somit eine Bestimmungsgleichung für s:
$$s = \sqrt[3]{\frac{1}{1,33}\,\frac{\gamma\,M}{k_{Steg}\,E}} .$$

Mit diesem s sind über obige Beziehungen alle Abmessungen des Querschnittes bestimmt.

6.4.2 Lokales Beulen bei gedrückten Stäben mit dünnwandigem Profil

(6.28) Axial gedrückte Stäbe mit dünnwandigem Profil

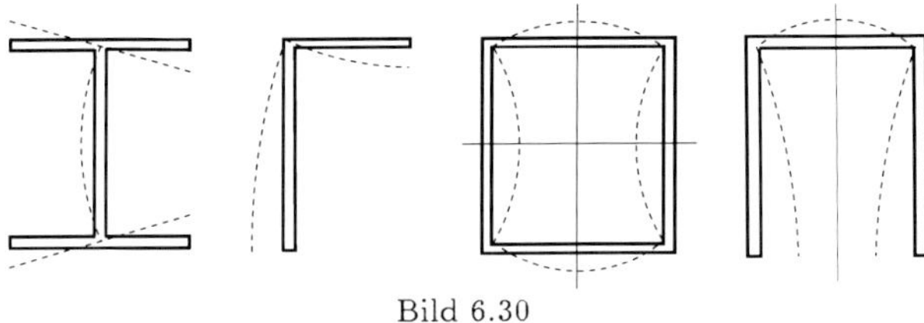

Bild 6.30

können u.a. folgende Formen des Stabilitätsverlustes erleiden:

- globales Knicken (einschließlich Biegedrillknicken) als Stab,
- „Zerquetschen" als kurzer Stab (Traglastproblem),
- lokale Instabilität durch Beulen der Stabwände,
- Kombinationen obiger Formen.

(6.29) Das lokale Beulen der Stabwände kann in erster Näherung als das Beulen von einzelnen Plattenstreifen bei geeigneter (konservativer) Festlegung der Randbedingungen behandelt werden.

Beispiel 6.14: Für das quadratische Hohlprofil (siehe Bild 6.31) soll die kritische Längskraft P_L^* für Beulen der Stabwände bestimmt werden:

Mit Gl. (6.42) und $k = 3,6$ für gelenkig gelagerte Kanten gilt:

$$\sigma^* = 3,6\,E \left(\frac{t}{b}\right)^2 \quad \Longrightarrow \quad P_L^* = 14,4\,E\,\frac{t^3}{b} \; .$$

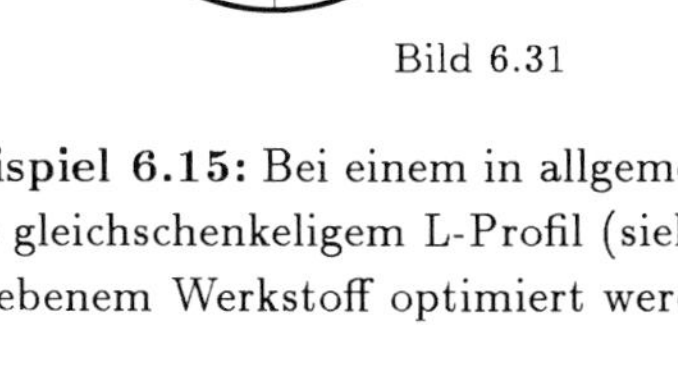

Bild 6.31 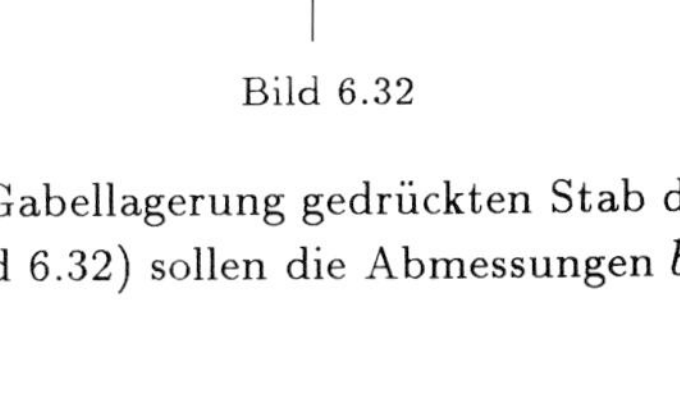 Bild 6.32

Beispiel 6.15: Bei einem in allgemeiner Gabellagerung gedrückten Stab der Länge l mit gleichschenkeligem L-Profil (siehe Bild 6.32) sollen die Abmessungen b und t bei gegebenem Werkstoff optimiert werden:

Für das Knicken gilt bei dieser Lagerung

$$J_y = \frac{t\,b^3}{12} \quad \overset{\text{Gl. (6.04b)}}{\Longrightarrow} \quad {}_yP^* = \frac{\pi^2\,E\,t\,b^3}{12\,l^2} \; .$$

Da es sich um einen einfach-symmetrischen Querschnitt handelt, ergibt sich laut (6.6) mit $z_M = b/(2\sqrt{2})$, $J_z = t\,b^3/3$, $J_P = J_y + J_z$, $i_M^2 = b^2/3$, $C_W = 0$ und $J_T = 2\,b\,t^3/3$ aus Gl. (6.04a) und Gl. (6.04c):

$$
{}_zP^* = \frac{\pi^2\, E\, b^3\, t}{3\, l^2} \quad , \quad {}_TP^* = \frac{2\, G\, t^3}{b} \quad .
$$

Die kritischen Last $P_K^* = \min\left({}_yP^*, P_1^*, P_2^*\right)$ für gekoppeltes Biegedrillknicken folgt damit aus Gl. (6.05). Für das Zerquetschen gilt ohne Verfestigung:

$$
P_F = {}^0\sigma_F\, 2\, b\, t \ ,
$$

und für das Beulen der Stabwände gilt bei einem gelenkig gelagerten und einem freien Rand gemäß Gl. (6.42) und Bild 6.21:

$$
\sigma_{FB}^* = 0,38\, E \left(\frac{t}{b}\right)^2 \quad \Longrightarrow \quad P_{FB}^* = \sigma_{FB}^*\, 2\, b\, t \ .
$$

Eine Optimierung könnte fordern:

$$
\frac{1}{\gamma_{FB}}\, \sigma_{FB}^* = \frac{1}{\gamma_K}\, \sigma_K^* = \frac{1}{\gamma_F}\, \sigma_F \ ; \quad \gamma_F\, P = P_F \ ,
$$

mit γ_i als Sicherheitsfaktor gegen Versagen i, woraus sich optimale Werte für b, t, P ergäben.

Beispiel 6.16: Das überelastische Beulen der Wände eines gedrückten Stabes mit quadratischem Hohlprofil ($30\times30\times2$), Stablänge l = 150mm, soll untersucht werden:

Aus dem σ-ε-Diagramm Bild 6.33 wird der wirksame Modul $E_w = f\big(E_s(\sigma), E_t(\sigma)\big)$ mit den Beziehungen für die allseits gelenkig gelagerte Platte aus Bild 2.18 berechnet:

$$
E_w = 0,5\, E_s + 0,25\, E_b \quad \text{mit} \quad E_b = \sqrt{E_s^2 + 3\, E_s\, E_t} \ .
$$

Damit kann der Verlauf von σ / E_w in das Bild 6.34 eingetragen werden. Die kritische Beulspannung folgt dann mit

$$
\frac{\sigma^*}{E_w} = k \left(\frac{t}{b}\right)^2 = 3,6 \cdot \left(\frac{2}{26}\right)^2 = 0,0213
$$

gemäß (2.26) aus Bild 6.34 zu $\sigma^* = 173,5$ N/mm^2.

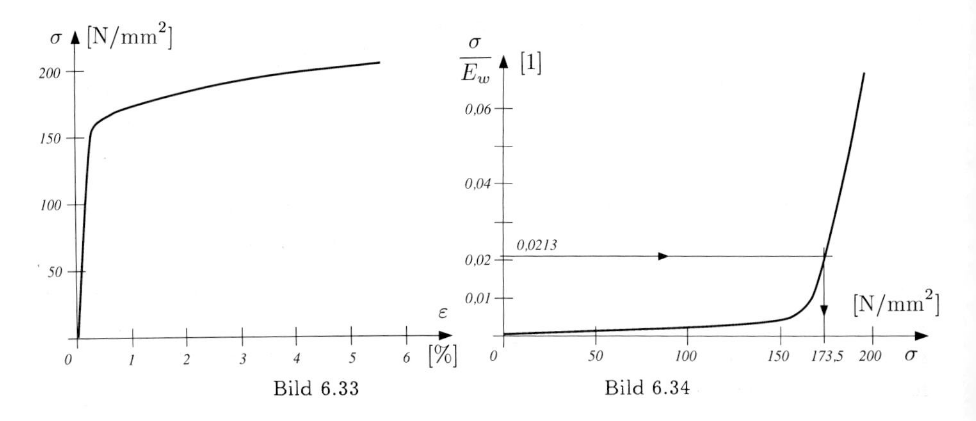

Bild 6.33 Bild 6.34

(6.30) Eine genauere Analyse des Beulens von Stabwänden berücksichtigt den Umstand, daß die Beulmodi der an einer gemeinsamen Kante verbundenen Stabwände nicht voneinander unabhängig sind, sondern i.a. gleiche Wellenzahl provozieren, wodurch die kritische Last gegenüber jener, die mit gelenkig gelagerten Kanten gemäß (6.29) ermittelt wurde, ansteigt. In [10] sind solche Probleme genauer behandelt, und das Bild 6.35 zeigt Ergebnisse, die für die praktische Anwendung für eine weite Klasse von Leichtbauprofilen bei konstanter Wanddicke $s\,(\equiv t)$ bei Verwendung der Beziehung

$$\sigma^*_{FB} = k_h\, E\, \left(\frac{s}{h}\right)^2 \qquad (6.44)$$

genutzt werden können.

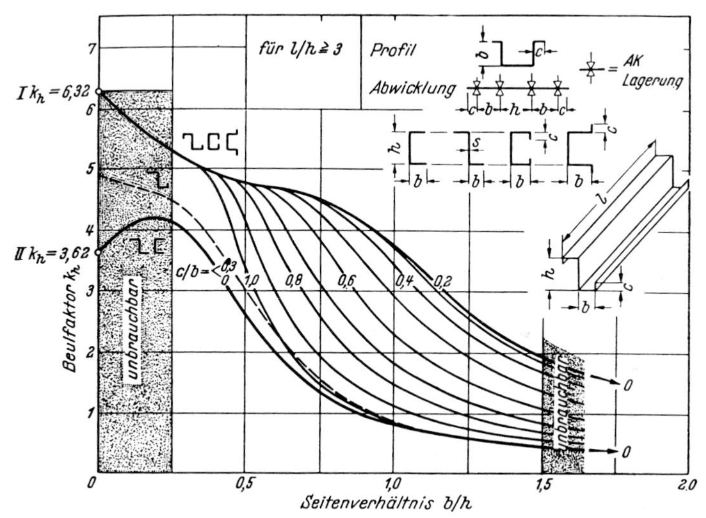

Bild 6.35: Beulfaktoren in Gl. (6.44) für das Wandbeulen von abwickelbaren Profilen konstanter Blechdicke – aus [10]

Beispiel 6.17: Für das im Bild 6.36 abgebildete Profil eines langen Stabes soll die kritische Axialdruckspannung für elastisches Wandbeulen einmal nach (6.29) und einmal nach (6.30) ermittelt werden:

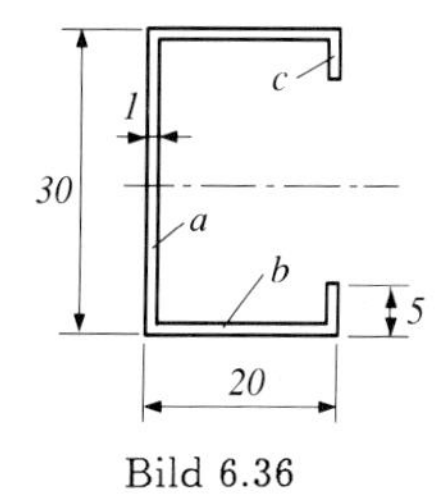

Bild 6.36

1) Die erste Näherung gemäß (6.29) erfordert die getrennte Untersuchung der einzelnen Profilwände bei konservativer Annahme der Randbedingungen.

Wandstreifen a: beidseitig gelenkig gelagert: $\sigma^*_a = 3,6\,E\,\left(\frac{1}{30}\right)^2$, Wandstreifen b: beidseitig gelenkig gelagert: $\sigma^*_b = 3,6\,E\,\left(\frac{1}{20}\right)^2$, Wandstreifen c: eine Seite gelenkig gelagert (extrem konservative Annahme !), eine Seite frei: $\sigma^*_{c1} = 0,38\,E\,\left(\frac{1}{5}\right)^2$, Wandstreifen c: eine Seite eingespannt (gewagte Annahme), eine Seite frei: $\sigma^*_{c2} = 1,16\,E\,\left(\frac{1}{5}\right)^2$.

Da $\min(\sigma_a^*, \sigma_b^*, \sigma_c^*) = \sigma_a^*$, ist in erster Näherung, also nach (6.29), $\sigma_{FB_1}^* = \sigma_a^* = 4 \cdot 10^{-3}\, E$.

2) Die genauere Untersuchung entsprechend (6.30) liefert mit Gl. (6.44) und Bild 6.35 bei $c/b = 5/20 = 0,25$ und $b/h = 20/30 = 0,67$:

$$\sigma_{FB_2}^* = 4,7\, E \left(\frac{1}{30}\right)^2 = 5,22 \cdot 10^{-3}\, E \ ,$$

also eine etwas größere kritische Axialdruckspannung als $\sigma_{FB_1}^*$. Je nach Verhältnis ${}^0\sigma_F/E$ muß in obigen Beziehungen eventuell E durch E_w ersetzt werden.

6.4.3 Beulen von längsversteiften Rechteckplatten

Je nach Randbedingung, nach den Steifigkeitsverhältnissen und der Anordnung der Steifen und abhängig von den Steifen-Platten-Verbindungen und der Randeinspannung der Steifen können verschiedenartige Beulformen auftreten (Bild 6.37).

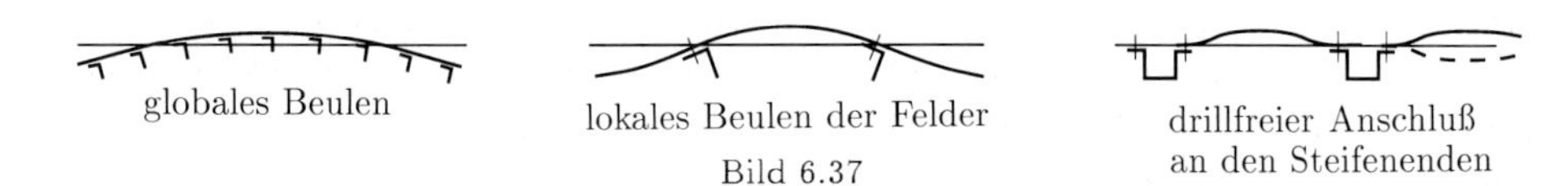

Bild 6.37

(6.31) Neben lokalen Versagensformen der Längssteifen (Flanschbeulen, Knittern, etc.) unterscheiden wir zwei Instabilitätsformen der längsversteiften Platte:

a) Lokales Beulen der Blechfelder zwischen den Steifen und ev. anschließend globales Beulen der gesamten Platte

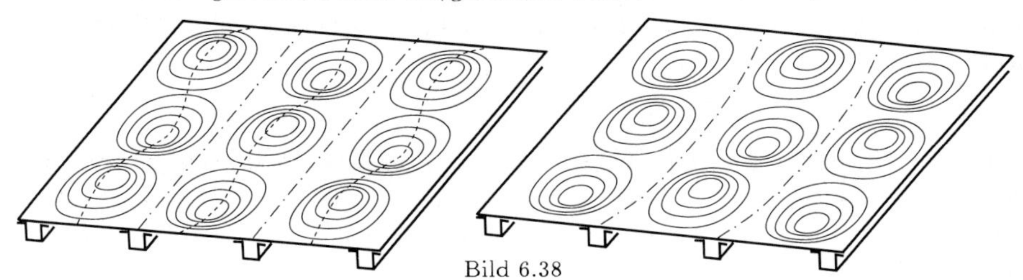
Bild 6.38

Diese in Bild 6.38 dargestellte Instabilitätsform setzt voraus, daß die Längssteifen ausreichend steif sind, sodaß die Blechfelder als entlang der Längssteifen gelagerte Rechteckplatten beulen, bevor die Steifen knicken. Hinsichtlich des lokalen Blechfeldbeulens gelten dann die Beziehungen für das Beulen von gedrückten Rechteckplatten (siehe Kap. 6.4.1). Das globale Versagen ist dann durch das Versagen der Längssteifen bestimmt, wobei ein gewisser Anteil des bereits gebeulten Blechfeldes als mittragende Breite in Rechnung gestellt werden darf (siehe Kap. 6.4.4).

b) Globales Beulen als „orthotrope Platte“

Sind die Steifen eher eng angeordnet und in ihrer Steifigkeit eher schwach ausgeführt, so wird sich ein Beulmuster einstellen, in dem die Steifen mit der Platte gleichzeitig mitbeulen; d.h. Beulen mit Beulwellenlängen, die wesentlich größer sind als der Steifenabstand (siehe Bild 6.39). In diesem Fall können die Steifen „verschmiert" betrachtet werden, und die Platte kann hinsichtlich ihrer Stabilität als orthotrope Platte behandelt werden (siehe z.B. [35]).

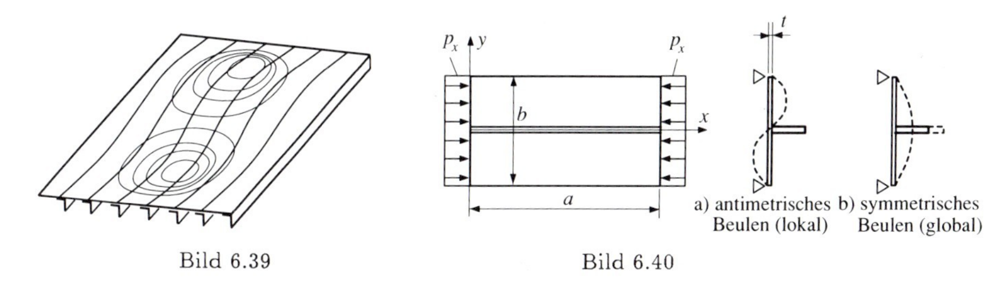

Bild 6.39

Bild 6.40

(6.32) Ob eine längsgedrückte, längsversteifte Platte a) lokal (d.h. Beulen zwischen den Steifen) oder b) global (d.h. mit der Steife) beult, hängt unter anderem von den geometrischen Verhältnissen ab. Am Beispiel der allseits gelenkig gelagerten Rechteckplatte mit mittiger Einzelsteife (bei gleichem Material für Steife und Platte; siehe Bild 6.40) wird im folgenden ein Kriterium für die Entscheidung über den zu erwartenden Beulfall dargestellt.

Für Fall a) (ausreichend große Steifigkeit der Steife) gelten die oben erläuterten Beziehungen des Beulens einer allseits gelenkig gelagerten Platte unter Druck (siehe die Gl. (6.42)) mit der Länge a und der Breite $b/2$.

Für Fall b) (zu geringe Biegesteifigkeit der Längssteife) müssen die Steife (als Biegebalken) und die Platte kombiniert betrachtet werden; siehe z.B. [10,27,35]. Mit den Abkürzungen

$$\delta_A := \frac{A_L}{b\,t} \quad , \quad \delta_B := \frac{E\,J_L}{K\,b} \quad , \quad \kappa := \frac{q^*\,b^2}{\pi^2\,K} \quad ; \qquad (6.45)$$

wobei A_L ... Steifenquerschnittsfläche, J_L ... axiales Flächenträgheitsmoment des Steifenquerschnittes bezügl. Schwerachse parallel zur Platte, K ... Plattenbiegesteifigkeit, siehe Gl. (2.32); ergeben sich die Beulfaktoren κ, wie beispielhaft im Bild 6.41 dargestellt.

Jene Mindestbiegesteifigkeit der Steife, die notwendig ist, damit lokales Beulen vor dem globalen eintritt, erhält man, wenn die kritische Last aus Fall a) gerade mit jener aus Fall b) zusammenfällt (vergleiche einen analogen Fall für das Stabknicken in Beispiel 6.5). Im Bild 6.42 sind diese minimalen (und damit optimalen) δ_B-Werte in Abhängigkeit von a/b für verschiedene δ_A-Werte dargestellt.

6.4.4 Überkritisches Verhalten von gedrückten Plattenstreifen – mittragende Breite

(6.33) Gedrückte Platten verzweigen in der Form einer stabilen Gabelverzweigung (vgl. Kapitel 6.1.1), d.h. die Platte kann auch im ausgebeulten Zustand gewisse Laststeigerungen ertragen. Allerdings verändert sich die Spannungsverteilung über die

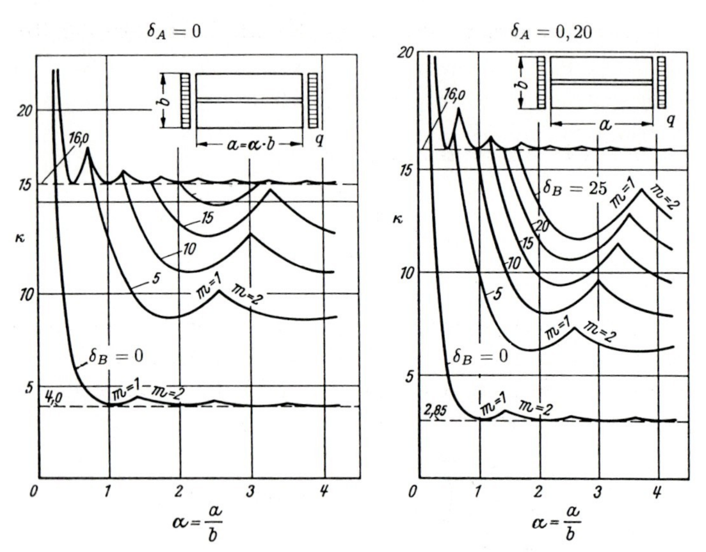

Bild 6.41: Beulfaktor gedrückte Platte mit Einzelversteifung – aus [27]

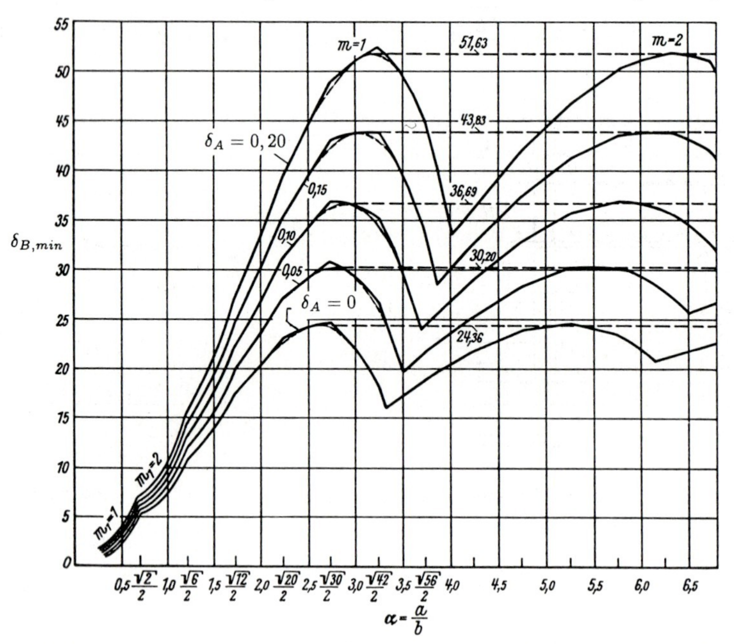

Bild 6.42: Mindeststeifigkeit $\delta_{B,min}$ des Versteifungsstabes – aus [27]

Plattenbreite. Dies soll im folgenden an einer längsversteiften Platte (die so gestaltet ist, daß Blechfeldbeulen zwischen den Steifen als erste Instabilitätsform auftritt) dargestellt werden. Bei Laststeigerung nach dem Beulen der Blechfelder werden die steifennahen Blechfeldbereiche und die Steifen selbst verstärkt zur Lastübertragung herangezogen, während in den Mittenbereichen die Längsspannung nicht so stark ansteigt.

(6.34) Wenn die Beulspannung bei den für das Blechfeld aktuellen Randbedingungen mit

$$\sigma^* = k\,E\left(\frac{t}{b}\right)^2 \qquad (6.46)$$

und die gemittelte Spannung im Blechfeld mit

$$\sigma_H = \frac{1}{b}\int_0^b \sigma_{xx}\,dy \qquad (6.47)$$

benannt werden, so hat Marguerre für $q > q^* = \sigma^*\,t$ einen Zusammenhang zwischen der Spannung σ_L in der Längssteife (im Bild 6.43 zählt der Blechbereich unter dem Steifenprofil $(\bar{b} - b)\,t$ zum Längssteifenquerschnitt A_L) und der mittleren Feldspannung σ_H wie folgt hergeleitet:

$$\frac{\sigma_H}{\sigma^*} = \sqrt[3]{\left(\frac{\sigma_L}{\sigma^*}\right)^2} \qquad \text{(Marguerre 1)}\ , \qquad (6.48)$$

bzw. in der modifizierten Form

$$\frac{\sigma_H}{\sigma^*} = 0,81\sqrt{\frac{\sigma_L}{\sigma^*}} + 0,19\,\frac{\sigma_L}{\sigma^*} \qquad \text{(Marguerre 2)}\ . \qquad (6.49)$$

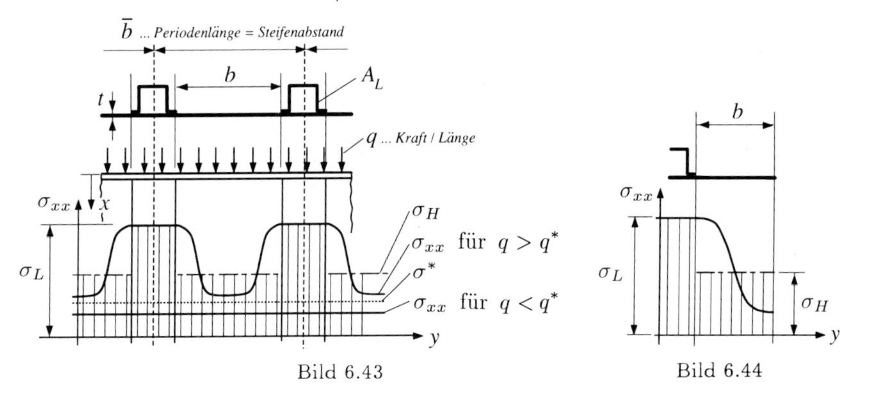

Bild 6.43 Bild 6.44

(6.35) Für einen einseitig gestützten Plattenstreifen (Bild 6.44) hat Stowell eine analoge Beziehung angegeben:

$$\frac{\sigma_H}{\sigma^*} = 0,44\,\frac{\sigma_L}{\sigma^*} + 0,56\ . \qquad (6.50)$$

(6.36) Denkt man sich nun die im Bild 6.43 dargestellte Ersatzspannungsverteilung idealisiert durch eine Spannungsverteilung, die in jenem Querschnitt herrschen müßte, der aus der Steife (inkl. $(\bar{b} - b)\,t$) und einer *mittragenden Breite* b_m *des Blechfeldes* besteht und der die Last je Periode, d.h. $q\,\bar{b}$, zu übertragen hat, so entstehen folgende Zusammenhänge:

$\sigma_H\,b = \sigma_L\,b_m$ und somit $$b_m = \left(\frac{\sigma_H}{\sigma_L}\right)b\ . \qquad (6.51)$$

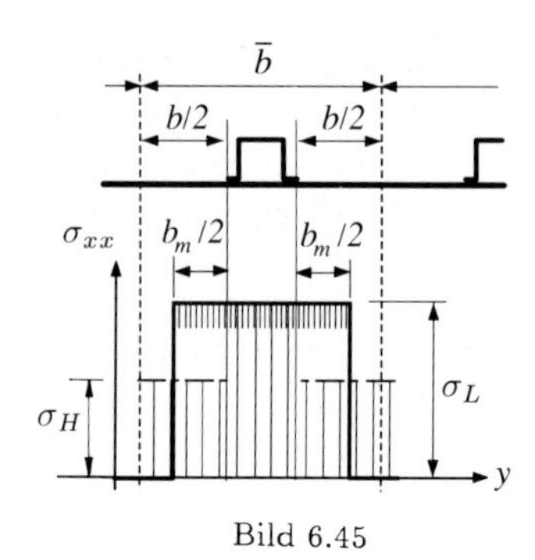

Bild 6.45

Aus dieser Beziehung und den Gl. (6.48) bis (6.50) lassen sich nun Bestimmungsgleichungen für die mittragende Breite herleiten, deren sinnvolle Anwendungsbereiche (durch Vergleiche mit Experimente von Wagner – siehe [10] – ermittelt) im folgenden angegeben sind. Es folgt

$$\text{aus Gl. (6.48):} \quad b_m = b\sqrt[3]{\frac{\sigma^*}{\sigma_L}} \quad \text{(Marguerre 1)} \quad \text{für} \quad \sigma_L/\sigma^* > 7\ ; \tag{6.52}$$

$$\text{aus Gl. (6.49):} \quad b_m = b\left(0,81\sqrt{\frac{\sigma^*}{\sigma_L}} + 0,19\right) \quad \text{(Marguerre 2)} \quad \text{für} \quad 1 < \sigma_L/\sigma^* < 7\ ; \tag{6.53}$$

$$\text{aus Gl. (6.50):} \quad b_m = b\left(0,56\,\frac{\sigma^*}{\sigma_L} + 0,44\right) \quad \text{(Stowell)} \tag{6.54}$$

für den einseitig gestützten Plattenstreifen (σ^* mit den entsprechenden Randbedingungen bestimmt) und – erstaunlicherweise – in sogar besserer Übereinstimmung mit Versuchen als Gl. (6.53) auch für das Blechfeld zwischen zwei Steifen (σ^* mit k für beidseitige Stützung bestimmt), solange $\sigma_L/\sigma^* < 8$ ist.

(6.37) Der „Ersatzstab", bestehend aus der Längssteife und dem lastabhängigen mittragenden Blechfeldanteil (mittragender Breite b_m) kann nun weiter hinsichtlich Versagens der längsversteiften Platte untersucht werden, z.B. hinsichtlich Stabknickens (entspräche etwa dem globalen Ausbeulen der versteiften Platte), hinsichtlich lokalen Beulens der Profilwände der Längssteife oder hinsichtlich Traglastversagens. Auf die Verlagerung der neutralen Achse ist u.U. zu achten.

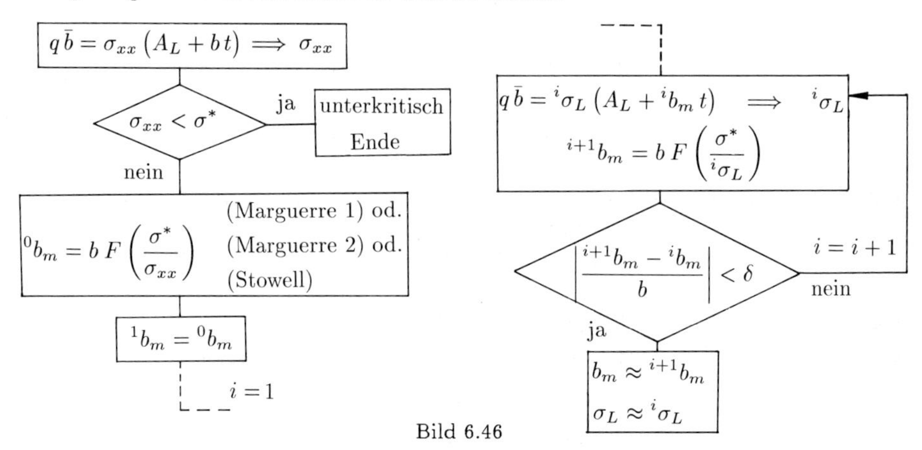

Bild 6.46

(6.38) Da in den Gl. (6.52) bis (6.54) durch die Bedingung für Gleichgewicht zwischen der äußeren Last und σ_L dieses selbst eine Funktion von b_m ist, bedarf die Bestimmung von b_m der Lösung einer impliziten nichtlinearen Gleichung. Sinnvollerweise geht man iterativ vor, wie im Bild 6.46 gezeigt wird; $F(\sigma^*/\sigma_{xx})$ ist entsprechend Gl. (6.52) bis (6.54) einzusetzen.

Beispiel 6.18: Das Stabilitätsverhalten einer an den Querrändern eingespannten, versteiften Platte unter der Druckbelastung q (siehe Bild 6.47) ist zu untersuchen. Gegeben sind: $\bar{b} = 380$ mm, $t_1 = 2,0$ mm, $t_2 = 1,5$ mm, $l = 500$ mm, $s = 20$ mm, $E = 7 \cdot 10^4$ N/mm², $\nu = 0,3$, ${}^0\sigma_F = 420$ N/mm², $E_t = 0$, $q = 300$ N/mm.

Die Untersuchung auf globales Beulen nach (6.32) mit

$$A_L = s^2 - \left(s - 2t_2\right)^2 + s\,t_1 = 151 \ \text{mm}^2, \qquad \delta_A = \frac{A_L}{b\,t_1} = \frac{151}{360 \cdot 2,0} = 0,21 \ ,$$

$$K = \frac{E\,t_1^3}{12(1-\nu^2)} = 51280 \ \text{Nmm} \ , \qquad \delta_B = \frac{E\,J_L}{K\,b} = \frac{7 \cdot 10^4 \cdot 8797}{51280 \cdot 360} = 33,4.$$

$$\alpha = \frac{a}{b} = \frac{500}{360} = 1,39 \ ,$$

ergibt aus Bild 6.42: $\delta_{B,min} = 17 < \delta_B$, und damit ist in diesem Fall die Steifigkeit groß genug, damit lokales Beulen vor dem globalen eintritt. Die kritische Spannung für lokales Feldbeulen folgt mit $b = \bar{b} - s = 360$ mm und $b/a = 0,72$ aus Bild 6.21 mit Gl. (6.46) zu:

$$\sigma^* = k\,E \left(\frac{t_1}{b}\right)^2 = 6,5 \cdot 7 \cdot 10^4 \left(\frac{2,0}{360}\right)^2 = 14,0 \ \text{N/mm}^2 \ ;$$

der Vergleich mit der vorhandenen Spannung ergibt

$$\sigma_{xx} = \frac{q\,\bar{b}}{A_L + b\,t} = \frac{300 \cdot 380}{151 + 360 \cdot 2,0} = 130,9 \ \text{N/mm}^2 > \sigma^* \ ,$$

und somit tritt lokales Feldbeulen auf. Die Ermittlung der mittragenden Breite erfolgt gemäß (6.38), und da $\sigma_{xx}/\sigma^* = 9,3$, ist Gl. (6.52) (Marguerre 1) anzuwenden:

$${}^0b_m = {}^1b_m = b\sqrt[3]{\frac{\sigma^*}{\sigma_{xx}}} = 170,9 \ \text{mm} \ ,$$

$${}^1\sigma_L = \frac{q\,\bar{b}}{A_L + {}^1b_m\,t_1} = 231,2 \ \text{N/mm}^2 \ ,$$

$${}^2b_m = b\sqrt[3]{\frac{\sigma^*}{{}^1\sigma_L}} = 141,5 \ \text{mm} \ , \ \ldots$$

wobei nach der 5.Iteration eine gewählte Abbruchschranke $\delta = 0,001$ erreicht wird:

$$\left|\frac{{}^5b_m - {}^4b_m}{b}\right| = \left|\frac{133,9 - 134,2}{360}\right| = 0,0007 < \delta = 0,002 \ .$$

Damit ergibt sich $b_m \approx 134$ mm, $\sigma_L \approx 272$ N/mm². Der Schwerpunkt der aus A_L und aus dem Anteil der mittragenden Breite gebildeten Fläche liegt bei

$$z_S = \frac{111 \cdot 10,5}{111 + 154 \cdot 2,0} = 2,78 \ \text{mm} \ ,$$

und damit folgt

$$J_y = \frac{154 \cdot 2,0^3}{12} + 154 \cdot 2,0 \cdot 2,78^2 + \frac{20^4 - 17^4}{12} + 111\left(10,5 - 2,78\right)^2 = 15472\,\text{mm}^4 .$$

Die Knicklast gemäß Gl. (6.16) lautet

$$P_K^* = \frac{\pi^2 E J_y}{l_K^2} = \frac{\pi^2\, 7 \cdot 10^4 \cdot 15472}{250^2} = 1,71 \cdot 10^5 \text{ N} ,$$

und mit $P = q\bar{b} = 1,14 \cdot 10^5$ N folgt damit die Sicherheit gegen Knicken der Längssteifen zu $\gamma_K = P_K^*/P = 1,5$ und gegen Fließen zu $\gamma_F = {}^0\sigma_F/\sigma_L = 1,54$.

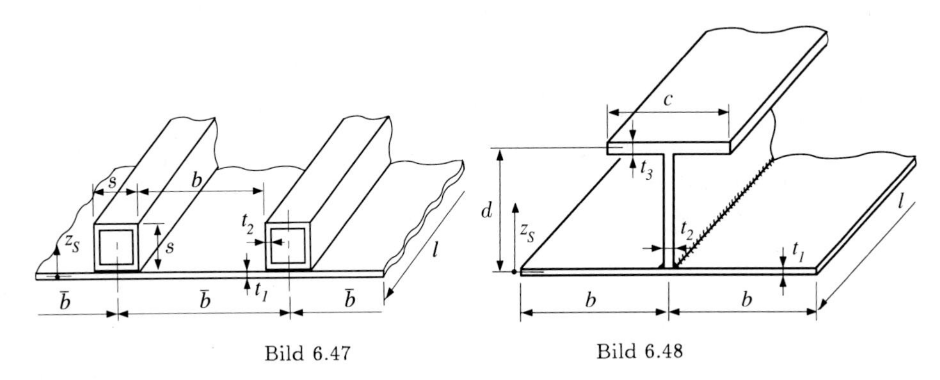

Bild 6.47 Bild 6.48

Beispiel 6.19: Das Stabilitätsverhalten der in Bild 6.48 dargestellten, an den Querrändern eingespannten und an den Längsrändern freien, versteiften Platte unter der Druckbelastung q soll untersucht werden. Gegeben sind folgende Daten: $b = 50\,\text{mm}$, $t_1 = 1,5\,\text{mm}$, $t_2 = 2,0\,\text{mm}$, $t_3 = 2,5\,\text{mm}$, $c = d = 40\,\text{mm}$, $l = 500\,\text{mm}$, $q = 500$ N/mm, Werkstoff wie in Beispiel 6.18.

Die kritische Spannung für lokales Feldbeulen der Platte ergibt sich aus Bild 6.21 mit Gl. (6.46) zu:

$$\sigma^* = k\,E \left(\frac{t_1}{b}\right)^2 = 0,4 \cdot 7 \cdot 10^4 \left(\frac{1,5}{50}\right)^2 = 25,2 \text{ N/mm}^2 ,$$

und mit $A_L = d\,t_2 + c\,t_3 = 180\text{ mm}^2$ folgt aus dem Vergleich mit der vorhandenen Spannung

$$\sigma_{xx} = \frac{q\,2b}{A_L + 2b\,t_1} = \frac{500 \cdot 2 \cdot 50}{180 + 2 \cdot 50 \cdot 1,5} = 152 \text{ N/mm}^2 ,$$

daß lokales Beulen auftritt. Die Berechnung der mittragenden Breite erfolgt gemäß (6.38) unter Verwendung von Gl. (6.54) (Stowell):

$${}^0b_m = {}^1b_m = b\left(0,56\,\frac{\sigma^*}{\sigma_{xx}} + 0,44\right) = 26,7\text{mm} ,$$

$${}^1\sigma_L = \frac{q\,2b}{A_L + 2\,{}^1b_m\,t_1} = 192 \text{ N/mm}^2 ,$$

$${}^2b_m = b\left(0,56\,\frac{\sigma^*}{{}^1\sigma_L} + 0,44\right) = 25,7 \text{ mm} , \;\ldots$$

wobei im 3. Schritt die Abbruchschranke $\delta = 0,003$ erreicht wird und damit folgt: $b_m \approx 25,6$ mm, $\sigma_L \approx 195$ N/mm^2. Der Schwerpunkt der aus dem Anteil der Steifenfläche A_L und dem Anteil der mittragenden Breite gebildeten Fläche liegt bei $z_S = 21,8$ mm, und damit folgt $J_y = 79154$ mm^4. Die kritische Last für elastisches Knicken ergäbe sich zu $8,75 \cdot 10^5$ N, mit $\sigma_K^* > {}^0\sigma_F$. Damit gilt, da keine Verfestigung vorliegt, $\gamma_K = \gamma_F = {}^0\sigma_F/\sigma_L = 2,1$. Die Untersuchung auf elastisches Beulen der Steifenwände mit Gl. (6.42) und Bild 6.21 ergäbe für das Stegblech: $\sigma_S^* = 3,6 \cdot 7 \cdot 10^4\,(2,0/38)^2 = 698$ N/mm^2 und für das Gurtblech: $\sigma_G^* = 0,38 \cdot 7 \cdot 10^4\,(2,5/20)^2 = 416$ N/mm^2. In beiden Fällen liegt also elastoplastisches Beulen vor, welches gemäß (2.26) in Verbindung mit Bild 2.18 abzuschätzen wäre.

6.4.5 Ausbildung von Zugfeldern (Zugfeldtheorie)

Im Kapitel 4.1.1 wurden rechteckige Schubfelder behandelt. Der Spannungszustand im unterkritisch beanspruchten Stegblech kann durch den Mohrschen Spannungskreis (Bild 6.49) dargestellt werden.

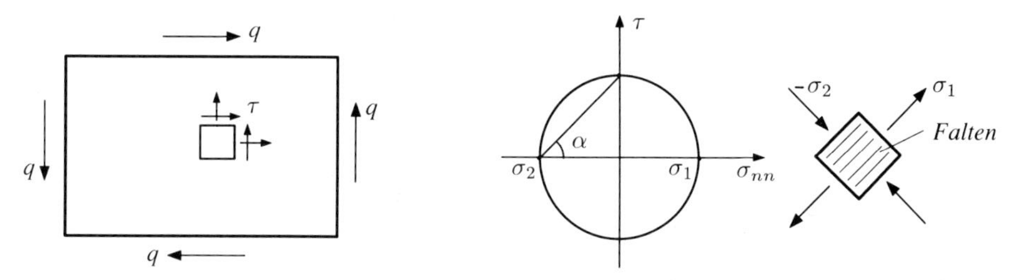

Bild 6.49: Mohrscher Spannungskreis bei unterkritischen Belastungen

(6.39) Erreicht die durch Steigerung der äußeren Belastung gesteigerte Schubspannung im Blechfeld die kritische Schubspannung $\tau^* = k\,E\,\left(\frac{t}{b}\right)^2$ gemäß Gl. (6.42) mit dem Beulfaktor k, der von der Art der Einbindung des Stegbleches in die Randstäbe abhängt, siehe (6.43), so beult das Stegblech aus.

(6.40) Das im Kapitel 6.4.1 behandelte Schubbeulen wird durch die auch bei sogenanntem „reinem Schub" vorhandenen Hauptnormal-Druckspannungen verursacht (vgl. Plattenbeulen unter Druckbeanspruchung). Deshalb verlaufen auch die Falten des Nachbeulmusters weitgehend normal zur Spannungshauptachse, die der minimalen Hauptnormalspannung zugeordnet ist (also etwa unter 45° gegen die Randstäbe gerichtet).

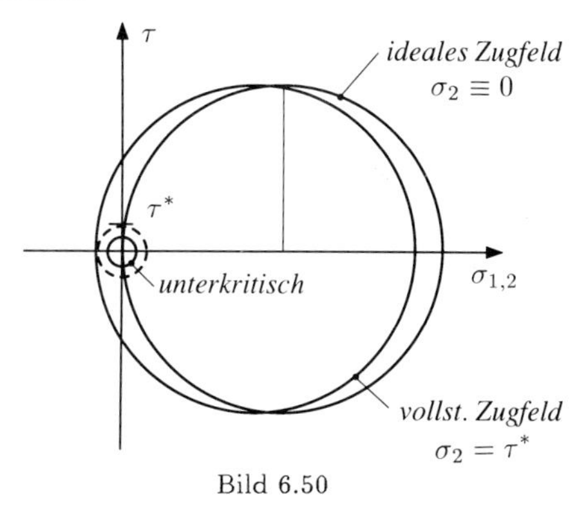

Bild 6.50

(6.41) Die bei statisch bestimmten Schubfeldträgern in der im Kapitel 4.1.1 beschriebenen Weise berechenbare Schubspannung im Stegblech kann auch im überkritischen

Zustand gesteigert werden. Es kann also die äußere Last bei bereits gebeultem Stegblech noch (i.a. sehr beträchtlich) erhöht werden (siehe Bild 6.50). Die Hauptnormaldruckspannung kann im überkritischen Fall nur schwach ansteigen (siehe Nachbeulverhalten von Rechteckplatten), somit wandert der größer werdende Mohrsche Spannungskreis nach rechts.

Zugfeldidealisierungen:

(6.42) Bei sehr hohen Überschreitungsgraden, $\xi := \tau/\tau^*$, bezeichnet man als *vollständiges Zugfeld* den Zustand, in dem die Hauptnormaldruckspannung betragsgleich der kritischen Schubspannung ist, und als *ideales Zugfeld* (Wagnersches Zugfeld) jene Näherung, in der die vergleichsweise kleine Hauptnormaldruckspannung Null gesetzt wird.

(6.43) Ausgehend vom Beulfaktor k_0 für die frei drehbar gelagerte, schubbelastete Rechteckplatte (siehe Bild 6.23) wird der Einfluß der Einspannung des Stegbleches in den Randstäben durch Einspannfaktoren für Gurte und Pfosten berücksichtigt, welche empirisch ermittelt wurden; siehe [10]. Es gilt (siehe Bild 6.51):

$$k = \varrho\, k_0 \qquad \text{mit} \qquad \varrho = \varrho_P + \frac{1}{2}(\varrho_G - \varrho_P)\left(\frac{b}{h}\right)^3 , \tag{6.55}$$

mit ϱ_G ... Einspannfaktor Gurt, ϱ_P ... Einspannfaktor Pfosten.

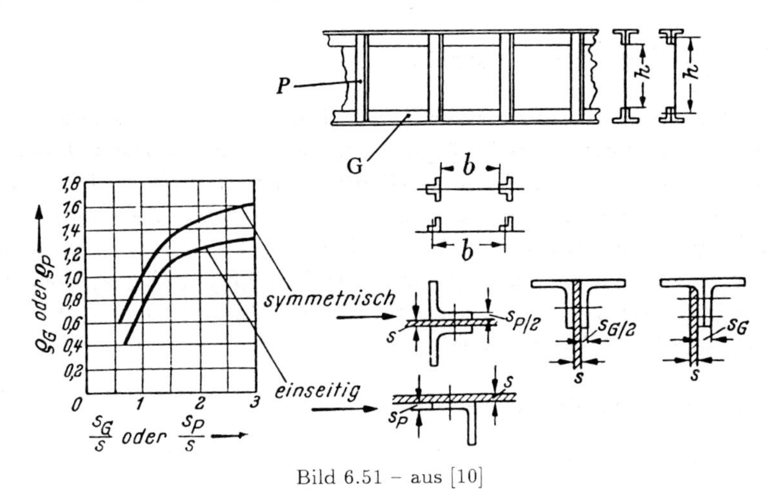

Bild 6.51 – aus [10]

Für die kritische Schubspannung gilt also mit Gl. (6.55) und Gl. (6.42):

$$\tau^* = \varrho\, k_0\, E \left(\frac{t}{b}\right)^2 . \tag{6.56}$$

(6.44) Der Spannungszustand kann für hohe Überschreitungsgrade unter Zugrundelegung der für das ideale Zugfeld getroffenen Annahme $\sigma_2 = 0$, Faltenwinkel 45°, direkt aus dem Mohrschen Spannungskreis (siehe Bild 6.50) ermittelt werden:

$$\sigma_1 = 2\,\tau \quad , \qquad \sigma_{xx} = \sigma_{yy} = \tau . \tag{6.57}$$

(6.45) Die Normalspannungskomponenten σ_{xx} und σ_{yy} im Stegblech führen zu zusätzlichen Beanspruchungen der Randstäbe: Biegung und weitere Normalkräfte (zusätzlich zu den Normalkräften, die aus den Schubflüssen in den Stegblechen resultieren); siehe exemplarisch Bild 6.52.

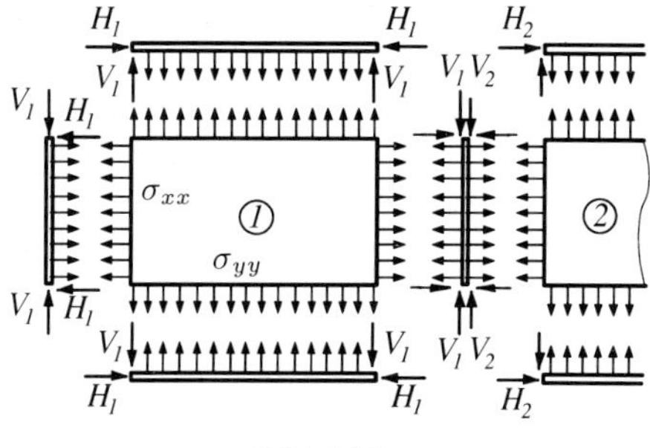

Bild 6.52

(6.46) Geht man davon aus, daß das Auftreten von Falten in den Stegblechen noch keine Versagensform darstellen muß, so kann Bauteilversagen durch folgende Ereignisse auftreten:

Lokales Plastifizieren (bleibende Deformationen), Zugbruch der Haut (quer zu den Falten – σ_1 maßgeblich), globaler Stabilitätsverlust durch Knicken der Pfosten, Knittern der Pfostenprofilwände, Versagen der Verbindungen, Kippen der Wand, ...

Die maßgebliche Versagensform ist abhängig von:

Werkstoff, Werkstoffkombinationen, Geometrie und Art der Belastung, Ausbildungsgrad des Zugfeldes, relativem Profilaufwand, Ausbildung der Verbindungen, ...

6.5 Beulen von Rotationsschalen

Die Deformations- und Spannungsanalyse von Rotationsschalen ist Gegenstand der Mechanik bzw. Festigkeitslehre [35,36]; für allgemeine Schalen siehe z.B. [3]. In diesem Kapitel werden *unversteifte Kreiszylinder-, Kegel- und Kugelschalen mit konstanter Wanddicke* aus isotropem, homogenem Material unter axialem bzw. radialem (Mantel-) Druck behandelt. Hinsichtlich des Einflusses von Ring- bzw. Längssteifen, veränderlicher Wanddicke (z.B. Lagertank) und in Umfangsrichtung veränderlicher Belastung (z.B. Winddruck) sowie des Beulens von orthotropen Schalen wird auf die Fachliteratur (z.B. [11,35]) verwiesen.

6.5.1 Beulen von Kreiszylinderschalen

Für die dünnwandige, axial gedrückte (axiale Membrandruckkraft N_{xx}) und durch äußeren Manteldruck p belastete Kreiszylinderschale lautet die maßgebliche Differentialgleichung

$$K\,\Delta^4 w + \frac{D}{R^2}\left(1-\nu^2\right)\frac{\partial^4 w}{\partial x^4} + N_{xx}\,\Delta^2\frac{\partial^2 w}{\partial x^2} + p\,R\,\Delta^2\,\frac{\partial^2 w}{\partial \varphi^2} = 0\ , \qquad (6.58)$$

mit der Biegesteifigkeit $K = \frac{E\,t^3}{12(1-\nu^2)}$ und der Dehnsteifigkeit $D = \frac{E\,t}{1-\nu^2}$.

Analog zum Beulen von Platten können kritische Belastungen für elastisches Beulen durch das Auffinden von nichttrivialen Gleichgewichtslagen bestimmt werden.

a) Die axial gedrückte Kreiszylinderschale

(6.47) Setzt man als Lösungsansatz für Gl. (6.58) bei $p \equiv 0$

$$w(x,\varphi) = W \sin\frac{m\,\pi\,x}{l}\,\sin n\varphi \tag{6.59}$$

an, so erhält man als theoretische beulkritische Axialdruckspannung der perfekten Schale mit radial unverschieblichem Rand:

$$\sigma^* = k\,E\,\frac{t}{R}\,, \tag{6.60}$$

mit dem Beulfaktor k entsprechend dem im Bild 6.53 dargestellten Girlandendiagramm.

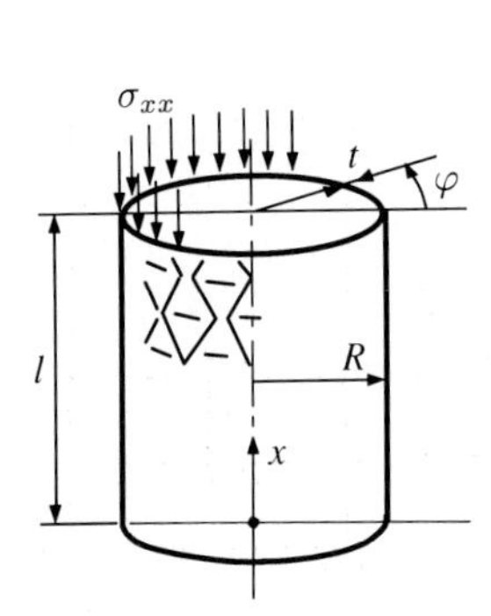

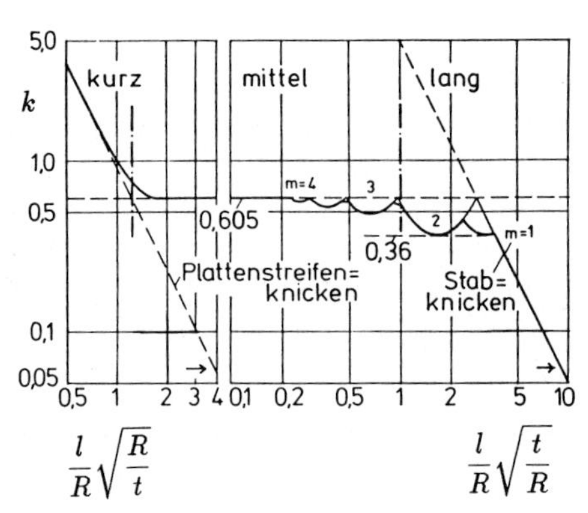

Bild 6.53: Beulfaktoren für Axiallastbeulen – vgl. [23]

(6.48) Bei radial verschieblichen bzw. freien Rändern sinkt die kritische Axiallast deutlich (bis etwa auf die Hälfte) ab.

(6.49) Wesentlich erweiterte Betrachtungsweisen unter Miteinbeziehung der nichtlinearen Beultheorie sind z.B. in [11] dargestellt.

(6.50) Dem Girlandendiagramm in Bild 6.53 ist eine Einteilung in kurze, mittellange und lange Zylinderschalen zu entnehmen. Je nach Zuordnung wird die kritische Axialspannung mit entsprechenden Bewertungsformeln bestimmt. Zur Zuordnung wird z.B. in [16] – mit α_A siehe Gl. (6.66) – festgelegt:

$$\begin{aligned} \frac{l}{R} &\le \frac{2,44}{\sqrt{\alpha_A}}\sqrt{\frac{t}{R}} && \ldots \text{ kurze Zylinderschale,} \\ \frac{2,44}{\sqrt{\alpha_A}}\sqrt{\frac{t}{R}} < \frac{l}{R} &< \sqrt{\frac{R}{t}} && \ldots \text{ mittellange Zylinderschale,} \\ \frac{l}{R} &\ge \sqrt{\frac{R}{t}} && \ldots \text{ lange Zylinderschale.} \end{aligned} \tag{6.61}$$

(6.51) Für *mittellange Zylinderschalen* mit radial unverschieblichen Rändern („starren Deckeln") wird als theoretische kritische Axialdruckspannung (für elastisches Beulen)

$$\sigma^*_{th} = \frac{E}{\sqrt{3(1-\nu^2)}}\,\frac{t}{R}\,, \tag{6.62}$$

bzw. mit $\nu = 0,3$:

$$\sigma^*_{th} = 0,605\,E\,\frac{t}{R}\,, \tag{6.63}$$

festgelegt, obgleich dies – insbesondere für größere $\frac{l}{R}$-Werte – eine Näherung darstellt, wie man Bild 6.53 entnehmen kann.

(6.52) Zylinderschalen sind sehr stark *imperfektionsempfindlich*, da die perfekte Schale ein stark instabiles Nachbeulverhalten aufweist; vgl. Kap. 6.1.1. Somit unterscheiden sich die praktischen Beulspannungswerte σ^*_{pr} von den theoretischen σ^*_{th} stark; siehe Versuchsergebnisse in Bild 6.54.

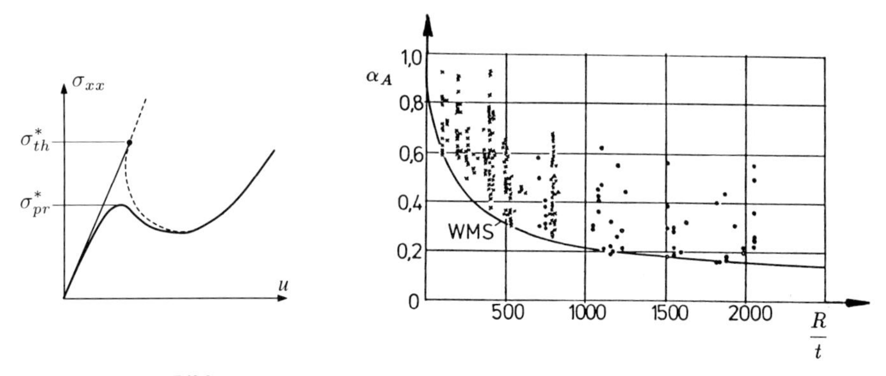

Bild 6.54: Beulen imperfekter Zylinderschalen – vgl. [23]

Dieser Tatsache wird durch Einführung eines *Abminderungsfaktors* α_A Rechnung getragen:

$$\sigma^*_{pr} = \alpha_A\,\sigma^*_{th} = \alpha_A\,0,605\,E\,\frac{t}{R}\,. \tag{6.64}$$

(6.53) Bei einer geforderten Sicherheit γ gegenüber Axiallastbeulen muß also gelten:

$$\gamma\,\sigma_{xx} < \alpha_A\,0,605\,E\,\frac{t}{R}\,. \tag{6.65}$$

(6.54) In [16] wird bei $\gamma = 1,6$ der Abminderungsfaktor α_A mit

$$\alpha_A = \frac{0,64}{\sqrt{1+\frac{R}{100t}}} \tag{6.66}$$

aus den Experimenten (siehe Bild 6.54) als untere Grenzkurve vorgeschlagen.

(6.55) Eine weitere Einschränkung der Anwendbarkeit der obigen Beulformel besteht darin, daß der auf seine Stabilität zu untersuchende Grundspannungszustand ausreichend weit entfernt vom Überschreiten der Streckgrenze ${}^0\sigma_F$ sein muß (wobei wegen der Biegestörungen nicht allein der Membranspannungzustand maßgeblich ist). Dazu sind der Fachliteratur Angaben für die Grenzen der Anwendbarkeit der Beziehungen für elastisches Beulen zu entnehmen. Werden diese Grenzen überschritten, so ist anstelle σ^*_{pr} die „elastoplastische Beulspannung“ $\sigma^*_{pr,pl}$ maßgeblich. Eine in der Raumfahrt übliche Vorgehensweise (vgl. [23]) sieht vor:

$$\sigma^*_{pr} > \frac{2}{3}{}^0\sigma_F \quad \Longrightarrow \quad \sigma^*_{pr,pl} = {}^0\sigma_F \left[1 - \frac{1}{3}\left(\frac{2}{3}\frac{{}^0\sigma_F}{\sigma^*_{pr}}\right)^2\right] . \qquad (6.67)$$

(6.56) Nach im Stahlbau üblichen Richtlinien [5] ist für $\sigma^*_{pr} > 0,4\,{}^0\sigma_F$:

$$\sigma^*_{pr,pl} \approx {}^0\sigma_F \left[1 + 0,434\left(0,2 - \sqrt{{}^0\sigma_F/\sigma^*_{pr}}\right)\right] , \qquad \text{soferne} \quad \sigma_{pr,pl} < {}^0\sigma_F \ . \qquad (6.68)$$

(6.57) Wird die Axialspannung nicht durch eine mittige Axialkraft sondern durch Biegung verursacht, so ist die größte Axialdruckspannung mit obigen Formeln auf Zulässigkeit hinsichtlich Schalenbeulens zu untersuchen; es darf allerdings mit einem etwas erhöhten Abminderungsfaktor gerechnet werden; z.B. nach [16]:

$$\alpha_B = \frac{4,47}{8 + 0,01\frac{R}{t}} + \frac{(0,01\frac{R}{t})^{2,5}}{5 \cdot 10^5} . \qquad (6.69)$$

(6.58) Ein *innerer radial wirkender Überdruck* p_i hat bei elastischem Axiallastbeulen eine stabilisierende Wirkung, vorwiegend durch das Glätten von geometrischen Imperfektionen.

Deshalb wird in [16] eine Erhöhung des Abminderungsfaktors bei Innendruck gemäß Bild 6.55 vorgeschlagen:

$$\bar{\alpha}_{A,(B)} = \alpha_{A,(B)} + \Delta\alpha \ . \qquad (6.70)$$

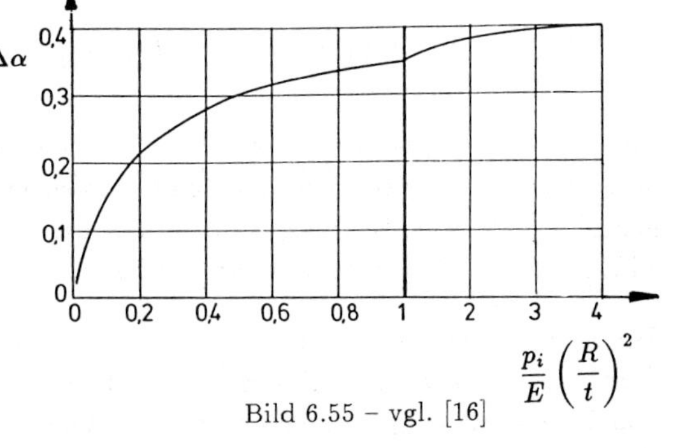

Bild 6.55 – vgl. [16]

(6.59) Die stabilisierende Wirkung des Innendrucks darf allerdings nur in Rechnung gestellt werden, wenn sie auch wirklich mit Sicherheit zum Tragen kommen kann. So ist z.B. bei Schüttgütern Vorsicht geboten!

(6.60) Innerer Überdruck bewirkt Umfangszugspannungen und begünstigt gemäß der Gl. (2.68) Plastifizieren. Somit kann zu hoher innerer Überdruck auch destabilisierend wirken, und es ist zu prüfen, ob nicht schon vor dem elastischen Beulen – gemäß der Gl. (6.64) mit Gl. (6.70) – elastoplastisches Beulen auftritt, was z.B. nach [26] mittels

$$\sigma^*_{pr,pl} = 0,605\,E\,\frac{t}{R}\left[1 - \left(\frac{p_i\,R}{t\,{}^0\sigma_F}\right)^2\right]\left(1 - \frac{1}{1,12 + s^{1,15}}\right)\left(\frac{{}^0\sigma_F/250 + s}{1 + s}\right) , \qquad (6.71)$$

mit $s = R/(400\,t)$ und ${}^0\sigma_F$ in N/mm^2, ermittelt werden kann.

Beispiel 6.20: Für eine Kreiszylinderschale mit steifen Endscheiben soll die kritische Axialspannung bei zentrischem Axialdruck ermittelt werden, wobei gegeben ist:

$l = 1000$ mm, $R = 300$ mm, $t = 2$ mm, $E = 7 \cdot 10^4$ N/mm^2, $\nu = 0,3$, ${}^0\sigma_F = 150$ N/mm^2.

Gemäß (6.50) ist der Zylinder hinsichtlich seiner Länge zu klassifizieren: $l/R = 3,\dot{3}$, $\sqrt{R/t} = 12,25$. Aus Gl. (6.66) ergibt sich

$$\alpha_A = \frac{0,64}{\sqrt{1+\frac{300}{200}}} = 0,405 \quad\Longrightarrow\quad \frac{2,44}{\sqrt{\alpha_A}}\sqrt{\frac{t}{R}} = 0,31 \ ,$$

woraus gemäß Gl. (6.61) der Zylinder als mittellang eingestuft wird. Mit Gl. (6.64) folgt:

$$\sigma^*_{pr} = 0,405 \cdot 0,605 \cdot 7 \cdot 10^4 \cdot \frac{2}{300} = 114,345 \text{ N/mm}^2 \ .$$

Gemäß (6.55) liegt allerdings wegen $\sigma^*_{pr} = 114,3$ N/mm$^2 > \frac{2}{3}\,{}^0\sigma_F$ kein rein elastisches Beulen vor, und es muß $\sigma^*_{pr,pl}$ – z.B. nach Gl. (6.67) – ermittelt werden:

$$\sigma^*_{pr,pl} = 150\left[1 - \frac{1}{3}\left(\frac{2}{3}\frac{150}{114,345}\right)^2\right] = 111,76 \text{ N/mm}^2 \ .$$

Ginge man entsprechend Stahlbaurichtlinien gemäß (6.56) vor, so wäre wegen $\sigma^*_{pr} > 0,4\,{}^0\sigma_F = 60$ N/mm^2 die Gl. (6.68) heranzuziehen:

$$\sigma^*_{pr,pl} = 150\left[1 + 0,434\left(0,2 - \sqrt{\frac{150}{114,345}}\right)\right] = 88,458 \text{ N/mm}^2 \ ,$$

was eine deutlich konservativere Abschätzung darstellen würde. Berücksichtigt man allerdings, daß in der Raumfahrt eine Beulsicherheit von $\gamma = 1,8$ und im Stahlbau gemäß [5] $\gamma = 1,5$ üblich sind, so erkennt man, daß mit $88,458/1,5 = 59 \approx 111,76/1,8 = 62$ die Bewertung auf Beulen nicht mehr so unterschiedlich ausfällt.

Beispiel 6.21: Für einen Stahlzylinder mit $l = 1000$ mm, $R = 300$ mm, $t = 1$ mm, $E = 2,1 \cdot 10^5$ N/mm^2, $\nu = 0,3$, ${}^0\sigma_F = 450$ N/mm^2 soll die kritische Axialdruckspannung in Abhängigkeit von einem inneren Überdruck in Diagrammform dargestellt werden:

Setzt man in die Beziehungen aus (6.50) ein, so ist dieser Zylinder als mittellang zu klassifizieren. Die Gl. (6.66) mit Gl. (6.64) ergibt bei $p_i = 0$: $\alpha_A = 0,32 \Longrightarrow \sigma^*_{pr}(p_i = 0) = 135,52$ N/mm^2 im elastischen Beulbereich. Die Anwendung von Gl. (6.64) mit Gl. (6.70), einerseits, und von Gl. (6.71), andererseits, ergibt das in Bild 6.56 skizzierte Diagramm.

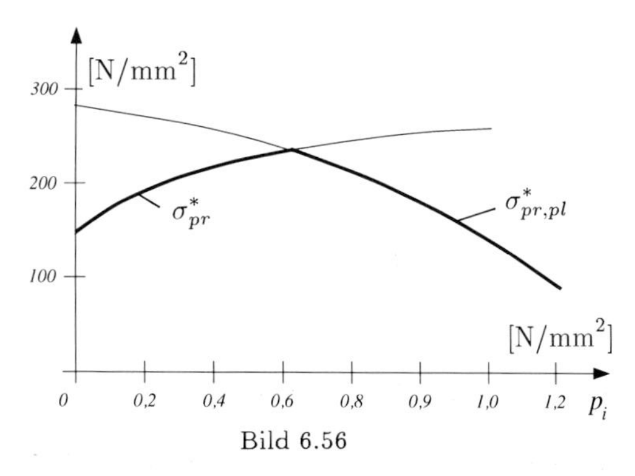

Bild 6.56

(6.61) Für das elastische Beulen axial gedrückter *kurzer Zylinder* gilt gemäß [16]:

Zunächst ist nach den Gl. (6.61) bis Gl. (6.71) das Schalenbeulen zu untersuchen. Es muß aber auch die Tatsache berücksichtigt werden, daß das Schalenbeulen bei kurzen Zylindern mehr und mehr in das Plattenbeulen übergeht, welches hier durch

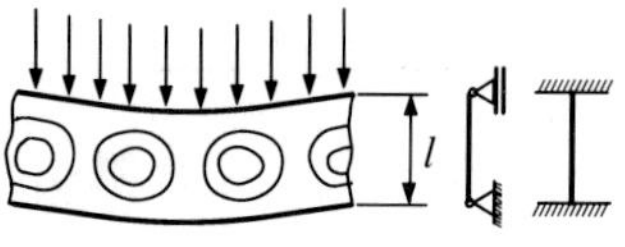

Bild 6.57

$$\sigma_K^* = 0,904\, E_w \frac{t^2}{l_K^2} \tag{6.72}$$

untersucht werden kann. Dabei sind die Randbedingungen des Plattenstreifens durch die fiktive Knicklänge l_K – wie beim Stabknicken, vgl. (6.10) – zu berücksichtigen (siehe Bild 6.57). Zur Beurteilung der Stabilität (Feststellung der Beulsicherheit) darf die *größere* der beiden kritischen Spannungen herangezogen werden:

$$\sigma^* = \max(\sigma_{pr}^*, \sigma_K^*) \ . \tag{6.73}$$

(6.62) Bei *langen Zylindern*, wo das Schalenbeulen in das Knicken des Rohres als Stab übergeht, gilt für das elastische Beulen gemäß [16,23]:

Es ist zunächst das Schalenbeulen für lange Zylinder durch

$$\sigma_{pr,l}^* = \alpha_A\, 0,36\, E \frac{t}{R} \tag{6.74}$$

zu untersuchen. Es ist aber auch das Stabknicken mit den Knickformeln des Stabes (mit kreisringförmigem Querschnitt) zu untersuchen, und der *kleinere* der beiden kritischen Axiallastwerte ist maßgeblich.

b) Die außendruckbelastete Kreiszylinderschale

(6.63) Auch bei den außendruckbelasteten Kreiszylinderschalen ist wieder eine Einteilung in kurze, mittellange und lange Zylinderschalen zu treffen. Diese Einteilung ist gemäß [16] folgendermaßen vorzunehmen:

$$\begin{aligned} \frac{l}{R} &< c_U \sqrt{\frac{t}{R}} && \ldots \text{ kurze Zylinder,} \\ c_U \sqrt{\frac{t}{R}} < \frac{l}{R} &< c_O \sqrt{\frac{R}{t}} && \ldots \text{ mittellange Zylinder,} \\ \frac{l}{R} &> c_O \sqrt{\frac{R}{t}} && \ldots \text{ lange Zylinder.} \end{aligned} \tag{6.75}$$

Die Werte von c_U und c_O sind dem Bild 6.58 zu entnehmen.

(6.64) Da die Beulfigur in Axialrichtung i.a. nur eine Halbwelle aufweist, hängt der Beuldruck außendruckbelasteter Zylinderschalen auch im Bereich mittlerer Länge von der Schalenlänge und von den Randbedingungen ab. Ferner ist die Berücksichtigung des Folgelastcharakters des Manteldruckes (der immer normal zur *deformierten* Oberfläche wirkt) wichtig, da – insbesondere bei langen Zylinderschalen, welche mit wenig

Randbedingungen	c_R	c_U	c_O
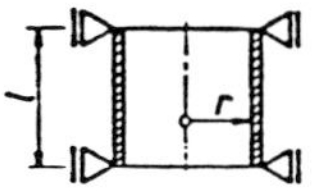 $N_x = 0$, r, $N_x = 0$	0,92	20[1]	1,70
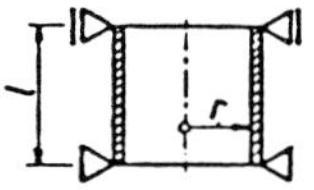 $N_x = 0$, r, $u = 0$	1,15	30	2,15
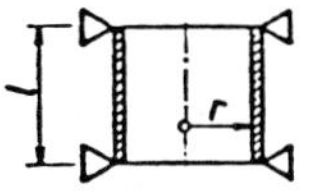 $u = 0$, r, $u = 0$	1,38	40	2,55
[1] für kleinere Werte c_u liegt der Beuldruck stets auf der sicheren Seite			

Bild 6.58: c_i - Faktoren – aus [16]

Umfangswellen beulen – der Beuldruck durch die Annahme richtungstreuer (immer radial wirkender) Druckkräfte beträchtlich *über*schätzt wird; siehe [2].

(6.65) Bei außendruckbelasteten Zylinderschalen *mittlerer Länge* mit radial unverschieblichen Rändern ist der Beuldruck von der Verwölbbarkeit (axialen Verschieblichkeit) der Ränder abhängig (siehe c_R-Werte im Bild 6.58).

(6.66) Der *theoretische Beuldruck* für das elastische Beulen mittellanger, außendruckbelasteter Zylinderschalen kann durch

$$p^*_{th} = c_R\, E\, \frac{R}{l} \left(\frac{t}{R}\right)^{2,5} \tag{6.76}$$

beschrieben werden, wobei die Axialkraft zufolge des auf die Deckel wirkenden Außendruckes schon berücksichtigt ist.

(6.67) Auch außendruckbelastete Zylinderschalen sind *imperfektionsempfindlich* (obgleich nicht so stark wie die axial gedrückten Zylinder). Um dieser Imperfektionsempfindlichkeit Rechnung zu tragen, wird wieder ein *Abminderungsfaktor* zur Ermittlung des praktischen Beuldruckes eingeführt:

$$p^*_{pr} = \alpha\, p^*_{th} \ . \tag{6.77}$$

Für mittellange Zylinder kann dieser Abminderungsfaktor mit $\alpha = 0,7$ angenommen werden.

(6.68) In den oben angestellten Betrachtungen wurden radial unverschiebliche Ränder angenommen. Ist diese Voraussetzung auch nur bei einem Rand verletzt, dann sollte konservativerweise der kritische Beuldruck so wie für lange Zylinder – siehe (6.70) – abgeschätzt werden (d.h. analog dem Verzweigen des radial belasteten Kreisringes). Solche Bedingungen treten z.B. im Montagezustand von zylindrischen Behältern auf, die dann bei starker Windbelastung besonders beulgefährdet sind [2].

(6.69) Bei außendruckbelasteten *kurzen Zylinderschalen* kann mit den für mittellange Zylinder angegebenen Beziehungen, Gl. (6.76), gerechnet werden; allerdings gehen hier alle Randbedingungen in den kritischen Druck ein. Es ist der Faktor c_R je nach Art der Randbedingungen aus Bild 6.59 zu entnehmen.

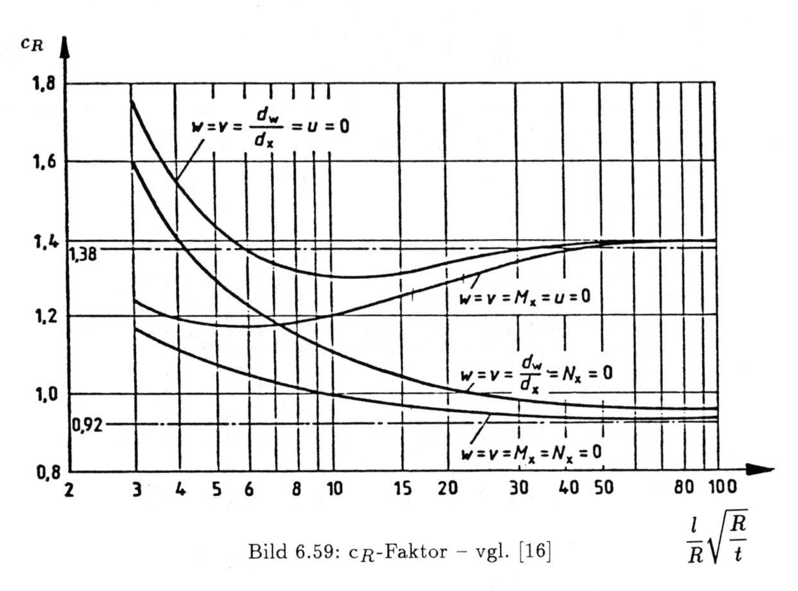

Bild 6.59: c_R-Faktor – vgl. [16]

(6.70) Außendruckbelastete *lange Zylinderschalen* beulen analog dem Verzweigen von radial gedrückten Kreisringen [2]. Der Beuldruck hängt somit (für sehr lange Schalen) nicht mehr von der Zylinderlänge und auch nicht mehr von den Randbedingungen ab. Für den praktischen Beuldruck gilt bei elastischem Beulen:

$$p_{pr}^* = \alpha \frac{E\,t^3}{4(1-\nu^2)R^3} = \alpha\,0,275\,E\left(\frac{t}{R}\right)^3 \qquad \text{für} \quad \nu = 0,3\ , \tag{6.78}$$

wobei der Abminderungsfaktor mit $\alpha \approx 0,9$ angenommen werden kann.

(6.71) Bei gleichzeitiger Wirkung von Axialkraft und Außendruck erhält man für das elastische Beulen eine konservative Abschätzung kritischer Zustände aus dem *Interaktionsdiagramm* Bild 6.60, das nur im 1. Quadranten benutzt werden darf:

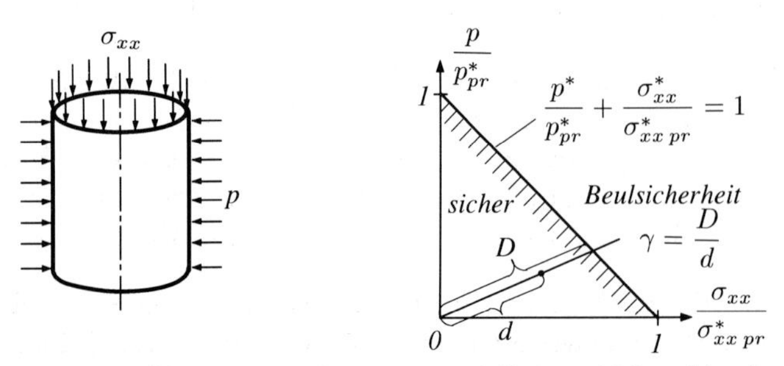

Bild 6.60: Interaktion von Axiallast und Manteldruck

c) Die tordierte Kreiszylinderschale – Beulen unter Querkraftschub

(6.72) Der theoretische kritische Membranschubspannungszustand für elastisches Beulen tordierter Zylinderschalen kann mittels

$$\tau_{th}^{*} = k\,E\,\frac{t}{R}\sqrt{\frac{\sqrt{R\,t}}{l}}\,, \tag{6.79}$$

mit k aus Bild 6.61 ermittelt werden. Auch hier ist zur Berücksichtigung der Imperfektionsempfindlichkeit ein Abminderungsfaktor einzuführen.

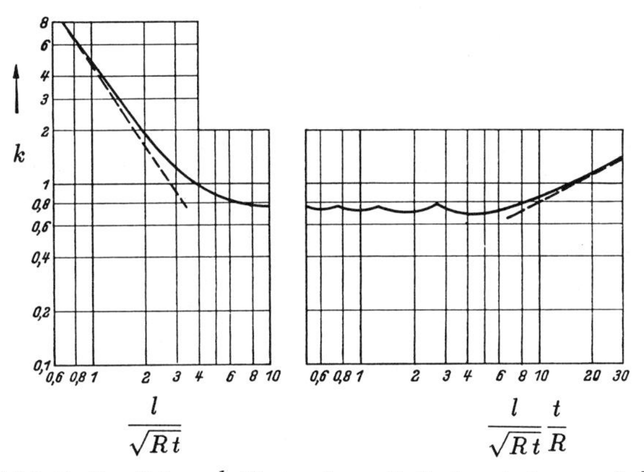

Bild 6.61: Beulfaktor k für tordierte Zylinderschalen – vgl. [10]

(6.73) Schubbeulen aus Querkraftbiegung kann mit $\tau_{max} = \frac{Q}{R\,\pi\,t}$ und

$$\tau_{pr,Q}^{*} = 1,25\,\alpha_T\,\tau_{th}^{*}\,, \tag{6.80}$$

mit τ_{th}^{*} aus Gl. (6.79) und z.B. $\alpha_T = 0,8$ entsprechend [32] bzw. $\alpha_T = 0,65$ entsprechend [5] abgeschätzt werden.

(6.74) Die Interaktion zwischen Biegung und Querkraftschub kann durch

$$\frac{\sigma_{max}}{\sigma_{pr}^{*}} + \left(\frac{\tau_{max}}{\tau_{pr,Q}^{*}}\right)^2 \leq 1 \tag{6.81}$$

für stabile Zustände berücksichtigt werden.

(6.75) Weitere Belastungsfälle und Interaktionen sind in [32] behandelt.

Beispiel 6.22: Es soll eine GFK-Platte (Wirrfaser) mit halbkreisförmigen Wellen, die in regelmäßigen Abständen L gelenkig und an den Längsrändern frei gelagert ist (Bild 6.62), auf jene Weise optimal bemessen werden, daß lokales Beulen und globales Knicken bei derselben Last auftreten. Gegeben ist: $E = 4 \cdot 10^4$ N/mm^2, $q = 180$ N/mm, $L = 2400$ mm. Gesucht wird r, t für minimales Gewicht.

Als Näherung für den globalen Stabilitätsverlust sei das Knicken einer Periode als Stab betrachtet; der lokale Stabilitätsverlust kann als Beulen mittellanger Zylinderschalen betrachtet werden. Somit lauten die Bedingungen:

$$1)\quad \sigma = \frac{q}{t} \leq \sigma^*_{knick} = \frac{\pi^2\, E\, J}{L^2\, A} = \frac{\pi^2\, E\, r^2}{2\, L^2} \;,$$

$$2)\quad \sigma = \frac{q}{t} \leq \sigma^*_{beul} = \alpha \cdot 0,605\, E\, \frac{t}{r} \approx 0,3\, E\, \frac{t}{r} \;.$$

Da α von den Unbekannten r und t abhängt, wird $\alpha \cdot 0,605$ zunächst mit $0,3$ angenähert. Wegen der Optimalitätsforderung $\sigma = \sigma^*_{knick} = \sigma^*_{beul}$ empfiehlt es sich, $\sigma^2 \cdot \sigma_{knick} = \sigma^3_{beul}$ zu setzen, und man erhält:

$$\frac{q^2}{t^2}\,\frac{\pi^2\, E\, r^2}{2\, L^2} = (0,3)^3\, E^3 \left(\frac{t}{r}\right)^3 \quad\Longrightarrow\quad \frac{r}{t} = \sqrt[5]{\frac{(0,3)^3\, E^2\, 2\, L^2}{q^2\, \pi^2}} = 68,9 \;.$$

Damit folgt aus 2): $\sigma = \sigma^*_{beul} = 0,3\, E\, \frac{1}{68,9} = 174\ \mathrm{N/mm^2}$, und somit ergibt sich $t = 1,0$ mm und $r = 71,3$ mm. Eine Nachrechnung zeigt, daß die Annahme von $\alpha \cdot 0,605 \approx 0,3$ und die Klassifizierung als mittellanger Zylinder brauchbar waren.

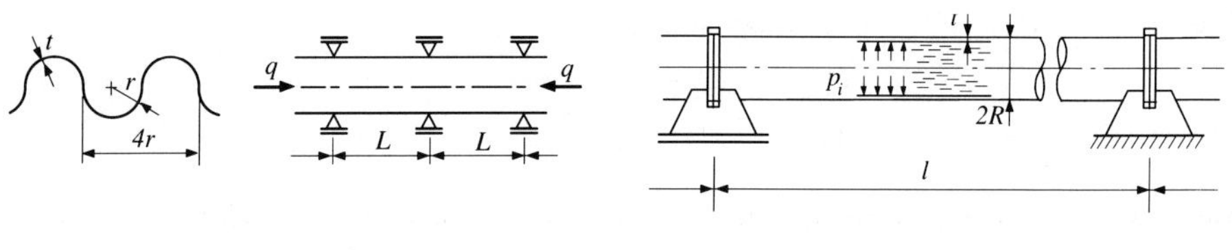

Bild 6.62 Bild 6.63

Beispiel 6.23: Für das in Bild 6.63 dargestellte, wassergefüllte und durch den inneren Überdruck $p_i = 1$ bar belastete Rohr mit $R = 0,5$ m, $l = 10$ m, $E = 2,1 \cdot 10^5\ \mathrm{N/mm^2}$, $\nu = 0,3$ und ${}^0\sigma_F = 450\ \mathrm{N/mm^2}$, soll die Wanddicke t so ermittelt werden, daß Beulen mit einer Sicherheit $\gamma = 1,75$ nicht auftritt:

Die Belastung folgt aus der Wassermasse pro Längeneinheit zu $q = R^2\, \pi\, \varrho_W\, g = 0,5^2 \cdot \pi \cdot 1000 \cdot 9,81 = 7705\mathrm{N/m}$, und damit ergibt sich unter der Annahme beidseitiger Einspannung des Rohres die maximale Biegespannung an den Lagerstellen:

$$M_{max} = \frac{q\, l^2}{12} \;, \quad J = \pi\, t\, R^3 \quad\Longrightarrow\quad \sigma_{max} = \frac{M_{max}\, R}{J} = \frac{q\, l^2}{12\, \pi\, t\, R^2} \;.$$

Mit einer ersten Annahme von $t = 1$ mm liefert Gl. (6.69): $\alpha_B = 0,35$ und mit dem vorhandenen Innendruck an der Rohrunterseite (wo die Biegedruckspannung auftritt) von $p_{i,u} = p_i + \varrho_W\, g\, 2\, R = 1,1$ bar ergibt sich:

$$\frac{p_{i,u}}{E}\left(\frac{R}{t}\right)^2 = 0,13 \quad\overset{\text{Bild 6.55}}{\Longrightarrow}\quad \Delta\alpha = 0,15 \quad\overset{\text{Gl. (6.70)}}{\Longrightarrow}\quad \bar{\alpha}_B = \alpha_B + \Delta\alpha = 0,5 \;.$$

Die praktische Beulspannung nach Gl. (6.64) kann damit angeschrieben werden:

$$\sigma^*_{pr} = \bar{\alpha}_B\, 0,605\, E\, \frac{t}{R} \;.$$

Aus der Bedingung Gl. (6.65): $\gamma\, \sigma_{max} < \sigma^*_{pr}$ würde die erforderliche Wanddicke

$$t = \sqrt{\frac{\gamma\, q\, l^2}{12\, \pi\, R\, \bar{\alpha}_B\, 0,605\, E}} = \sqrt{\frac{1,75 \cdot 7,705 \cdot \left(10^4\right)^2}{12\, \pi\, 500 \cdot 0,5 \cdot 0,605 \cdot 2,1 \cdot 10^5}} = 1,06 \text{ mm}$$

folgen, wenn nicht auch Schub wirkte. Mit $t = 1,5$ mm gewählt ist die eingangs getroffene Annahme noch passend, und mit Gl. (6.67) liegt rein elastisches Beulen vor:

$$\sigma^*_{pr} = 0,5 \cdot 0,605 \cdot 2,1 \cdot 10^5 \frac{1,5}{500} = 191 \text{ N/mm}^2 < \frac{2}{3}\, {}^0\sigma_F = 300 \text{ N/mm}^2 \ .$$

Gemäß (6.73) ergibt sich die maximale Schubspannung an der Einspannstelle zu

$$Q_{max} = \frac{q\, l}{2} = \frac{7705 \cdot 10}{2} = 38525 \text{ N} \quad \Longrightarrow \quad \tau_{max} = \frac{Q_{max}}{R\, \pi\, t} = 16,4 \text{ N/mm}^2 \ .$$

Mit $k = 0,7$ aus Bild 6.61 ergibt sich die praktische kritische Schubspannung zu

$$\tau^*_{pr,Q} = 1,25 \cdot 0,8 \cdot 0,7 \cdot 2,1 \cdot 10^5 \frac{1,5}{500} \sqrt{\frac{\sqrt{500 \cdot 1,5}}{10^4}} = 23,1 \text{ N/mm}^2 \ .$$

Aus der Interaktion Gl. (6.81) folgt damit:

$$\frac{54,5}{191} + \left(\frac{16,4}{23,1}\right)^2 = 0,8 < 1 \ ,$$

was eine zu geringe Sicherheit bedeutet; t ist entsprechend zu vergrößern.

6.5.2 Beulen von Kegelschalen

(6.76) Wird eine Kreiskegelschale, wie im Bild 6.64 dargestellt, entlang ihrer Erzeugenden gedrückt, so gilt:

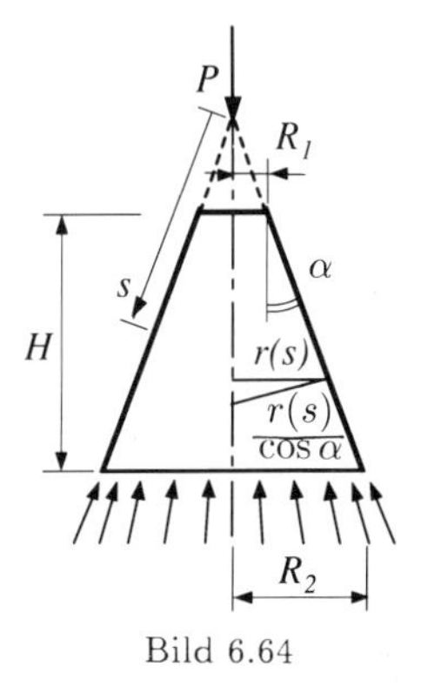

Bild 6.64

$$\sigma_{ss}(s) = \sigma(s) = \frac{P}{2\, r(s)\, \pi\, t\, \cos\alpha} \ , \qquad \sigma_{\varphi\varphi} = 0 \ . \tag{6.82}$$

Die kritische Membranspannung für elastisches Beulen ist gleich jener für den axial gedrückten Kreiszylinder mittlerer Länge, siehe Gl. (6.62), wenn anstelle des Zylinderradius die (von s abhängige) Hauptkrümmung $R \to r(s)/\cos\alpha$ eingesetzt wird:

$$\sigma^*_{th}(s) = \frac{P^*_{th}}{2\, r(s)\, \pi\, t\, \cos\alpha} = \frac{E}{\sqrt{3(1-\nu^2)}} \frac{t\cos\alpha}{r(s)} \ , \tag{6.83}$$

also

$$P^*_{th} = \frac{E}{\sqrt{3(1-\nu^2)}}\, 2\, \pi\, t^2 \cos^2\alpha \ ; \tag{6.84}$$

dabei ist P^*_{th} unabhängig von s.

(6.77) Zur Berücksichtigung der Imperfektionsempfindlichkeit ist ein Abminderungsfaktor α_A, z.B. Gl. (6.66), anzuwenden, wobei für R der größte Hauptkrümmungsradius, also $R \to R_2/\cos\alpha$ einzusetzen ist.

(6.78) Das elastische Beulen von mittellangen außendruckbelasteten Kegelschalen kann so behandelt werden wie für eine Zylinderschale – siehe (6.66) – mit

$$R \to \frac{R_1 + R_2}{2} \qquad \text{und} \qquad l \to \frac{H}{\cos\alpha} \; . \tag{6.85}$$

(6.79) Interaktion zwischen Axiallast und Außendruck kann analog zu den Zylinderschalen gemäß (6.71) behandelt werden.

6.5.3 Beulen von Kugelschalen unter Außendruck

(6.80) Für das elastische Beulen von vollständigen Kugelschalen und ausreichend großen Kugelschalenfeldern unter äußerem Überdruck (bzw. innerem Unterdruck) gilt, daß der theoretische (klassische) kritische Membrandruckspannungszustand wiederum jenem von axial gedrückten Kreiszylindern mit gleichem Hauptkrümmungsradius $R \to$ Kugelradius R entspricht, also:

$$\sigma^*_{\varphi\varphi,th} = \frac{E}{\sqrt{3(1-\nu^2)}} \, \frac{t}{R} \; . \tag{6.86}$$

Mit

$$\sigma_{\varphi\varphi} = \frac{p\,R}{2\,t} \tag{6.87}$$

ergibt sich der theoretische kritische Druck für elastisches Beulen zu

$$p^*_{th} = \frac{E}{\sqrt{3(1-\nu^2)}} \, \frac{2\,t^2}{R^2} \; . \tag{6.88}$$

(6.81) Bei Kugelkalotten ist der theoretische kritische Außendruck für elastisches Beulen auch noch von einem weiteren Geometrieparameter, nämlich von

$$\lambda := 2\,\sqrt[4]{3(1-\nu^2)}\,\sqrt{\frac{H}{t}} \tag{6.89}$$

und von den Randbedingungen abhängig (siehe Bild 6.65).

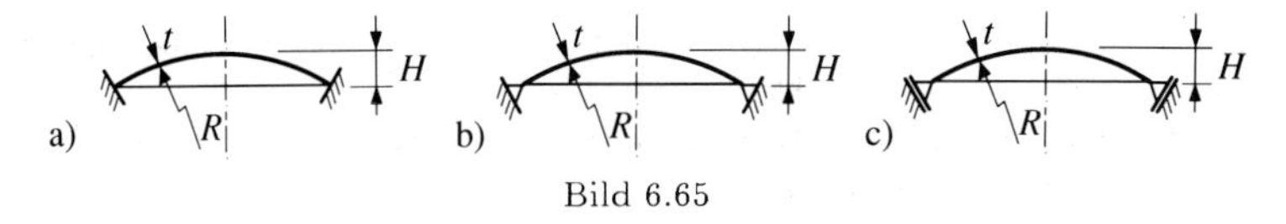

Bild 6.65

In [11] wird der Quotient p^{*cap}_{th}/p^*_{th} mit p^*_{th} gemäß Gl. (6.88) in Abhängigkeit von λ für verschiedene Randbedingungen in Diagrammen dargestellt; siehe Bild 6.66.

Weitere Lastfälle sind in der Fachliteratur, z.B. in [11], behandelt.

(6.82) Wegen der sehr hohen Imperfektionsempfindlichkeit ist hier ein kleiner Abminderungsfaktor zur Ermittlung des praktischen Beuldruckes,

$$p^*_{pr} = \alpha\,p^*_{th} \qquad \text{bzw.} \qquad p^{*cap}_{pr} = \alpha^{cap}\,p^{*cap}_{th} \; , \tag{6.90}$$

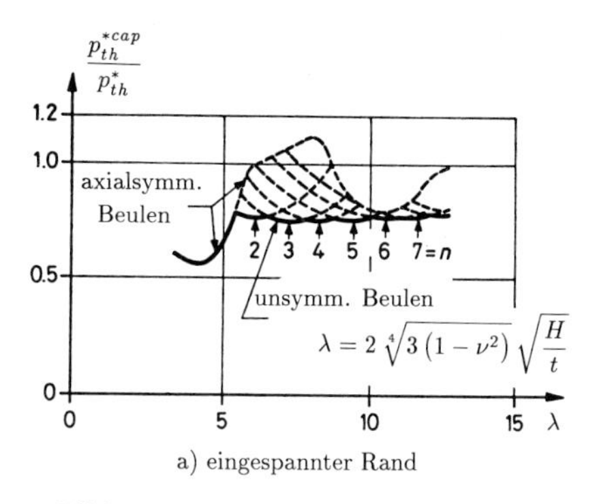

a) eingespannter Rand

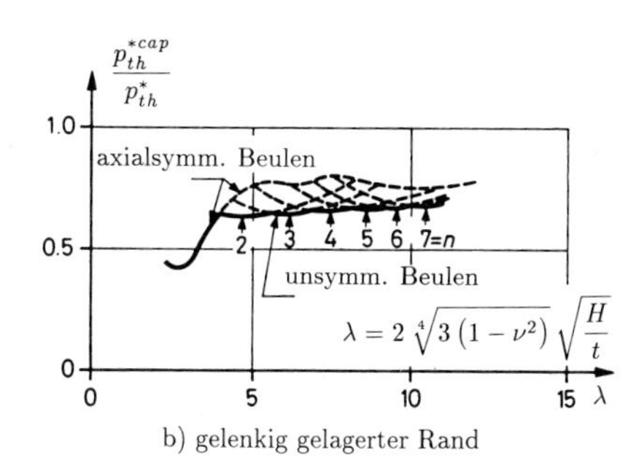

b) gelenkig gelagerter Rand

Bild 6.66: Theoretischer kritischer Druck für das Beulen von Kugelkalotten – vgl. [11]

einzuführen. Diverse Regelwerke geben α-Werte vor. In [16] werden Kugelkalotten wie vollständige Kugeln mit Gl. (6.88) behandelt, allerdings wird α verschieden vorgeschrieben (siehe Bild 6.67).

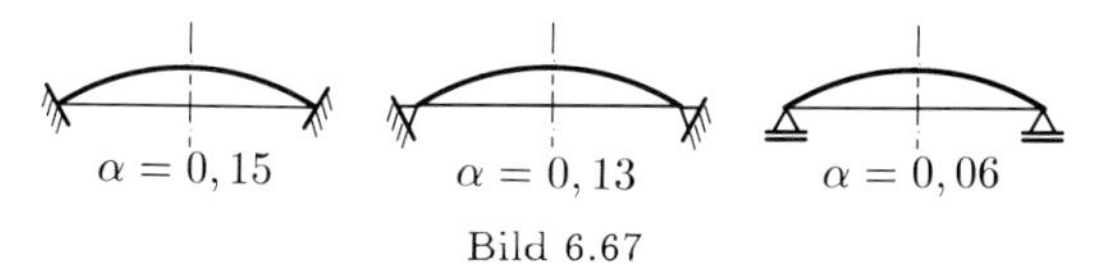

Bild 6.67

(6.83) Anmerkungen: Die extrem kleinen α-Werte bei Kugelschalenfeldern sind nicht allein auf die Imperfektionsempfindlichkeit zurückzuführen sondern auch auf geometrische Nichtlinearitäten im Vorbeulbereich. Obige Beziehungen gelten nur, solange elastisches Beulen eintritt, ansonsten müssen überelastische Stabilitätsanalysen bzw. Traglastbetrachtungen angestellt werden.

Ferner ist bei sehr flachen Kugelschalenfeldern nicht mehr das Verzweigen (Beulen als Kugelschale) sondern das Durchschlagen die maßgebliche Form des Stabilitätsverlustes, siehe Kap. 6.1.2.

Aufgaben zu Kapitel 6:

Aufgabe 6.01: Beschreiben Sie die Arten des Stabilitätsverlustes des Gleichgewichtes von Leichtbaukonstruktionen und charakterisieren Sie diese durch Skizzen!

Aufgabe 6.02: Welche praktische Bedeutung messen Sie der Kenntnis des Nachbeulverhaltens nach Gleichgewichtsverzweigung zu?

Aufgabe 6.03: Auf welche Weise können axial gedrückte Stäbe elastisch verzweigen?

Aufgabe 6.04: Welche Differentialgleichung beschreibt das Euler-Knicken?

Aufgabe 6.05: Wie lautet die Knickformel?

Aufgabe 6.06: Beschreiben Sie eine Vorgehensweise zur näherungsweisen Ermittlung der Knicklast von Stäben veränderlichen Querschnittes bzw. mit komplexen Randbedingungen!

Aufgabe 6.07: Wie kann der Einfluß von Schubdeformationen auf das Stabknicken erfaßt werden?

Aufgabe 6.08: Wodurch sind Flatter-Instabilitäten gekennzeichnet?

Aufgabe 6.09: Wie können Längskräfte bei der Biegung von Stäben näherungsweise berücksichtigt werden?

Aufgabe 6.10: Wie lautet die „vereinfachte Kippgleichung"? Beschreiben Sie einige Lösungen für einfache Lastfälle!

Aufgabe 6.11: Wie lautet die Gleichung zur Ermittlung der Beulspannung von Rechteckplatten?

Aufgabe 6.12: Wie geht man bei der Beurteilung der Beulsicherheit von Platten bei gemischter Beanspruchung (Interaktion) vor?

Aufgabe 6.13: Beschreiben Sie eine einfache und eine genauere Vorgehensweise zur Ermittlung des lokalen Beulens von Profilwänden gedrückter Stäbe!

Aufgabe 6.14: Auf welche Weise können längsversteifte, längsgedrückte Platten instabil werden? Wovon hängt die Art des Stabilitätsverlustes ab?

Aufgabe 6.15: Was versteht man unter „mittragender Breite" im Zusammenhang mit dem überkritischen Verhalten längsversteifter Platten? Wie kann b_m abgeschätzt werden?

Aufgabe 6.16: Beschreiben Sie die Ausbildung von Zugfeldern mit Hilfe des Mohrschen Spannungskreises!

Aufgabe 6.17: Wodurch ist das vollständige, wodurch das ideale Zugfeld charakterisiert?

Aufgabe 6.18: Wie ändern sich die Spannungszustände im Stegblech und in den Randstäben bei Ausbildung des Zugfeldes im Vergleich zu reiner Schubfeldbelastung?

Aufgabe 6.19: Beschreiben Sie die Versagensformen von wandartigen Trägern (Schubfeldträgern) bei hohen Überschreitungsgraden!

Aufgabe 6.20: Wie gehen Sie bei der Berechnung der beulkritischen Axial-Druckkraft von dünnwandigen Kreiszylinderschalen vor?

Aufgabe 6.21: Behandlung des Schalenbeulens bei biegebeanspruchten Kreiszylinderschalen?

Aufgabe 6.22: Welche Wirkungen kann ein innerer Überdruck auf das Beulen mittellanger, axial belasteter Zylinderschalen haben?

Aufgabe 6.23: Wie wird der kritische äußere Über- bzw. innere Unterdruck bei mittellangen Kreiszylinderschalen hinsichtlich elastischen Beulens ermittelt?

Aufgabe 6.24: In welcher Weise gehen die Randbedingungen in die Beulanalyse außendruckbelasteter Zylinderschalen ein?

Aufgabe 6.25: Erläutern Sie die Berechnung der beulkritischen Membranspannung in Erzeugendenrichtung von Kegelschalen!

Aufgabe 6.26: Wie wird der kritische äußere Über- bzw. innere Unterdruck bei Kegelschalen ermittelt?

Aufgabe 6.27: Beschreiben Sie das elastische Beulen von Kugelschalen unter äußerem Über- bzw. innerem Unterdruck!

Aufgabe 6.28: Das Beispiel 6.5 soll direkt über die Differentialgleichung (6.10) gelöst werden.

Aufgabe 6.29: Für den im Bild 6.68 dargestellten, exzentrisch belasteten Biegestab soll der Durchbiegungsverlauf nach Theorie II. Ordnung abgeschätzt und mit der exakten Lösung verglichen werden.

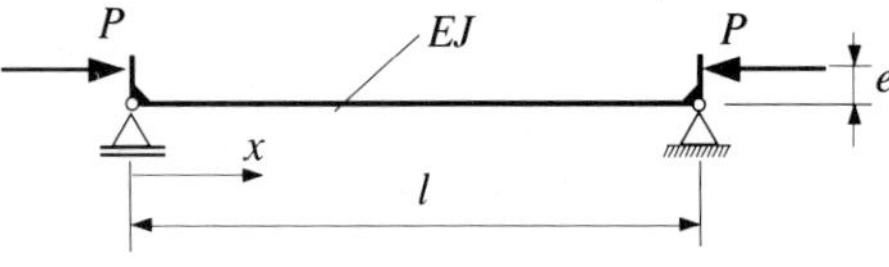

Bild 6.68

Aufgabe 6.30: Die Aufgabe 1.06 soll mit Abschätzung nach Theorie II. Ordnung nochmals gelöst werden. Geg.: $E = 21000 \text{ kN/cm}^2$.

Aufgabe 6.31: Gegeben ist ein ebenes, statisch unbestimmtes Fachwerk, welches über eine Seilrolle belastet wird (Bild 6.69). Alle Stäbe haben gleichen Querschnitt und E-Modul; $\alpha = 45°$. Ges.: Berechnen Sie mit Hilfe der Kraftgrößenmethode die Last P^*, bei der der am meisten knickgefährdete Stab knickt.

Aufgabe 6.32: Für das in Bild 6.70 dargestellte Stabwerk mit Durchschlagverhalten ist gegeben: $\alpha_0 = 2,1°$, $l_1 = 500$ mm, $l_2 = 2500$ mm, $d_1 = 100$ mm, $E_1 = 2,1 \cdot 10^5$ N/mm^2, $E_2 = 2,0 \cdot 10^4$ N/mm^2, $\sigma_{F_1} = 450$ N/mm^2, $\sigma_{F_2} = 350$ N/mm^2. Ges.: 1) Bestimmen Sie die Querschnittsfläche $A_{2_{krit}}$, sowie das Flächenträgheitsmoment $J_{2_{krit}}$ des Stabes 2 so, daß die Gesamtstruktur gerade keine instabilen Gleichgewichtspfade aufweist (stabiles Verhalten bedeutet: $P = P(\alpha)$ ist monoton steigend). 2) Skizzieren Sie qualitativ den Verlauf von $P = P(\alpha)$ für: a) $A_2 = A_{2_{krit}}$, $J_2 = J_{2_{krit}}$ b) $A_2 < A_{2_{krit}}$, $J_2 = J_{2_{krit}}$ c) $A_2 = A_{2_{krit}}$, $J_2 < J_{2_{krit}}$. Hinweis: Die Stabkräfte sollen durch $S_1 = -E_1 A_1 (\alpha_0^2 - \alpha^2)/2$ (vgl. Beispiel 6.1) berechnet werden.

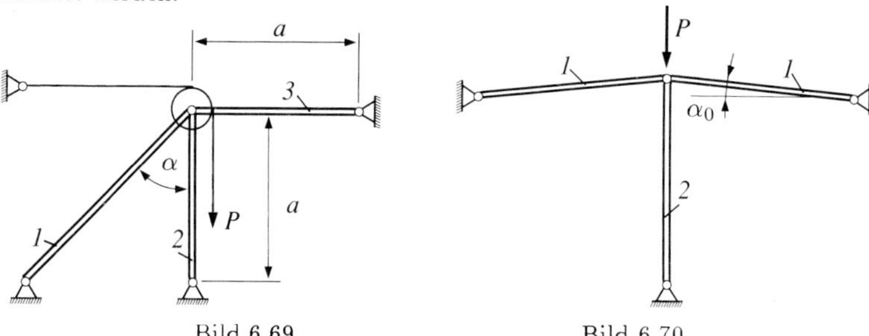

Bild 6.69 Bild 6.70

Aufgabe 6.33: Gegeben ist die Federstütze eines Satelliten nach Bild 6.71 mit folgenden Daten für Stahl: $E = 2,1 \cdot 10^5$ N/mm^2, $\varrho = 7,8$ kg/dm^3, $\sigma_{zul} = 300$ N/mm^2; für Aluminium: $E = 7 \cdot 10^4$ N/mm^2, $\varrho = 2,7$ kg/dm^3, $\sigma_{zul} = 100$ N/mm^2 sowie den Parametern $u = 1,0$ mm und $P = 5000$ N. Ges.: 1) Es sind l, d, t so zu berechnen, daß sich bei Last P eine Verschiebung u einstellt, im Stab $\sigma = \sigma_{zul}$ erreicht wird, und Knicken des Stabes mit einer Sicherheit von $\gamma = 2$ nicht auftritt. 2) Welches der beiden angegebenen Materialien ergibt den gewichtsgünstigeren Stab?

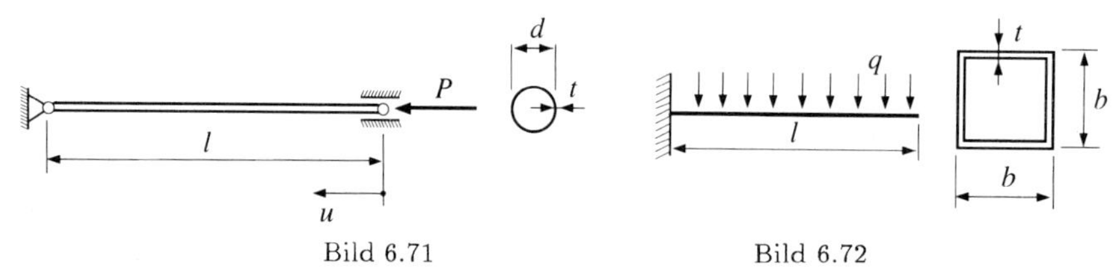

Bild 6.71 Bild 6.72

Aufgabe 6.34: Ein einseitig eingespannter, quadratischer Kastenträger (Bild 6.72) aus einer Al-Cu-Legierung soll untersucht werden. Geg.: $E = 7 \cdot 10^4$ N/mm^2, $\sigma_F = 360$ N/mm^2, $q = 5$ N/mm, $l = 1$ m. Ges.: 1) Optimieren Sie b, t, sodaß bei gegebener Belastung q die kritische Beulspannung σ^* mit einer Sicherheit gegen Beulen $\gamma_{Beul} = 2$ und die maximale Biegespannung mit einer Sicherheit gegen Fließen $\gamma_b = 1,5$ gleichzeitig erreicht werden. 2) Zusätzlich zur obigen Belastung greife am Trägerende eine Längszugkraft $P = 30$ kN an. Überprüfen Sie mit den unter 1) berechneten Querschnittsabmessungen unter Einbeziehung der Näherung zur Theorie II. Ordnung (Gültigkeit der Bernoulli-Euler-Theorie) den Sicherheitsfaktor gegen Fließen.

Aufgabe 6.35: Gegeben ist ein Sicherungspuffer zur Lastbegrenzung (Bild 6.73) aus einer Leichtmetall-Legierung mit $E = 7 \cdot 10^4$ N/mm^2, $\sigma_{0,2} = 450$ N/mm^2, $\nu = 0,3$ sowie $t_1 = 0,5$ mm, $t_2 = 2$ mm, $L = 2$ m, $u_I = 3$ mm, $F_I = 75$ kN. Ges.: 1) Bestimmen Sie den noch fehlenden Geometrieparameter d_1 unter der Annahme, daß Stütze 1 bei einer Verschiebung u_I Stabilitätsverlust durch Eulerknicken erleidet. Diese Annahme ist im nachhinein zu überprüfen! 2) Bestimmen Sie den fehlenden Geometrieparameter a_2 unter Anwendung des unter 1) ermittelten Querschnittsparameters d_1! 3) Berechnen und zeichnen Sie ein Kraft-Weg-Diagramm! Hinweis: Berücksichtigen Sie globale und lokale Instabilitätsfälle! Bei Auftreten von globaler Instabilität ist das Nachbeulverhalten der jeweiligen Stütze so abzuschätzen, daß die bei Erreichen der Stabilitätsgrenze wirkende Belastung ertragen wird.

Aufgabe 6.36: Das Stabilitätsverhalten eines Stabes unter Druckbelastung (Bild 6.74) soll analysiert werden. Geg.: $d = 75$ mm, $a = 800$ mm, $b = 300$ mm, $E_1 = 7 \cdot 10^4$ N/mm^2, $E_2 = 1 \cdot 10^4$ N/mm^2, $\sigma_{F_1} = 300$ N/mm^2, $\sigma_{F_2} = 120$ N/mm^2, $P = 63,6$ kN, Abminderungsfaktor in Beulformel $\alpha = 0,33$. Ges.: 1) Die Knicklast ist mit dem Ritzschen Ansatz $w = w_0 \sin(\beta x)$ zu ermitteln. 2) Die Wanddicke s und der Durchmesser D des Mittelteiles 2 (dünne Zylinderschale) sind so zu bestimmen, daß im Mittelteil genau $\sigma_{zul} = \sigma_F/2$ erreicht wird und gleichzeitig gilt $\sigma_{zul} = 1,6 \cdot \sigma^*_{pr}$. 3) Berechnen Sie die Sicherheit gegen Knicken.

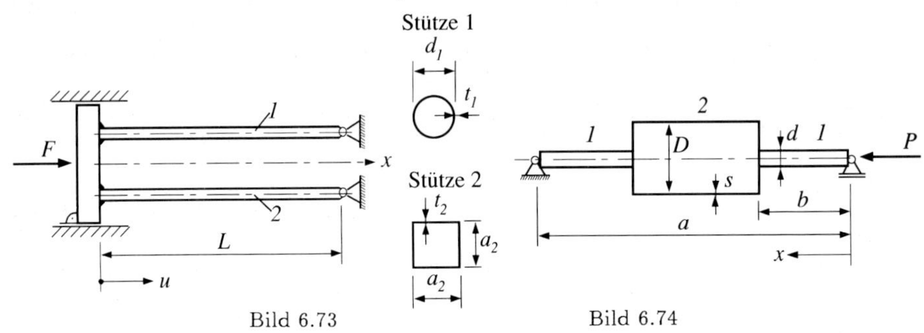

Bild 6.73 Bild 6.74

Aufgabe 6.37: Gegeben ist ein räumliches Stabwerk (symmetrisch) unter Vertikallast (Bild 6.75) mit $a = 40$cm, $h = 60$cm aus dünnwandigen, quadratischen Formrohren mit Wanddicke t und Kantenlänge b sowie $E = 7200\,\mathrm{kN/cm^2}$, $\sigma_F = 36\,\mathrm{kN/cm^2}$, $\gamma = 2,7 \cdot 10^{-5}\,\mathrm{kN/cm^3}$, $P =$ 10 kN. Ges.: 1) Berechnen Sie b, t, sodaß Knicken und Beulen der Stäbe unter der gegebenen Belastung gerade noch nicht auftritt. Verwenden Sie die Beulformel für den unendlich langen, gelenkig gelagerten Plattenstreifen. 2) Sicherheit gegen Fließen für die unter 1) berechnete Konstruktion. 3) Gewicht der Konstruktion.

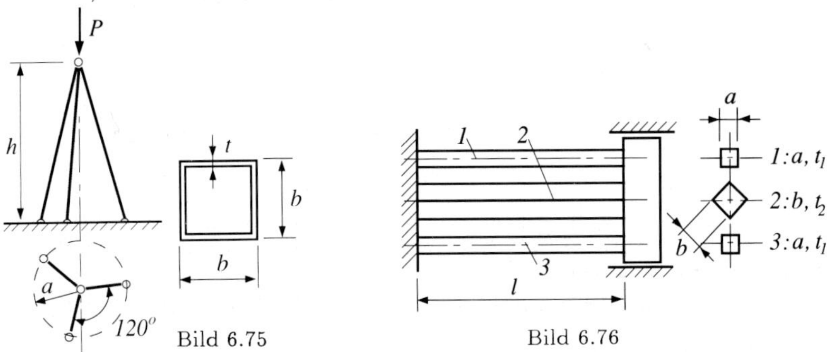

Bild 6.75 Bild 6.76

Aufgabe 6.38: Bei der in Bild 6.76 dargestellten Konstruktion werden die Stützen 1 und 3 von T_0 um ΔT aufgeheizt. Die Stütze 2 ist von der Temperaturerhöhung nicht betroffen. Bei $T_0 = 20°$ C ist das System spannungsfrei. Geg.: $l = 3$ m, $a = 100$ mm, $b = 400$ mm, $t_1 = 1,5$ mm, $t_2 = 5,0$ mm, $E = 7 \cdot 10^4\,\mathrm{N/mm^2}$, $\sigma_{0,2} = 360\,\mathrm{N/mm^2}$, $\nu = 0,3$, $\alpha =$ $2,35 \cdot 10^{-5}\,\mathrm{K^{-1}}$. Ges.: 1) Überprüfen Sie, ob bei einer Temperatursteigerung der Stützen 1 und 3 von $\Delta T = 80°$ C lokales Beulen der Stabwände oder globales Knicken der Stäbe auftritt. 2) Falls lokales Beulen der Stabwände auftritt, ist zu überprüfen, ob bei gegebener Temperatursteigerung eine Sicherheit gegen Knicken $\gamma_K = 2$ und gegen Fließen $\gamma_F = 2$ eingehalten werden kann. Hinweis: Die Abschätzung der mittragenden Breite ist mittels der Formel von Marguerre 1 mit der Abbruchschranke $\delta = 0.001$ durchzuführen.

Aufgabe 6.39: Der in Bild 6.77 skizzierte Druckstab mit $l = 100$ cm, $E = 20601\,\mathrm{kN/cm^2}$ und $\nu = 0,3$ ist in seinen Abmessungen a und t so zu optimieren, daß bei Erreichen der Last $P = 10$ kN gleichzeitig Knicken und Flanschbeulen eintritt. Auf Drillknicken ist ebenfalls zu prüfen!

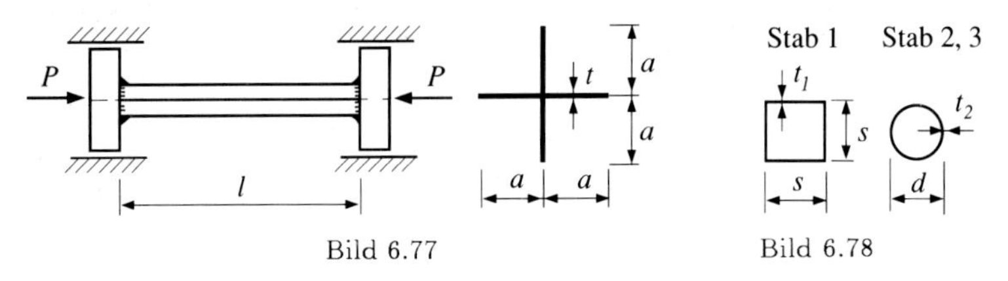

Bild 6.77 Bild 6.78

Aufgabe 6.40: Für das in Bild 6.69 dargestellte Stabwerk mit den in Bild 6.78 skizzierten Querschnitten ist gegeben: $a = 1000$ mm, $t_1 = 1$ mm, $t_2 = 0,2$ mm, $s = 40$ mm, $d = 30$ mm, $E = 2,1 \cdot 10^5$ N/mm^2, $\sigma_F = 450$ N/mm^2. Ges.: 1) Bestimmen Sie unter Verwendung der Verschiebungsgrößenmethode den Winkel α so, daß in den Stäben 1 und 2 zugleich Versagen auftritt und Stab 3 minimal belastet wird. 2) Geben Sie die zu diesem Zeitpunkt vorliegenden Verschiebungen u^*, v^* und die Größe der kritischen Last P^* an.

Aufgabe 6.41: Ein Schubfeldträger mit Rundstabstütze (Bild 6.79) soll untersucht werden. Geg.: $a = 20$ cm, $t = 0,1$ cm, $l = 30$ cm, $E = 7200$ kN/cm^2, $\nu = 0,3$ für Schubfeld und Stab; Einspannfaktor der Gurte $\varrho = 1,3$. Ges.: 1) Durchmesser d der Stütze, damit Beulen des Schubfeldes und Knicken des Stabes gleichzeitig auftritt. 2) Die zu 1) gehörige kritische Last P^*. 3) Erläutern Sie kurz, ob sich die Struktur im Nachbeulbereich $P > P^*$ stabil, indifferent oder instabil verhält.

Aufgabe 6.42: Für den in Bild 6.80 skizzierten Kastenträger mit Längssteifen ist gegeben: $a = 20$cm, $b = 30$cm, $l = 100$cm, $A = 4$cm^2, $E = 7200$kN/cm^2, $Q = 100$kN. Ges.: Bestimmen Sie t_1, t_2, t_3, t_4 so, daß in allen Feldern gleichzeitig Beulen (nach der Schubfeldtheorie) unter der gegebenen Belastung auftritt.

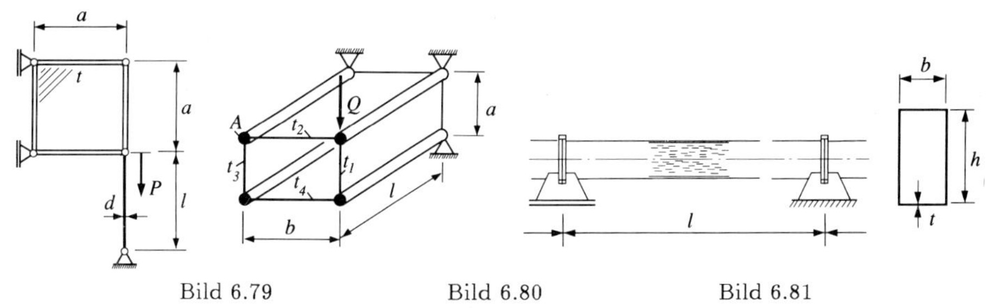

Bild 6.79 Bild 6.80 Bild 6.81

Aufgabe 6.43: Ein wassergefüllter Kanal mit rechteckigem Querschnitt (Bild 6.81) soll bemessen werden. Geg.: $l = 10$ m, $b = 300$ mm, $h = 500$ mm, $E = 7 \cdot 10^4$ N/mm^2, $\sigma_F = 400$ N/mm^2. Ges.: 1) Berechnen Sie die Blechdicke t so, daß im unteren Kastenblech Beulen mit einer Sicherheit von $\gamma = 1,6$ nicht auftritt. 2) Überprüfen Sie die Beulsicherheit in den seitlichen Kastenblechen!

Aufgabe 6.44: Gegeben ist die in Bild 6.82 dargestellte Konstruktion mit $l = 1000$ mm, $c = 700$ mm, $a_1 = 30$ mm, $a_2 = 40$ mm, $t_1 = 0,5$ mm, $\alpha = 30°$; $E = 7 \cdot 10^4$ N/mm^2, $\sigma_{0,2} = 500$ N/mm^2. Ges.: 1) Bestimmen Sie die kritische Last P_{krit}, bei der Versagen von Stab 2 auftritt. 2) Bestimmen Sie die Flanschbreite a_1 des Stabes 2, damit Beulen von Steg und Flansch gleichzeitig auftritt, und berechnen Sie die kritische Last $\hat{P}_{krit}$. 3) Leiten Sie die Beziehung für $t_2 = t_2(b)$ her, damit gleichzeitig Knicken und Beulen von Stab 1 auftritt. 4) Berechnen Sie unter Verwendung von a_1 aus Punkt 2) und der Beziehung aus Punkt 3) die Abmessungen b und t_2 so, daß gleichzeitig Versagen von Stab 1 und Stab 2 auftritt.

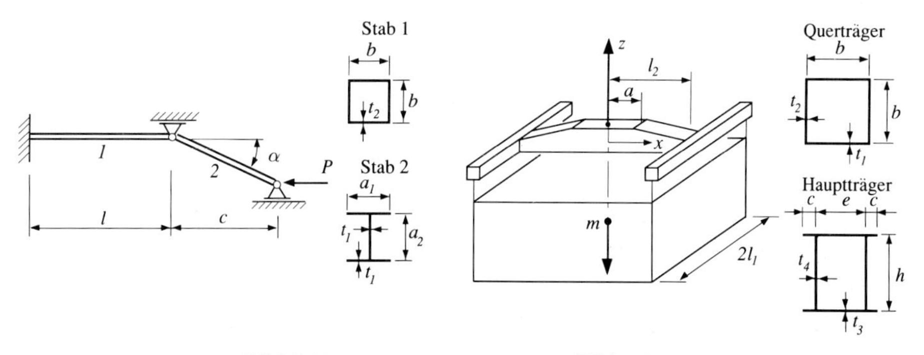

Bild 6.82 Bild 6.83

Aufgabe 6.45: Ein Hebezeug für Spezialcontainer (Bild 6.83) soll optimiert werden. Geg.: $a = 500$ mm, $b = 100$ mm, $l_1 = 1$ m, $l_2 = 2$ m, $h(x = 0) = 200$ mm, $h(x = l_2) = 100$ mm; $E = 6,6 \cdot 10^4$ N/mm^2, $\sigma_F = 300$ N/mm^2. Ges.: Berechnen Sie $t_1, t_2, t_2, t_4, c, e, m$ so, daß alle auf Druck bzw. Biegung belasteten Gurte bzw. Stege (an der Stelle des max. Biegemomentes) gleichzeitig beulen und zusätzlich eine Sicherheit gegen Fließen $\gamma_F = 1,5$ eingehalten wird. Hinweis: Es sollen zuerst die Gurte und Stege der Querträger und danach die fehlenden Geometriedaten das Hauptträgers optimiert werden.

Aufgabe 6.46: Das Stabilitätsverhalten des in Bild 6.84 dargestellten versteiften Plattenstreifens unter Druckbelastung q soll untersucht werden. Die Blechfelder sind an den Längsrändern torsions- und biegesteif eingespannt. Geg.: $l = 300$ mm, $\bar{b} = 100$ mm, $c = 30$ mm, $d = 3$ mm, $t = 0,8$ mm, $q = 800$ N/mm; $E = 7 \cdot 10^4$N/mm^2, $\sigma_{0,2} = 350$ N/mm^2. Ges.: 1) Überprüfen Sie, ob lokales Feldbeulen auftritt. 2) Falls Punkt 1) zutrifft, berechnen Sie die Sicherheit gegen globales Versagen.

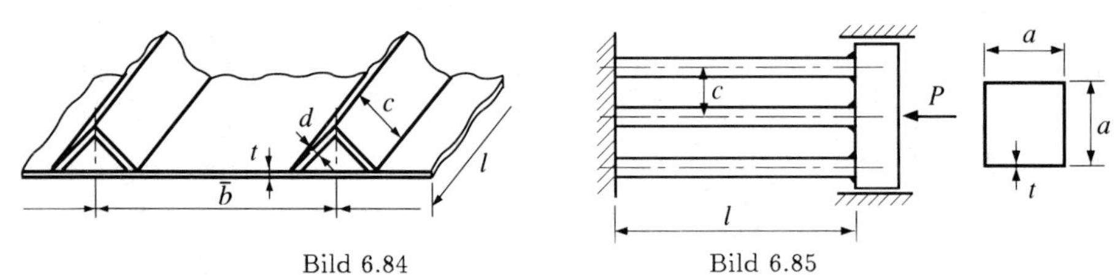

Bild 6.84 Bild 6.85

Aufgabe 6.47: Eine Abstützung (Bild 6.85) soll analysiert werden. Geg.: $l = 750$ mm, $a = 150$ mm, $c = 400$ mm, $t = 2$ mm, $P = 270$ kN; $E = 7 \cdot 10^4$N/mm^2, $\sigma_F = 340$ N/mm^2, $\nu = 0,3$. Ges.: 1) Überprüfen Sie, ob lokales Beulen der Stabwände auftritt. 2) Falls lokales Beulen auftritt, ist zu überprüfen, ob die gegebene Belastung P trotzdem ertragen werden kann, ohne daß die Sicherheiten gegen Knicken γ_K und gegen Fließen γ_F kleiner als 2 werden. Die Abschätzung der mittragenden Breite ist mittels Formel von Marguerre 1 mit der Abbruchschranke $\delta = 0.001$ durchzuführen.

Aufgabe 6.48: Für einen Schubfeldträger (Bild 6.86) ist gegeben: $a = 800$mm, $b = 1200$mm, $t = 2$mm, $E = 7{\cdot}10^4$N/mm^2, $\nu = 0,3$, Einspannfaktor $\varrho = 1,4$, Lastverhältnis $P/Q = 2$. Ges.: 1) Bestimmen Sie den Schubflußverlauf in Abhängigkeit von P. 2) Zeichnen Sie qualitativ den Verlauf der Normalkräfte im unterkritischen Bereich auf. 3) Der Träger wird bis in den Zugfeldbereich belastet. Im gebeulten Feld 2 wird in Faltenrichtung (Winkel $\alpha = 45°$) eine Zugspannung von 280 N/mm^2 gemessen. Bestimmen Sie die äußere Belastung P unter der Annahme eines idealen Zugfeldes. 4) Bestimmen Sie die Überschreitungsgrade in allen Feldern für die unter Punkt 3) berechnete Belastung.

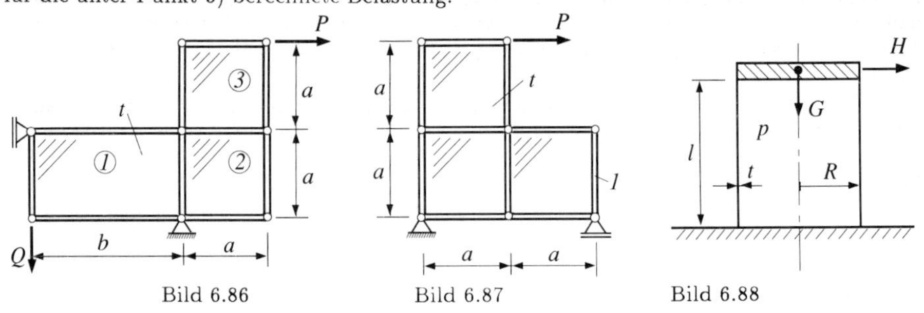

Bild 6.86 Bild 6.87 Bild 6.88

Aufgabe 6.49: Für den in Bild 6.87 skizzierten Schubfeldträger ist gegeben: $a = 1200$ mm, $t = 1$ mm; $E = 2,1 \cdot 10^5$ N/mm^2, $\sigma_{zul} = 250$ N/mm^2; Einspannfaktor $\varrho = 1,3$. Ges.: 1) Berechnen Sie die Last P so, daß gerade noch in keinem Feld Beulen auftritt. 2) Grenzlast P_{zul} bei der in einem Feld $\sigma = \sigma_{zul}$ erreicht wird unter den Annahmen: Faltenwinkel 45°, ideales Zugfeld. 3) Schnittgrößenverlauf im Stab 1 bei $P = P_{zul}$.

Aufgabe 6.50: Eine Kreiszylinderschale, deren Enden unverschieblich gelagert sind, wird durch Innendruck und konstante Temperaturerhöhung belastet. Geg.: $l = 3500$ mm, $R =$

1400mm, $t = 4$mm, Außendruck $p_0 = 1,0$bar, Innendruck $p_1 = 3,0$bar, $E = 2,1 \cdot 10^5$ N/mm², $\nu = 0,3$, $\sigma_F = 450$ N/mm², $\alpha = 1,1 \cdot 10^{-5}$ K^{-1}. Ges.: Mit welcher maximalen Temperaturbelastung ΔT kann der Zylinder beaufschlagt werden, sodaß er gerade noch eine Sicherheit gegen Beulen $\gamma = 1,6$ besitzt?

Aufgabe 6.51: Eine Zylinderschale wird durch eine Axiallast G (Deckel und Eigengewicht) und inneren Unterdruck belastet (Bild 6.88). Geg.: $l = 800$ mm, $R = 400$ mm, $t = 1$ mm, $G = 12$kN; $E = 2,1 \cdot 10^5$ N/mm², $\sigma_F = 350$N/mm². Ges.: 1) Maximal zulässiger innerer Unterdruck p_{max} bei $H = 0$, damit Axiallastbeulen und Manteldruckbeulen mit einer Sicherheit $\gamma = 1,6$ nicht auftritt. Die Interaktion der beiden Versagensformen ist zu berücksichtigen. 2) Welche Horizontalkraft H_{max} könnte die Zylinderschale ertragen, um mit einer Sicherheit $\gamma = 1,6$ nicht zu beulen, wenn sonst keine Belastung vorläge ($G = 0$, $p = 0$)?

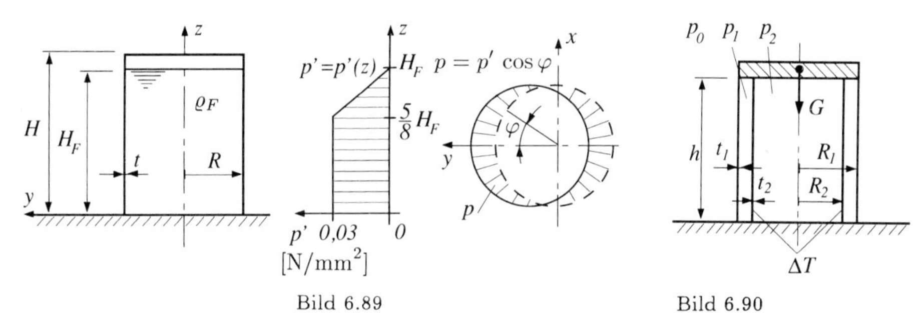

Bild 6.89 Bild 6.90

Aufgabe 6.52: Für den in Bild 6.89 dargestellten, flüssigkeitsgefüllten Tank aus Stahl soll unter der dynamisch aktivierten resultierenden Druckverteilung aus einer horizontalen Erdbebenbelastung überprüft werden, ob die geforderte Sicherheit gegenüber Axiallastbeulen $\gamma = 1,6$ eingehalten wird. Geg.: $R = 15$ m, $H = 35$ m, $H_F = 32$ m, $t = 15$ mm; $E = 2,1 \cdot 10^5$ N/mm², $\sigma_F = 460$ N/mm², Stahl $\varrho_S = 7,8$ kg/dm³, Füllgut $\varrho_F = 1,2$ kg/dm³. Ges.: 1) Ermitteln Sie aus der vorgegebenen Druckverteilung das maximale Umsturzmoment. 2) Ermitteln Sie aus dem Umsturzmoment die maximale Axialspannung. 3) Ermitteln Sie die kritische praktische Beulspannung und die Sicherheit unter Berücksichtigung des Eigengewichtes, des statischen und dynamisch aktivierten Innendruckes.

Aufgabe 6.53: Gegeben ist die in Bild 6.90 dargestellte Doppelwandschale mit starrem Deckel; $h = 3500$ mm, $R_1 = 1500$ mm, $R_2 = 1400$ mm, $t_1 = 7$ mm, $t_2 = 4$ mm, $p_0 = 1,0$ bar, $p_1 = 0,5$ bar, $p_2 = 3,0$ bar, $G = 25$ kN; $E = 2,1 \cdot 10^5$ N/mm², $\sigma_F = 550$ N/mm², $\alpha = 1,1 \cdot 10^{-5}$ K^{-1}. Ges.: 1) Berechnen Sie die beulkritischen Axialspannungen der beiden Kreiszylinderschalen unter den geg. Drücken p_i. 2) Bei gegebenem G und Drücken p_i soll jenes maximale ΔT_1, um das der innere Zylinder des Behälters aufgeheizt werden kann, ohne daß einer der beiden Zylinder seine Beulsicherheit von $\gamma = 1,6$ einbüßt, bestimmt werden. 3) Analog zu 2), jedoch ist jene maximale Temperaturdifferenz ΔT_2 gesucht, um die der innere Zylinder abgekühlt werden kann.

Aufgabe 6.54: Eine Halbkugelschale mit fest eingespannter Schalenwand wird durch äußeren Überdruck p belastet. Geg.: $R = 9$m, $E = 2,1 \cdot 10^5$ N/mm², $\nu = 0,3$, $\sigma_{0,2} = 360$N/mm²; $p = 0,1$bar. Ges.: Bestimmen Sie die Wanddicke t so, daß Beulen mit einer Sicherheit $\gamma = 1,6$ nicht auftritt.

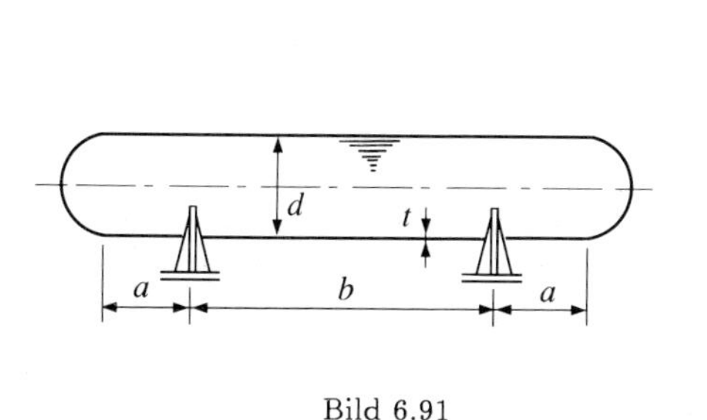

Bild 6.91

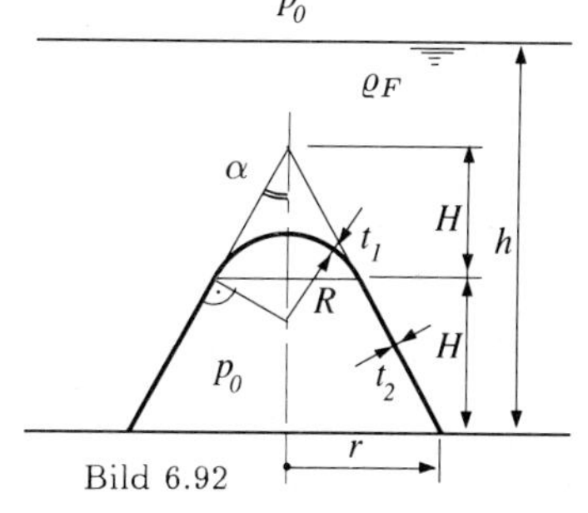

Bild 6.92

Aufgabe 6.55: Ein flüssigkeitsgefüllter Behälter aus Aluminium (Bild 6.91) soll untersucht werden. Geg.: $a = 3\,\mathrm{m}$, $b = 10\,\mathrm{m}$, $d = 2\,\mathrm{m}$, $t = 2\,\mathrm{mm}$; $E = 7,2 \cdot 10^4\,\mathrm{N/mm^2}$, $\sigma_F = 360\,\mathrm{N/mm^2}$, Aluminium $\varrho_{Alu} = 2,7\ \mathrm{kg/dm^3}$, Flüssigkeit $\varrho_{Fl} = 1,0\ \mathrm{kg/dm^3}$. Ges.: 1) Berechnen Sie das maximal auftretende Biegemoment. 2) Berechnen Sie die Sicherheit gegenüber Beulen zufolge axialer Biegedruckspannungen mit den Formeln für mittellange Zylinder. 3) Berechnen Sie die Sicherheit gegenüber Schubbeulen mit einem Abminderungsfaktor für die Imperfektionsempfindlichkeit von $\alpha_T = 0,8$. Betrachten Sie auch die Interaktion!

Aufgabe 6.56: Die in Bild 6.92 dargestellte Schalenkonstruktion aus Stahl wird durch hydrostatischen Druck belastet und soll so bemessen werden, daß die Beulsicherheit $\gamma_{Beul} \geq 1,6$ und die Sicherheit gegen Fließen (aus dem Membranspannungszustand) $\gamma_F \geq 2$ gewährleistet sind. Geg.: $R = 1,67\mathrm{m}$, $H = 2,50\mathrm{m}$, $r = 2,89\mathrm{m}$, $h = 10,00\mathrm{m}$, $\alpha = 30°$; $E = 2,1 \cdot 10^5\,\mathrm{N/mm^2}$, $\sigma_F = 400\,\mathrm{N/mm^2}$, $\nu = 0,3$; $\varrho_F = 1\,\mathrm{kg/dm^3}$. Ges.: Können mit $t_1 = 3,5\,\mathrm{mm}$ und $t_2 = 10\,\mathrm{mm}$ die geforderten Sicherheiten eingehalten werden?

7. Sandwichelemente

7.1 Allgemeines

(7.1) Sandwichkonstruktionselemente werden im Leichtbau vorwiegend dort eingesetzt, wo in Balken-, Platten- oder Schalenkonstruktionen neben Membran- auch Biegebeanspruchungen bei möglichst geringem Gewicht zu übertragen sind (siehe Kapitel 1).

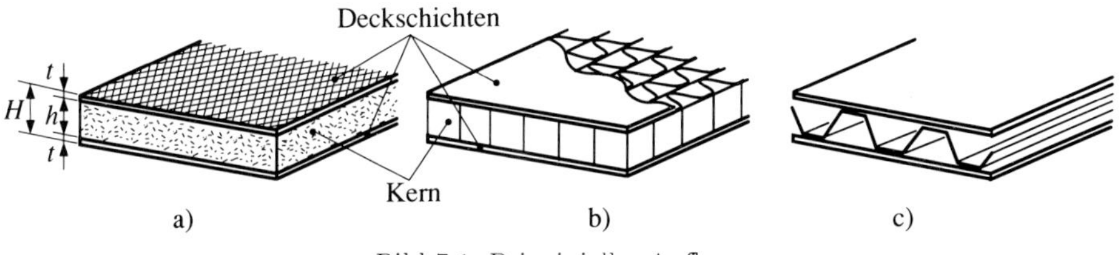

Bild 7.1: Prinzipieller Aufbau

(7.2) Die beiden möglichst hochbeanspruchbaren und dehnsteifen, dünnen Deckschichten werden durch einen möglichst leichten, ausreichend schubsteifen Kern auf Distanz gehalten, um eine möglichst hohe Biegesteifigkeit bzw. ein großes Widerstandsmoment bei extrem geringem Gewicht zu bewirken (vgl. Gütefaktor eines Querschnittes im Beispiel 3.1).

(7.3) Deckschichten sind üblicherweise aus Metall (Leichtmetall, ...) oder aus faserverstärktem Kunststoff (aber auch Holz-, Kunststoff- und Papierschichten kommen zum Einsatz). Der Stützkern ist im allgemeinen aus Metallwaben, harzgetränkten Papierwaben, Hartschaum, Holz-Kunststoff-Gemischen und anderen sehr leichten Materialien aufgebaut. Die Deckschichten sind, abgesehen vom anisotropen Faser-Kunststoff-Verbund, meist aus isotropem Material, während der Kern, insbesondere bei Wabenaufbau (siehe Bild 7.1b) bzw. bei gewelltem Kern (Bild 7.1c), stark anisotrop ist. Er besitzt z.B. beim Wabenkern, verglichen mit der Dehnsteifigkeit der Deckschichten, kaum eine Steifigkeit in Richtung der Stabachse bzw. der Platten- oder Schalenmittelfläche, muß aber ausreichende Schub- und Dehnsteifigkeit in Querrichtung aufweisen.

(7.4) In den folgenden Betrachtungen werden isotropes, linear elastisches Deckschichtmaterialverhalten, linear elastisches Kernverhalten und idealer Verbund zwischen Deckschichten und Kern vorausgesetzt. Die Biege- und die Dehnsteifigkeit der Kernschicht in Richtung der Mittelfläche und die Biege- sowie die Querschubsteifigkeit der Deckschichten werden vernachlässigt. Somit werden die globalen Biegemomente und Membranschnittkräfte nur durch Membrankräfte in den Deckschichten übertragen, die Querkräfte nur durch Schub im Kern; vgl. Schubfeldidealisierungen (4.1). Die Schubdeformationen des Kernes müssen berücksichtigt werden, d.h. die Bernoulli-Hypothese für Balkenbiegung und die Kirchhoffsche Hypothese für Platten und Schalen sind nicht mehr anwendbar; vgl. auch (6.16).

Beispiel 7.1: Ermittlung der Spannungen und Deformationen bei Querkraftbiegung eines Sandwichbalkens:

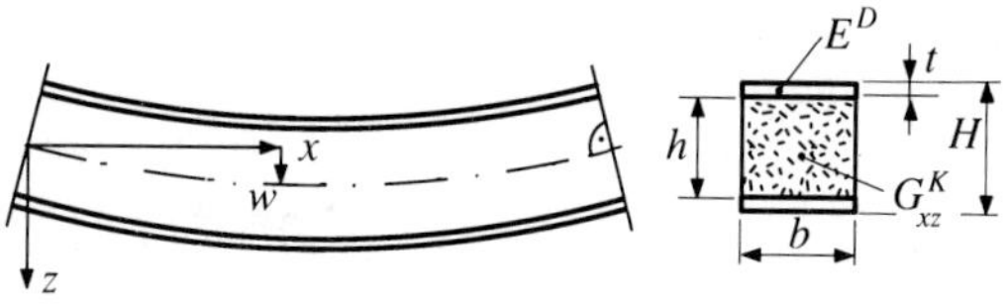

Indizes:

^{D} ... Deckschicht, ^{K} ... Kern,

$_b$ ... Biegung, $_s$ ... Schub.

Bild 7.2

$$\tau^K = \frac{Q}{b\,h}\,, \qquad \sigma_b^D = \frac{M}{W}\,, \qquad W = \frac{J}{H/2}\,,$$

mit (7.4) und $t \ll h$, $H \approx h$ folgt

$$J \approx 2\,b\,t\,\left(h/2\right)^2 \quad \Longrightarrow \quad \sigma_b^D \approx \frac{M}{b\,t\,h}\,.$$

Die Durchbiegungen ergeben sich mit

$$w = w_b + w_s \quad \text{mit} \quad w_b'' = -\frac{M}{E^D\,J}\,, \qquad w_s' = \frac{Q}{C_Q} = \frac{Q}{G_{xz}^K\,b\,h}\,.$$

Für den gelenkig gelagerten Träger unter mittiger Einzellast ergibt sich:

$$w\,(x = \frac{l}{2}) = f = f_b + f_s = \frac{P\,l^3}{48\,E^D\,J} + \frac{P\,l}{4\,G_{xz}^K\,b\,h}\,.$$

7.2 Stabilitätsverlust bei Sandwichelementen

(7.5) Sandwichelemente können folgende Formen des Stabilitätsverlustes erleiden:

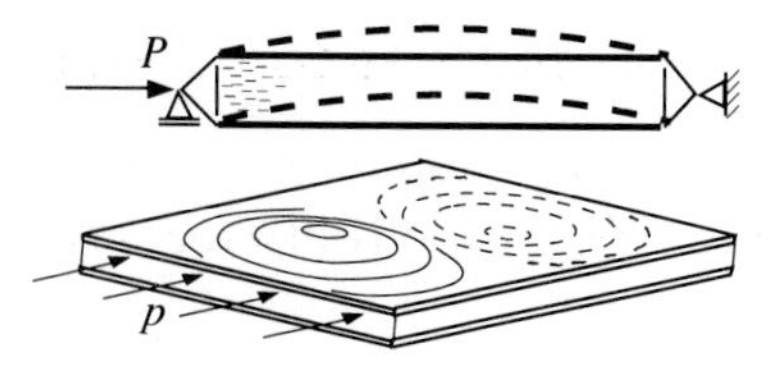

Bild 7.3

Globaler Stabilitätsverlust (Knicken als Stab, Beulen als Platte bzw. Schale, Durchschlagen, ...) – Schubdeformationen sind zu berücksichtigen.

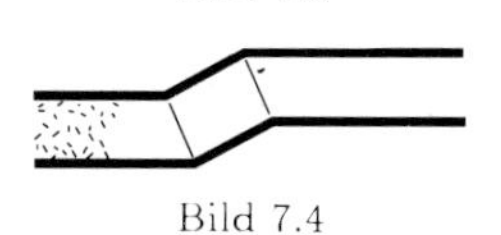

Bild 7.4

Schubknicken bzw. Schubbeulen.

Bild 7.5

Langwelliges, symmetrisches Beulen der Deckschichten (als auf dem Kern elastisch gebettete Platten).

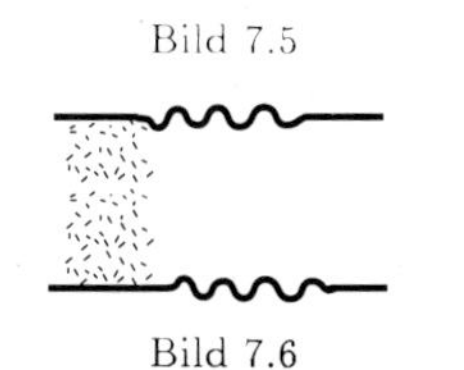

Bild 7.6

Kurzwelliges Beulen (Knittern) der Deckschichten, insbesondere bei großen Kerndicken.

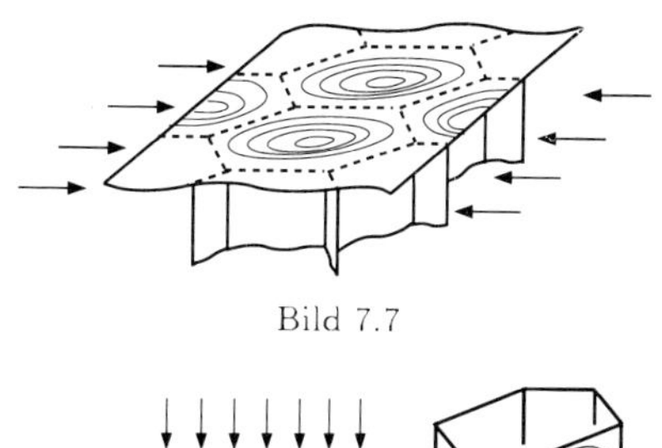

Bild 7.7

Lokales Beulen der Deckschichten als Plattenelemente, die auf den Kernwänden gestützt sind (intrazellulares Beulen).

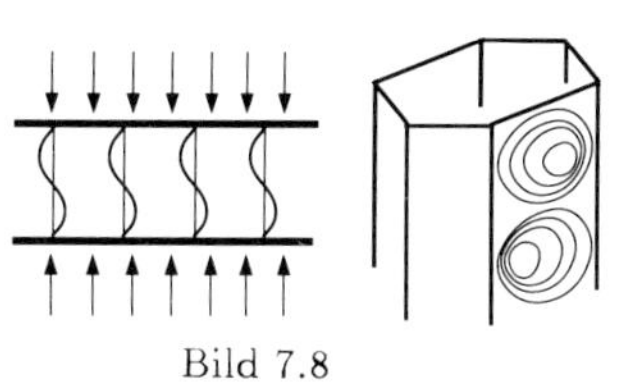

Bild 7.8

Diverse lokale Instabilitäten in der Kernstruktur, wie z.B. Beulen der Wabenblechfelder bei Querlast bzw. schon bei der Herstellung des Sandwichelementes zufolge des Preßdruckes beim Kleben, ev. auch durch Effekte zweiter Ordnung bei Biegung (vgl. [19,20,29,35]).

7.2.1 Stabilitätsverlust von Sandwichstäben

Im folgenden wird vorausgesetzt, daß die beiden Deckschichten sehr dünn ($t \ll h$, $h \approx H$) sowie auf beiden Seiten des Kernes gleich sind. Ferner wird eine zentrische Druckkraft P angenommen.

(7.6) Die Werkstoffeigenschaften des Kerns (G_{xz}^K, E_{zz}^K, ...) in den Gl. (7.01) bis (7.15) sind als „verschmierte“ (effektive) Werkstoffdaten zu verstehen. Die Ermittlung dieser Werkstoffkenngrößen aus den lokalen Materialeigenschaften und der Mikrogeometrie ist Aufgabe der Mikro- bzw. Mesomechanik. Für typische Kernmaterialien sind entsprechende Vorgehensweisen der Fachliteratur (z.B. [9]) zu entnehmen. Oftmals werden diese Daten direkt experimentell ermittelt.

(7.7) Das *globale Knicken* unter zentrischer Lasteinleitung kann wie folgt behandelt werden:

Unter Berücksichtigung der Schubweichheit des Kernes wurde in (6.17) eine Beziehung für $\bar{P}_K^*$ hergeleitet, die mit $G\,A_S \to G_{xz}^K\,b\,h$ lautet:

$$\frac{1}{\bar{P}_K^*} = \frac{1}{P_K^*} + \frac{1}{G_{xz}^K\,b\,h} \;, \qquad \text{mit} \qquad P_K^* = \frac{\pi^2\,E^D\,J}{l_K^2} \,, \quad J = 2\,b\,t\,(h/2)^2 \;. \tag{7.01}$$

(7.8) Das *Schubknicken des Kernes* wird in guter Näherung wie folgt behandelt:

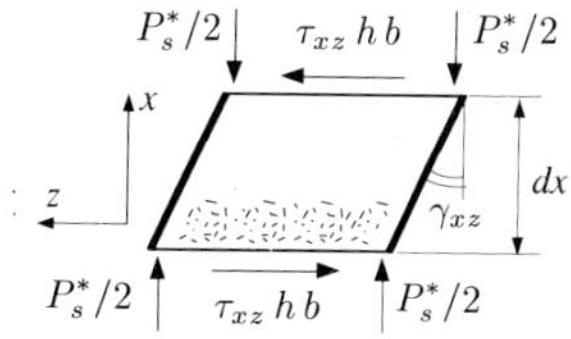

Für eine nichttriviale Gleichgewichtslage muß am Stabelement die Gleichgewichtsbedingung erfüllt sein:

$$2\,\frac{P_s^*}{2}\,\gamma_{xz}\,dx - \tau_{xz}\,h\,b\,dx = 0 \;, \tag{7.02}$$

Bild 7.9

mit $\tau_{xz} = G_{xz}^K\,\gamma_{xz}$, woraus sich die kritische Last ergibt:

$$P_s^* = G_{xz}^K\,b\,h \;. \tag{7.03}$$

(7.9) Hinsichtlich des *symmetrischen Beulens der Deckschichten* können die Deckschichten konservativerweise analog zu elastisch gebetteten Druckstäben behandelt werden (siehe auch Beispiel 6.6). Die kritische globale Stabkraft ist somit die doppelte Knicklast der beiden als gebettete Stäbe aufgefaßten Deckschichten:

$$P^*_{sym} = 2\,P^{*D} = 2\left[2\sqrt{k\,E^D\,J^D}\right] \; . \tag{7.04}$$

Mit der Bettungsziffer (Idealisierung des Kernes als Winkler-Bettung, d.h. ohne Berücksichtigung des Widerstandes gegen Schubdeformationen)

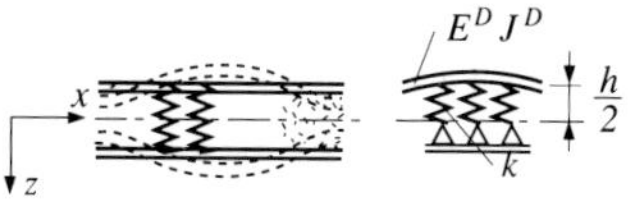

Bild 7.10

$$k = \frac{E^K_{zz}\,b}{h/2} = 2\,E^K_{zz}\,\frac{b}{h} \tag{7.05}$$

und dem hinsichtlich Plattenwirkung modifizierten Flächenträgheitsmoment der Deckschicht

$$J^D = \frac{b\,t^3}{12(1-\nu^{D^2})} \tag{7.06}$$

ergibt sich schließlich als kritische Stabdruckkraft

$$P^*_{sym} = 4\,b\,t\sqrt{\frac{E^D\,E^K_{zz}}{6(1-\nu^{D^2})}\,\frac{t}{h}} \; . \tag{7.07}$$

(7.10) Bei eher dicken Kernschichten (etwa $h/t > 50$) ist die Annahme einer Winklerbettung zu konservativ, und es wird das *Knittern der Deckschichten* (mit örtlich kurzwelligem Beulmuster) unter Berücksichtigung des Schubes behandelt.

Die Annahme eines über die Kernschichtdicke konstanten Bettungsdruckes (Winklerbettung) verliert bei dicken Kernschichten bzw. kurzen Beulwellen ihre Berechtigung. Der Bettungsdruck nimmt wegen der auftretenden Schubspannungen mit der Entfernung von den Deckschichten ins Innere des Kernes ab.

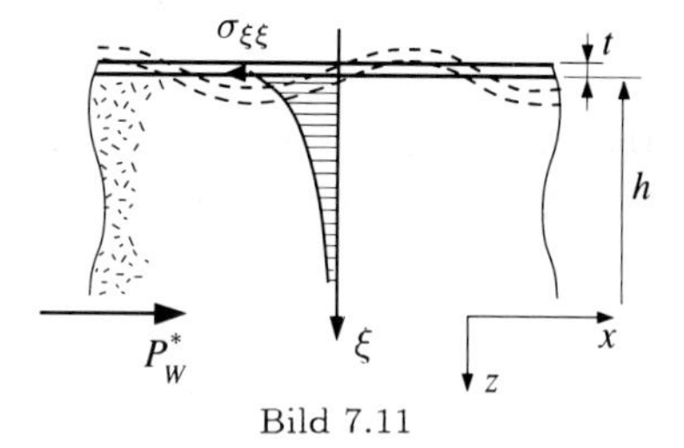

Bild 7.11

Unter Annahme exponentiellen Abklingens des Bettungsdruckes (vgl. [35]; siehe Bild 7.11) ergibt sich unter Einschluß der Schubspannungen im Kern, soferne die Normalspannungen $\sigma_{\xi\xi}$ bis Kernmitte weitgehend abgeklungen sind (ohne Herleitung):

für $\nu^D = 0,3$:

$$P^*_W = 1,7\,b\,t\,\sqrt[3]{E^D\,E^K_{zz}\,G^K_{xz}} \; . \tag{7.08}$$

Experimentelle Ergebnisse zeigen, daß die kritische Last eher mittels

$$P^*_W = b\,t\,\sqrt[3]{E^D\,E^K_{zz}\,G^K_{xz}} \tag{7.09}$$

abgeschätzt werden sollten. Genauere Untersuchungen dieser Instabilitätsform sind z.B. [30] zu entnehmen.

(7.11) Die Beziehung für die kritische Deckschichtspannung

$$\sigma_W^* \approx (0,5\ldots 0,85)\sqrt[3]{E^D\, E_{zz}^K\, G_{xz}^K}\ , \tag{7.10}$$

die zum Knittern in der Deckschicht führt, kann bei großen Kerndicken auch für das einseitige Deckschichtversagen bei Biegung (zufolge der Biegedruckspannung in der betroffenen Deckschicht) herangezogen werden.

(7.12) Das *Beulen der Wabenwände* im Wabenkern kann mittels der Beziehungen, die beim Plattenbeulen vorgestellt wurden (siehe Kap. 6.4.1), behandelt werden:

$$p\,A = \sigma_{zz}\sum s_i\,t_i \quad\Longrightarrow\quad \sigma_{zz}(p)\ .$$

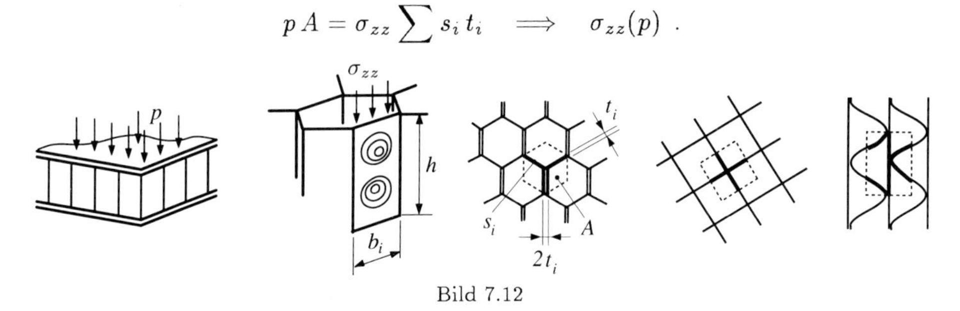

Bild 7.12

(7.13) Bei gekrümmten Sandwichstäben oder -schalen kommt es auch bei Biegung (ähnlich zum Brazier-Effekt beim Biegen von Rohren [3]) zu *Normalspannungen* σ_n *in Kernquerrichtung.*

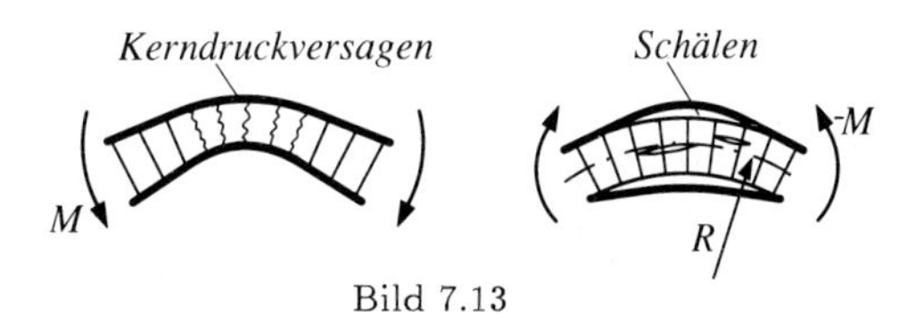

Bild 7.13

Die verschmierte Normalspannung zufolge Biegung läßt sich aus einer Gleichgewichtsbetrachtung am Deckschichtelement ermitteln durch

Bild 7.14

$$\sigma_n = -\frac{M}{R\,h}\ . \tag{7.11}$$

Für $\sigma_n < 0$ ist das Druckversagen mit $p = -\sigma_n$ des Kerns – z.B. gemäß (7.12) – zu prüfen; für $\sigma_n > 0$ ist die Klebeverbindung (eventuell auch das Zugversagen des Kerns) zu prüfen.

(7.14) Für das *lokale Plattenbeulen der Deckschichten* innerhalb der Wabenzellen des Kerns werden in der Literatur [10,19,20,29,35] viele Näherungen vorgeschlagen. Eine dieser Näherungen geht davon aus, daß das Plattenfeld innerhalb der Wabenzelle ersetzt wird durch ein äquivalentes Rechteck (bzw. bei einem gleichseitigen Honigwabenkern durch ein Quadrat mit Seitenlänge a = Schlüsselweite des Sechsecks) und die Beziehungen des Plattenbeulens – siehe Kap. 6.4.1 – auf diese äquivalente Platte angewendet werden. Konservativerweise sollten gelenkige Lagerungen an den Rändern angenommen werden. Diese Instabilitätsform kann natürlich auch bei Biegung des Stabes bzw. der Schale in der druckbeanspruchten Deckschicht auftreten!

Beispiel 7.2: Für den beidseitig eingespannten Sandwich-Kragbalken mit isotropem Hartschaumkern und Alu-Deckschichten soll die kritische Druckkraft in Abhängigkeit vom Verhältnis E^K/E^D in Diagrammform dargestellt werden.

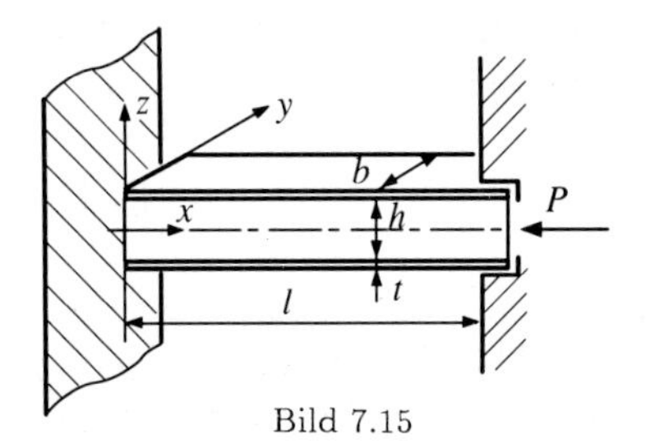

Bild 7.15

Gegeben sind: $l = 500$ mm, $b = 60$ mm, $h = 30$ mm, $t = 0,5$ mm, $E^D = 7 \cdot 10^4$ N/mm^2, $\nu^D = 0,3$. Es werden E^K und G^K bei konstantem Verhältnis $E^K/G^K = 2,6$ variiert.

Das Ergebnis ist im Bild 7.16 dargestellt. Durch Gl. (7.01b) ist P_K^* bei $l_K = l/2$ – vgl. (6.10) – bestimmt (Horizontale im Diagramm Bild 7.16, relevant nur für sehr steifen Kern im Bereich BA). Über Gl. (7.01a) wird $\bar{P}_K^*$ für das globale Knicken berechnet (gekrümmte Linie $DCBA$, relevant von C bis B). Mittels Gl. (7.03) kann P_s^* bestimmt werden (schräge Gerade, relevant von E bis D). Für das Knittern der Deckschichten wird P_W^* gemäß Gl. (7.08) berechnet (strichlierte Linie, relevant von D bis C). Die anderen Instabilitätsformen sind hier nicht maßgeblich.

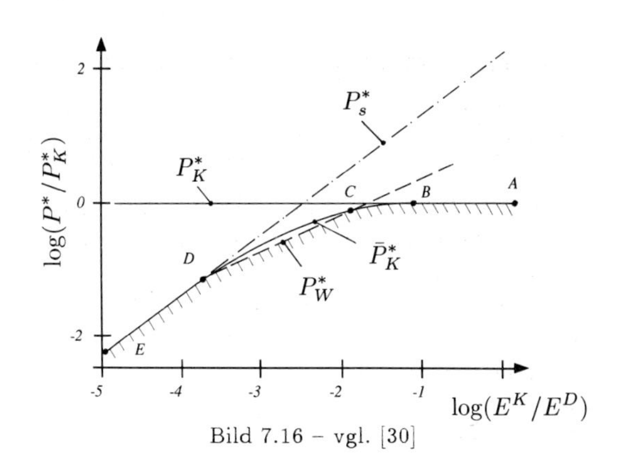

Bild 7.16 – vgl. [30]

7.2.2 Beulen von Sandwichplatten

(7.15) Die kritischen Deckschichtspannungen hinsichtlich der lokalen Formen des Stabilitätsverlustes können analog zu (7.8) bis (7.14) ermittelt werden. Deshalb wird in diesem Abschnitt nur das *globale Beulen* der Sandwichplatten behandelt. Es ist auch hier vorausgesetzt, daß zwei gleiche Deckschichten vorliegen.

(7.16) Wegen der Notwendigkeit, die Schubnachgiebigkeit des Kernes zu berücksichtigen (siehe (6.27)), muß die Differentialgleichung der Plattenbiegung – vgl. Gl. (6.39) – modifiziert werden und lautet nun:

$$K\,\Delta\Delta w + \left(1 - \frac{K}{C_Q}\Delta\right)\left(N_{xx}\frac{\partial^2 w}{\partial x^2} + N_{yy}\frac{\partial^2 w}{\partial y^2} + 2\,N_{xy}\frac{\partial^2 w}{\partial x\,\partial y}\right) = 0\ , \qquad (7.12)$$

wobei C_Q die *Querschubsteifigkeit des Kernes* darstellt, welche experimentell (insbesondere bei kompliziertem Kernaufbau, z.B. Wabenkern) ermittelt oder (bei homogenem, isotropem Kern) aus den Materialdaten und Abmessungen des Kernes berechnet wird ($C_Q \approx G_{xz}^K\,h$). Die Plattensteifigkeit ist näherungsweise

$$K \approx \frac{E^D\,t^D\,h^2}{2(1-\nu^{D^2})}\ . \qquad (7.13)$$

Mit Gl. (7.12) können für Sandwichplatten durch Auffinden nichttrivialer Gleichgewichtslagen die kritischen Membranbelastungen auf gleiche Weise wie bei homogenen Platten – siehe Kap. 6.4.1 – gefunden werden. So ergibt sich z.B. für die rechteckige, längsdruckbelastete, allseits gelenkig gelagerte Sandwichplatte:

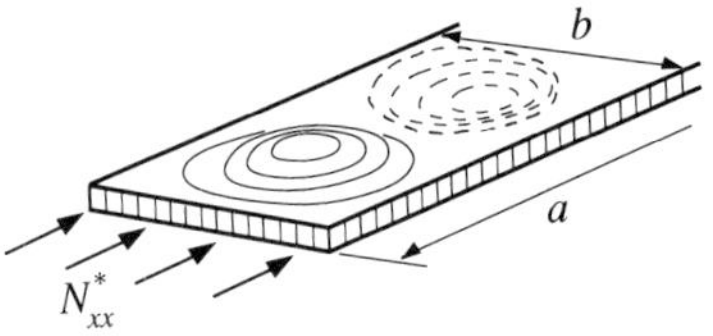

Bild 7.17

$$N_{xx}^* = \frac{\pi^2\,K}{b^2}\,\frac{(mb/a + a/mb)^2}{1 + r[1 + (mb/a)^2]}\ , \qquad (7.14)$$

$$\text{mit} \quad r = \frac{\pi^2\,K}{b^2\,C_Q}\ .$$

In abgekürzter Form ergibt sich für die kritische Druckmembrankraft

$$N_{xx}^* = \kappa\frac{\pi^2\,K}{b^2} \qquad \text{mit} \qquad \kappa = \frac{(mb/a + a/mb)^2}{1 + r[1 + (mb/a)^2]}\ . \qquad (7.15)$$

Je nach Schubsteifigkeit des Kernes (ausgedrückt im Parameter r) ergibt sich ein gegenüber der homogenen Platte – vgl. (6.24) – modifiziertes Girlandendiagramm.

Beispiel 7.3: Gegeben sei eine quadratische Sandwichplatte mit kreisförmigem, zentrischem Loch, gemäß Bild 7.18. Es ist jene Intensität der Streckenlast q zu ermitteln, bei der erstmals Beulen der Deckschicht auftritt:

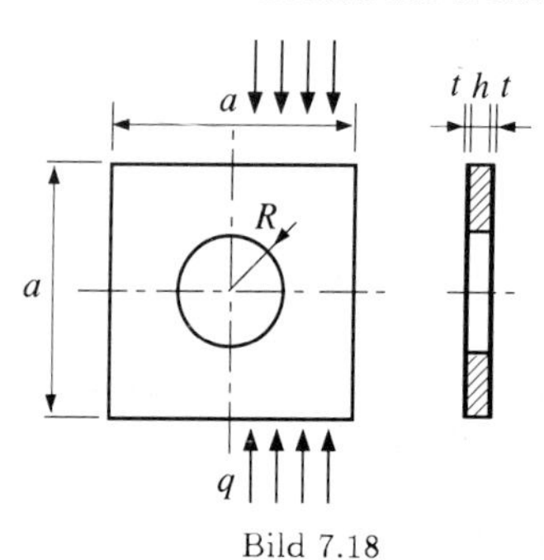

Bild 7.18

Geg.: $a = 500$ mm, $R = 100$ mm, $h = 35$ mm, $t = 0,5$ mm;

Kernschicht (isotroper Hartschaum):

$E^K = 28\ \mathrm{N/mm^2}$, $G^K = 12\ \mathrm{N/mm^2}$;

Deckschicht (Aluminium):

$E^D = 7 \cdot 10^4\ \mathrm{N/mm^2}$.

Der Spannungskonzentrationsfaktor für die Maximalspannung am Lochrand kann der Literatur (z.B. aus [18]) entnommen werden und beträgt im vorliegenden Fall $\alpha = 3,75$. Die Streckenlast q bewirkt in der Deckschicht im Punkt A eine Druck-Normalspannung (einachsig tangentiell an den Kreisbogen) in der Höhe von

$$\sigma_{xx,max} = \alpha \frac{q}{2t} \quad \Longrightarrow \quad q = \frac{2t}{\alpha} \sigma_{xx,max} \ .$$

Für die Abschätzung der kritischen Spannung bezüglich des lokalen Schubbeulen des Kernes kann gemäß (7.15) die Gl. (7.03) herangezogen werden:

$$\sigma_s^* = \frac{G^K h}{2t} = \frac{12 \cdot 35}{2 \cdot 0,5} = 420 \ \mathrm{N/mm^2} \ .$$

Da im vorliegenden Fall $h/t = 70 > 50$ ist, wird gemäß (7.15) mit (7.10) das symmetrische Beulen der Deckschichten nach Gl. (7.07) nicht relevant, und es wird das Knittern der Deckschichten gemäß Gl. (7.10) betrachtet:

$$\sigma_W^* = 0,5 \sqrt[3]{E^D E^K G^K} = 0,5 \sqrt[3]{7 \cdot 10^4 \cdot 28 \cdot 12} = 143 \ \mathrm{N/mm^2} \ .$$

Da $\sigma_W^* < \sigma_s^*$ ist Knittern als Versagensform zu erwarten. Die diesbezügliche kritische Intensität der Streckenlast ergibt sich zu

$$q^* = \frac{2t}{\alpha} \sigma_W^* = \frac{2 \cdot 0,5}{3,75} 143 = 38 \ \mathrm{N/mm} \ .$$

Aufgaben zu Kapitel 7:

Aufgabe 7.01: Worin besteht die Effizienz von Sandwichkonstruktionen aus der Sicht des Leichtbaues?

Aufgabe 7.02: Worin liegen die Unterschiede zwischen Biegung von homogenen Balken und Sandwichbalken?

Aufgabe 7.03: Welche Arten des Stabilitätsverlustes können bei Sandwichkonstruktionen auftreten?

Aufgabe 7.04: Geben Sie an, wie hinsichtlich Stabilitätsverlust kritische Lastzustände ermittelt werden können!

Aufgabe 7.05: Welche Instabilitäten können bei Biegung von Sandwichstäben oder -schalen auftreten?

Aufgabe 7.06: Warum kann es bei Biegung gekrümmter Sandwichstäbe oder -schalen zum Abheben der Deckschichten kommen?

Aufgabe 7.07: Ein Sandwich-Knickstab (Bild 7.19) soll untersucht werden. Geg.: $l = 100\mathrm{cm}$, $h = 4\mathrm{cm}$, $t = 1,9\mathrm{mm}$; Deckschicht: $E^D = 7200\mathrm{kN/cm^2}$, $\nu^D = 0,3$, $\sigma_F^D = 28\mathrm{kN/cm^2}$. Ges.: 1) Berechnen Sie die Breite b, sodaß Knicken des Stabes um die y-Achse und z-Achse gleichzeitig auftritt, sowie die Größe der Knicklast P^*. Es ist zu prüfen, ob die Voraussetzungen linear elastischen Knickens zutreffen. 2) Wie groß müssen G_{xz}^K und E_{zz}^K mindestens sein, damit P^* ohne lokalen Stabilitätsverlust ertragen werden kann?

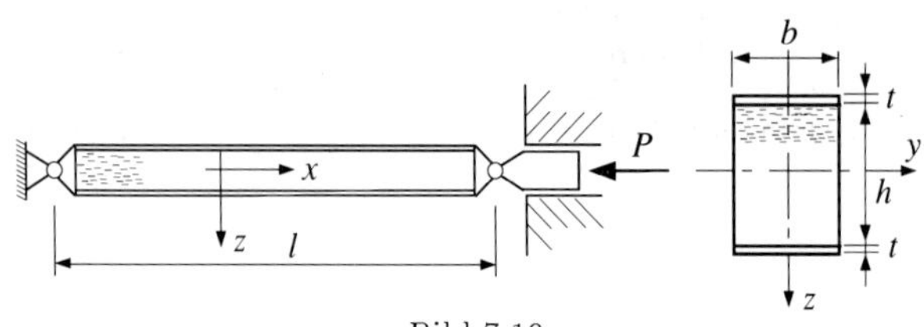

Bild 7.19

Aufgabe 7.08: Für das in Bild 7.20 dargestellte Sandwich-Stabwerk mit Durchschlagverhalten ist gegeben: $l_0 = 850$ mm, $\alpha_0 = 5°$; $h = 30$ mm, $t = 0,4$ mm, $b = 50$ mm; Deckschicht: $E^D = 7 \cdot 10^4$ N/mm^2, $\nu^D = 0,3$, $\sigma_F^D = 380$ N/mm^2; Kernmaterial: $E_{zz}^K = 30$ N/mm^2, $\nu^K = 0,3$; Feder: $c = 15$ N/mm. Ges.: 1) Bestimmen Sie die Belastung P^*, bei der Durchschlagen des Stabwerks – ohne Beachtung anderer Instabilitätsformen – eintreten würde. Hinweis: Bei $P = 0$ gilt: $\alpha = \alpha_0$, Feder entspannt. Für die Stabkraft ist die Beziehung $S = -EA(\alpha_0^2 - \alpha^2)/2$ anzuwenden (siehe Beispiel 6.1). 2) Welchen Wert darf die Belastung P erreichen, sodaß Stabilitätsverlust (unter Einschluß lokaler und globaler Instabilitätsfälle) mit einer Sicherheit $\gamma = 1,6$ nicht auftritt?

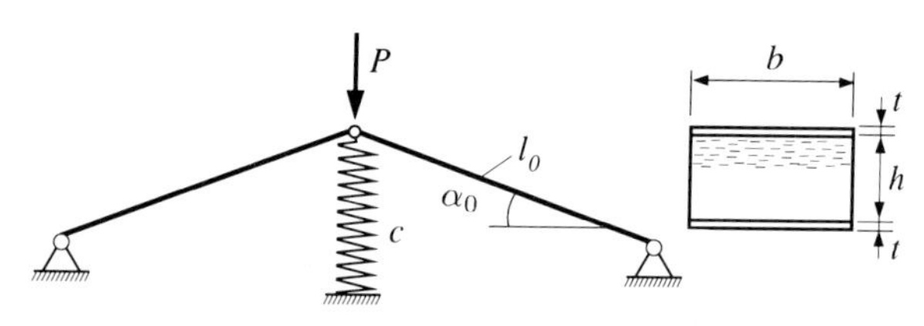

Bild 7.20

Aufgabe 7.09: Bei dem in Bild 7.21 skizzierten Fachwerk werden die Zugstäbe als unidirektional versteifte Faserverbundstreben und die Druckstäbe als Sandwichstreben ausgeführt. Geg.: $l = 500$ mm, $\alpha = 30°$; Sandwichstreben: $h_{SW} = b_{SW} = 35$ mm, $E^D = 7 \cdot 10^4$ N/mm^2, $\nu^D = 0,3$, $\sigma_F^D = 500$ N/mm^2, $E_{zz}^K = 100$ N/mm^2, $G_{xz}^K = 38,5$ N/mm^2; Faserverbundstreben: $b_{FV} = 40$ mm, Dicke $t_{FV} = 1$ mm, $\beta = 0°$, $E_l = 57200$ N/mm^2, $E_q = 8282,5$ N/mm^2, $\nu_{lq} = 0,248$, $G_{lq} = 3088,4$ N/mm^2; Tsai-Hill-Kriterium: $X = 800$ N/mm^2. Bestimmen Sie P_{krit} und die Dicke der Sandwichdeckschicht t_{SW}, damit gleichzeitig Versagen der am meisten belasteten Faserverbundstrebe und Versagen der am meisten belasteten Sandwichstrebe auftritt. Hinweis: Durch eine Führung soll nur Ausknicken in der x-y-Ebene möglich sein.

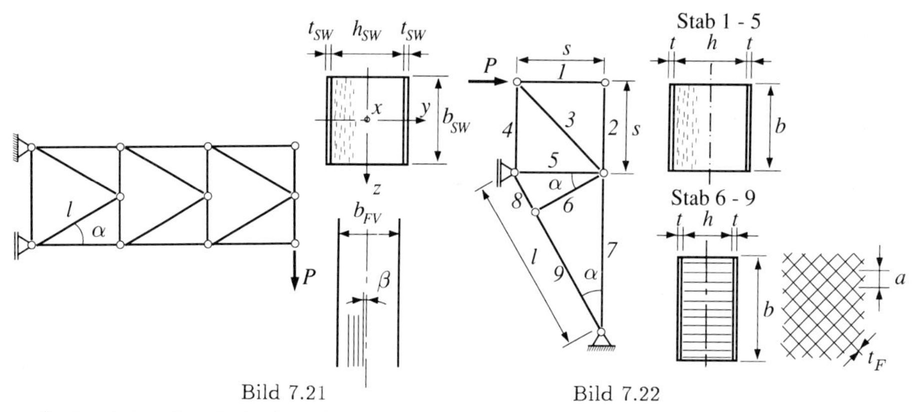

Bild 7.21 Bild 7.22

Aufgabe 7.10: Das Verhalten eines Fachwerks mit Sandwichstreben (Bild 7.22) soll untersucht werden. Geg.: $l = 1000$ mm, $s = 500$ mm, $\alpha = 30°$; Stäbe 1 bis 5: $h = b = 30$ mm, $t = 0,3$mm, $E^D = 7 \cdot 10^4$N/mm^2, $\nu^D = 0,3$, $\sigma_F^D = 500$N/mm^2, $E_{zz}^K = 100$N/mm^2, $\nu^K = 0,3$; Stäbe 6 bis 9: $h = 30$ mm, $b = 20$ mm, $a = 3$ mm, $t_F = 0,05$ mm, $E^D = 7 \cdot 10^4$ N/mm^2, $\nu^D = 0,3$, $\sigma_F^D = 600$ N/mm^2 und den lokalen Kernfolienmaterialdaten $E^F = 7500$ N/mm^2, $G^F = 3000$ N/mm^2, $\nu^F = 0,3$. Berechnen Sie P_{krit} sowie die Deckschichtdicke t für die Stäbe 6 bis 9, damit in allen Druckstäben gleichzeitig Versagen auftritt. Hinweis: Durch eine Führung soll nur Ausknicken um die eingezeichnete Biegeachse möglich sein.

8. Grundzüge der Bruchmechanik

8.1 Allgemeines

Im folgenden wird ein sehr eingeschränkter Überblick über einige Grundzüge der linear elastischen Bruchmechanik (LEBM) gegeben. Die Darlegungen sollen dazu dienen, einen Einstieg in das zur Beurteilung von rißbehafteten (oder mit rißartigen Fehlern, Poren, Einschlüssen, ... versehenen) Bauteilen wesentliche Gebiet der Bruchmechanik zu vermitteln. Unter Zugrundelegung linear elastischen Materialverhaltens liefert die lineare Elastizitätstheorie für das Verzerrungs- und Spannungsfeld in der Umgebung von (einspringenden) Ecken *singuläre Lösungen* mit einer Ordnung der Singularität, die vom Öffnungswinkel und den Randbedingungen abhängt.

(8.1) Eine spezielle Lösung liegt für den Eckenwinkel $\alpha = 2\pi$ bei freien Kanten vor, nämlich die klassische Rißspitzensingularität der Ordnung $1/\sqrt{r}$ im asymptotischen Spannungs- und Verzerrungsfeld:

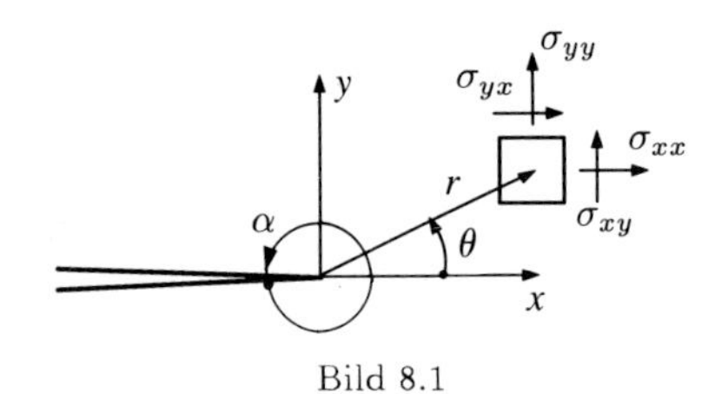

Bild 8.1

$$\sigma_{ij}(r,\theta) = \frac{K_M}{\sqrt{r}}\, h_{ijM}(\theta) \qquad (8.01)$$

Index M ... Rißöffnungsmode M = I, II oder III (siehe Bild 8.2).

(8.2) Das asymtotische Spannungsfeld in der Umgebung der (vom Rand und von Lasteinleitungsstellen ausreichend weit entfernten) Rißspitze ist bei gegebenem Rißöffnungsmode vollständig durch den von der Belastungshöhe abhängigen Spannungsintensitätsfaktor K_M bestimmt.

(8.3) Der *Spannungsintensitätsfaktor*

$$K_M = Y_M(a)\,\sigma\,\sqrt{\pi\, a} \qquad (8.02)$$

stellt ein Maß für die „Intensität" der Spannungssingularität dar. Dabei ist:

a ... Rißlänge (Definition!), siehe auch Bild 8.2,
Y_M ... Geometriefaktor (meist rißlängenabhängig),
σ ... „Nennspannung" , ohne Berücksichtigung des Einflusses des Risses auf das Spannungsfeld ermittelt (Maß für die Höhe der Belastung).

Mode I Mode II Mode III

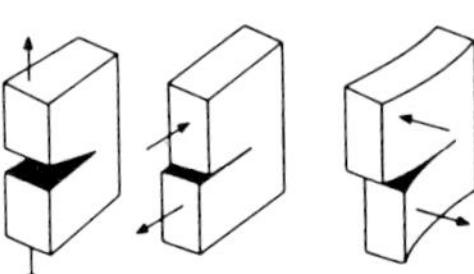

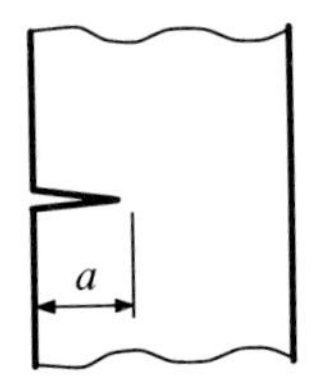

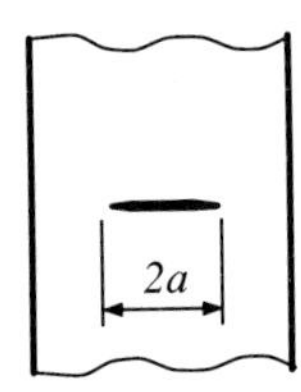

Bild 8.2: Rißöffnungsmodes und Rißlänge

(8.4) Die Geometriefaktoren sind für viele Rißgeometrien und Belastungsarten in Tabellenwerken (z.B. [13,25]) aufgrund von Ergebnissen analytischer oder numerischer Berechnungen in Diagrammform zur Verfügung gestellt, sodaß die Bestimmung von K wesentlich erleichtert ist.

(8.5) Hier sei bereits darauf hingewiesen, daß in der Bruchmechanik eher ungewohnte Einheiten auftreten. So hat z.B. der Spannungsintensitätsfaktor (und somit auch die Bruchzähigkeit, d.h. der kritische Spannungsintensitätsfaktor) die Einheit [Kraft][Länge]$^{-3/2}$, z.B. N/mm$^{3/2}$. Vorsicht ist also geboten bei Umrechnungen aus verschiedenen Maßsystemen. Noch wesentlich komplexer wird die Einheitensituation bei der Behandlung des Rißwachstums, siehe Kapitel 8.3.

(8.6) Die folgende Aufstellung einiger für den Bereich der LEBM gültiger Umrechnungsformeln für gängige bruchmechanische Beanspruchungs-Parameter (und deren kritische Werkstoffkennwerte) kann hilfreich sein:

$$G = \frac{K^2}{E} \quad \text{(für ESZ)}, \qquad G_I = (1-\mu^2)\frac{K_I^2}{E} \quad \text{(für EVZ)}, \tag{8.03}$$

G ... elastische Energiefreisetzungsrate (nach Griffith);

Crack Tip Opening Displacement (CTOD):

$$\delta = \frac{4\,K_I^2}{(\pi\,E\,\sigma_F)} \;, \tag{8.04}$$

Wegunabhängiges J-Integral (nach Rice):

$$J = G \;. \tag{8.05}$$

8.2 Monotone Belastung

8.2.1 Sprödbruch

(8.7) K_M wird bei monotoner Belastung und eindeutigem Rißöffnungsmode M mit dem werkstoff-, (blechdicken-), umgebungsbedingungs- und belastungsartabhängigen kritischen Spannungsintensitätsfaktor K_{MC} (Bruchzähigkeitsparameter) verglichen, um festzustellen, ob die rißbehaftete Konstruktion den Belastungen ohne Gewaltbruch standzuhalten vermag (der beschränkte Gültigkeitsbereich der linear elastischen Bruchmechanik LEBM ist zu beachten):

$$K_M < K_{MC} \quad \ldots \quad \text{Riß ist stabil}, \tag{8.06}$$

$$K_M = K_{MC} \quad \ldots \quad \text{Gewaltbruch}. \tag{8.07}$$

(8.8) Unter der Annahme der Gültigkeit der LEBM läßt sich aus Gl. (8.02) und der Gl. (8.07) die kritische Rißlänge bestimmen:

$$a_C = \frac{K_{MC}^2}{\pi\,Y_M^2(a_C)\,\sigma^2} \;; \tag{8.08}$$

wegen $Y_M = Y_M(a_C)$ ist a_C iterativ zu ermitteln.

(8.9) Anmerkung: Meist ist in den Werkstoffdatenblättern die Bruchzähigkeit nur für Mode I (z.B. K_{IC}) angegeben. Eine Vorgehensweise, in der auch bei mehrachsigen Beanspruchungen und Mixed-Mode-Verhältnissen Abschätzungen auf Basis des Mode I durchgeführt werden können, ist in [8] dargestellt.

8.2.2 Grenzen der Anwendbarkeit der LEBM

(8.10) Das singuläre Spannungsfeld kann sich in der Realität nicht vollständig ausbilden, da kein Werkstoff unendlich hohe Spannungen zu ertragen imstande ist. Bei elasto-plastischem Materialverhalten bildet sich auch bei kleinen Belastungen um die Rißspitze eine plastische Zone (zusätzlich „stumpft“ die Rißspitze ab).

(8.11) Die Größe der plastischen Zone an der Rißspitze kann, solange sie als „lokal“ angesehen werden darf (Kleinbereichfließen), für Mode I wie folgt abgeschätzt werden.

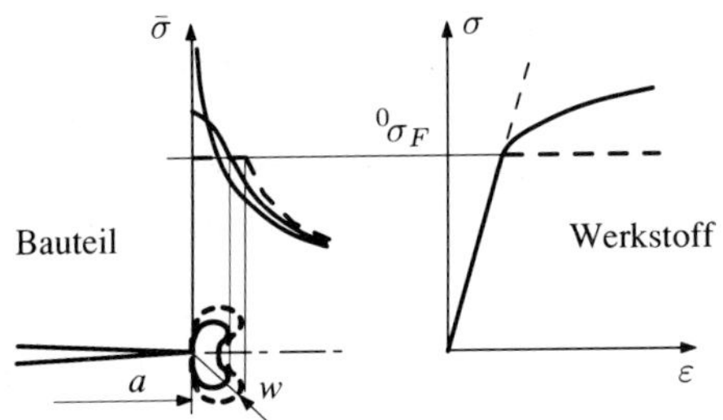

Bild 8.3: Plastische Zone

Sie stellt ein Maß dar, aufgrund dessen man beurteilen kann, ob die Lösungen der LEBM zur Beurteilung der rißbehafteten Konstruktion herangezogen werden dürfen.

$$w \approx \frac{K_I^2}{\alpha\,\pi\,{}^0\sigma_F^2}\,\frac{1}{\beta} \qquad \text{solange Kleinbereichfließen } (w < 0,2\,a) \text{ vorliegt,} \qquad (8.09)$$

K_I ... Spannungintensitätsfaktor,

${}^0\sigma_F$ ... Anfangsfließspannung (bei zykl. Belastung: ${}^0\sigma_F \to 2\,{}^0\sigma_F$),

α ... Parameter für den Spannungszustand: $\alpha_{ESZ} \approx 1,0$, $\alpha_{EVZ} \approx 2,0$,

β ... Verfestigungsparameter $\beta \approx 1,0$ bis $2,0$ (größere Werte bei starker Verfestigung).

(8.12) Die Angaben der Grenzen der Anwendbarkeit der LEBM aufgrund eines Vergleiches zwischen der abgeschätzten Ausdehnung der plastischen Zone an der Rißspitze und der Rißlänge sind keineswegs als strikt zu verstehen; sie stellen bestenfalls Empfehlungen dar.

(8.13) Für $w \ll a$ gilt die LEBM gut. Bei $w < a/50$ ist keine Korrektur notwendig, bei $a/50 < w < 0,2\,a$ ist die LEBM mit einer korrigierten Rißlänge a_{eff} anstelle von a anwendbar:

$$a_{eff} = a + w/2 \quad \Longrightarrow \quad K_{eff} = Y(a_{eff})\,\sigma\,\sqrt{\pi\,a_{eff}}\;. \qquad (8.10)$$

8.2.3 Die Zwei-Kriterien-Methode (FAD)

(8.14) Wenn $w > 0,2\,a$ vorliegt, kann in vielen Fällen eine Abschätzung der Bruchgefahr mittels der Zwei-Kriterien-Methode (Failure Assessment-Diagram - FAD) erfolgen, ohne das komplexe Gebiet der elasto-plastischen Bruchmechanik darstellen zu müssen.

(8.15) Bei dieser Methode wird – unabhängig davon, ob die LEBM angewendet werden darf oder nicht – für Mode I wie folgt vorgegangen:

Schritt 1: Berechnung des Spannungsintensitätsfaktors K_I (ohne Korrektur für Rißspitzenplastizität) und Bildung des Quotienten

$$K_r = \frac{K_I}{K_{IC}} \ . \tag{8.11}$$

Schritt 2: Berechnung der plastischen Traglast mit der einfachen Annahme, daß die Traglast erreicht wird, wenn das Ligament (der Restquerschnitt) durchplastifiziert ist. Dabei darf die Fließspannung durch $\sigma_F = ({}^0\sigma_F + \sigma_B)/2$ ersetzt werden, wenn keine ausgeprägte Streckgrenze vorliegt (sonst $\sigma_F = {}^0\sigma_F$) und solange $\sigma_F < 1,2\,{}^0\sigma_F$ (sonst $\sigma_F = 1,2\,{}^0\sigma_F$). Bildung des Quotienten

$$S_r = \frac{\lambda}{\lambda^*} \ , \tag{8.12}$$

λ^* ... Laststeigerungsfaktor bei Erreichen der Traglast,

λ ... Laststeigerungsfaktor des zu beurteilenden Belastungszustandes.

Schritt 3: Eintragen der beiden Quotienten K_r und S_r in das Standard-FAD, Bild 8.4, und Beurteilung bzw. Bestimmung der Sicherheit.

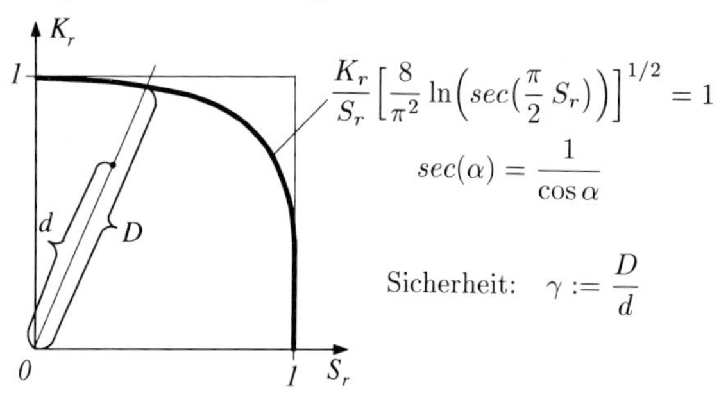

Bild 8.4: Standard-FAD

(8.16) Genauere ingenieursmäßige Vorgehensweisen sind z.B. in [8] dargestellt.

Beispiel 8.1: Ein Riß in einem gebogenen Balken (bzw. Scheibe bei ESZ; siehe Bild 8.5) soll untersucht werden:

Die Sicherheit gegen Bruch bei monotoner Laststeigerung auf $M = 200$ Nm soll berechnet werden. Die folgenden Materialkennwerte sind gegeben: ${}^0\sigma_F = 300\text{N/mm}^2$,

$\sigma_B = 450 \text{ N/mm}^2$, $K_{IC} = 2500 \text{ Nmm}^{-3/2}$. Der Geometriefaktor $Y(a/b)$ kann dem Diagramm Bild 8.6 entnommen werden, wobei zu beachten ist, daß hier als „Nennspannung" σ die Randfaserspannung heranzuziehen ist.

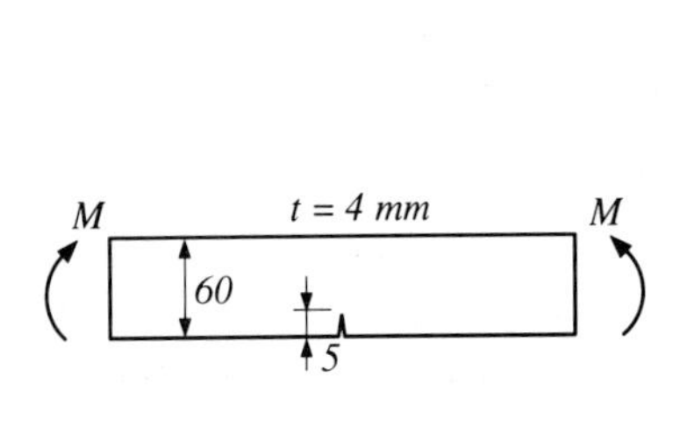

Bild 8.5

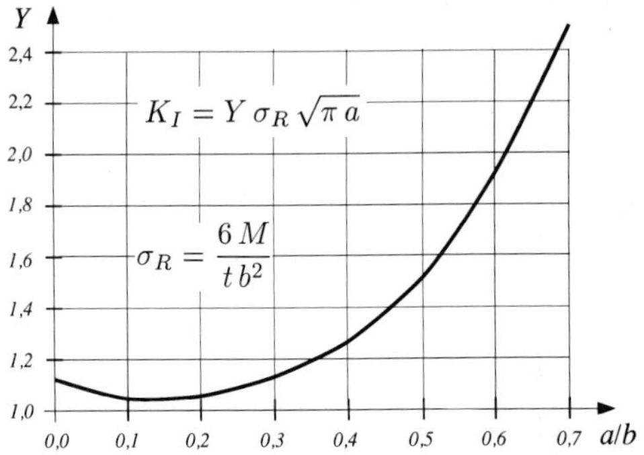

$$K_I = Y \, \sigma_R \sqrt{\pi \, a} \qquad \sigma_R = \frac{6\,M}{t\,b^2}$$

Bild 8.6 – vgl. [25]

Es liegt Mode I vor, und mit $a/b = 5/60 = 0,083$ folgt $Y(a/b) = 1,05$. Damit ergibt sich aus Gl. (8.02)

$$K_I = 1,05 \, \frac{200 \cdot 10^3}{4 \cdot 60^2/6} \sqrt{\pi\, 5} = 346,79 \text{ Nmm}^{-3/2} < K_{IC} = 2500 \text{ Nmm}^{-3/2} \ .$$

Die Kontrolle hinsichtlich der Größe der plastischen Zone mit Gl. (8.09) ergibt:

$$w \approx \frac{346,79^2}{1 \cdot \pi \cdot 300^2} \, \frac{1}{1} = 0,425 \text{ mm} > a/50 = 0,1 \text{ mm}$$
$$< 0,2\,a = 1 \text{ mm} \ .$$

Damit ist die LEBM anwendbar, eine Rißlängenkorrektur mit Gl. (8.10) aber notwendig:

$$a_{eff} = 5 + 0,213 = 5,213 \text{ mm} \quad \Longrightarrow \quad K_{I\,eff} = 354,1 \text{ Nmm}^{-3/2} < K_{IC} \ .$$

Obgleich durch LEBM die Sicherheit ausreichend nachgewiesen ist, sei die Anwendung der Zwei-Kriterien-Methode (8.15) auch noch demonstriert. Werte für die FAD-Betrachtung folgen zu:

$$K_r = \frac{346,79}{2500} = 0,139 \ , \quad S_r = \frac{M}{M_T} \ , \quad M_T = 1,5\,M_F = 1,5\,\sigma_F\,W_{Lig} \ ,$$

$$W_{Lig} = \frac{t\,(h-a)^2}{6} = \frac{4\,(60-5)^2}{6} = 2016,67 \text{ mm}^3 \ ,$$

$$\sigma_F = (300+450)/2 = 375 \text{N/mm}^2 \geq 1,2\,{}^0\sigma_F \quad \Longrightarrow \quad \sigma_F = 1,2\,{}^0\sigma_F = 360 \text{N/mm}^2$$

$$\Longrightarrow \quad M_T = 1,5 \cdot 360 \cdot 2016,67 = 10,89 \cdot 10^5 \text{ Nmm}$$

$$\Longrightarrow \quad S_r = \frac{2 \cdot 10^5}{10,89 \cdot 10^5} = 0,184 \ .$$

Damit folgt aus dem Standard-FAD (vgl. Bild 8.4) eine Sicherheit von $\gamma = \frac{D}{d} \approx 5$.

Beispiel 8.2: Für einen Bauteil mit halbkreisförmigem Riß unter linear verteilter Zugspannung (siehe Bild 8.7) sollen die Spannungsintensitätsfaktoren an den Punkten A und B sowie die Sicherheit gegen Bruch ermittelt werden:

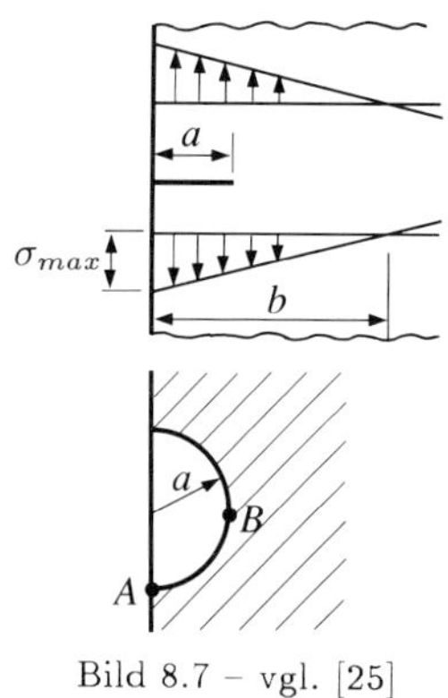

Bild 8.7 – vgl. [25]

Folgende Daten sind gegeben: $a = 10$ mm, $b = 30$ mm; $\sigma_{max} = 100$ N/mm^2, $K_{IC} = 2000$ Nmm$^{-3/2}$, ${}^0\sigma_F = 460$ N/mm^2 (mäßige Verfestigung, EVZ).

Die gegebene Spannungsverteilung wird in einen *konstanten* und einen *linearen* Anteil zerlegt, sodaß die in Bild 8.8 und Bild 8.9 angegebenen Geometriefaktoren Y verwendet werden können:

$$K_I^{konst} = Y^{konst}\, 2\,\sigma_{max}\sqrt{\frac{a}{\pi}} \quad , \quad K_I^{lin} = Y^{lin}\,\frac{4}{3}\left(\sigma_{max}\frac{a}{b}\right)\sqrt{\frac{a}{\pi}} \ ,$$

mit
$$\begin{cases} Y^{konst} = 1{,}21 \ , & Y^{lin} = 0 \qquad \text{für Pkt } A, \\ Y^{konst} = 1{,}025 \ , & Y^{lin} = 1{,}08 \quad \text{für Pkt } B. \end{cases}$$

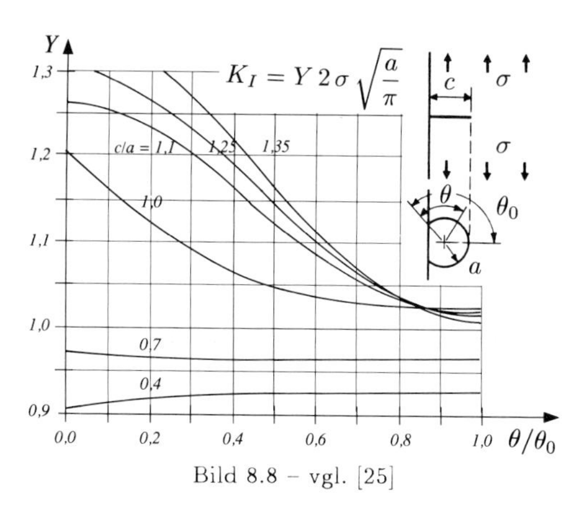

Bild 8.8 – vgl. [25]

Die Superposition der beiden Anteile ergibt

$$K_I = K_I^{konst} - K_I^{lin} = \begin{cases} 431{,}7 \ \text{Nmm}^{-3/2} & \text{für Pkt. } A, \\ 280{,}1 \ \text{Nmm}^{-3/2} & \text{für Pkt. } B. \end{cases}$$

Die Kontrolle der plastischen Zone mit Gl. (8.09) ergibt

$$w \approx \frac{431{,}7^2}{2\,\pi\,460^2}\,\frac{1}{1{,}5} = 0{,}09\,\text{mm} < a/50 = 0{,}2\,\text{mm} \ ,$$

und damit ist keine Korrektur notwendig. Die Sicherheit gegen Bruch folgt mit $\gamma_B = K_{IC}/K_I = 2000/431,7 = 4,6$. Anmerkung: Bei einer genaueren Untersuchung müßten auch die Punkte zwischen A und B analysiert werden.

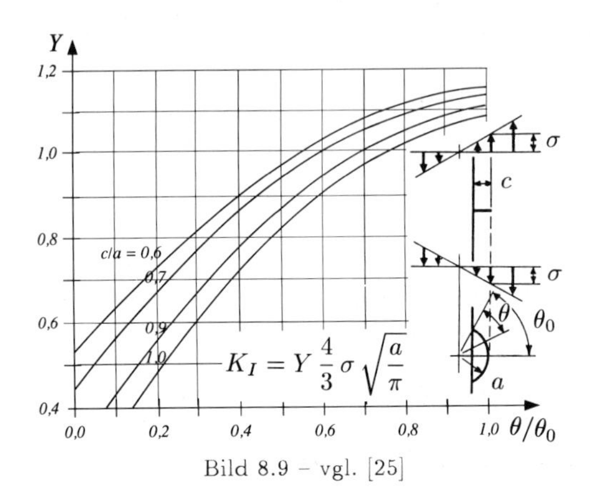

Bild 8.9 – vgl. [25]

8.3 Rißwachstum bei zyklischer Belastung

(8.17) Unter Annahme der Gültigkeit der LEBM ist bei zyklischer Belastung auch bei Spannungsintensitätsfaktoren, die Werte weit unter den kritischen Werten als Maxima aufweisen, Rißwachstum möglich. Bruch tritt dann ein, wenn der durch die Lastzyklen gewachsene Riß jene (kritische) Größe a_C (vgl. Gl. (8.08)) erreicht hat, bei welcher die Belastung zum Erreichen des kritischen Spannungsintensitätsfaktors führt (soferne nicht schon vorher der Gültigkeitsbereich der LEBM verlassen wurde); siehe Bild 8.10.

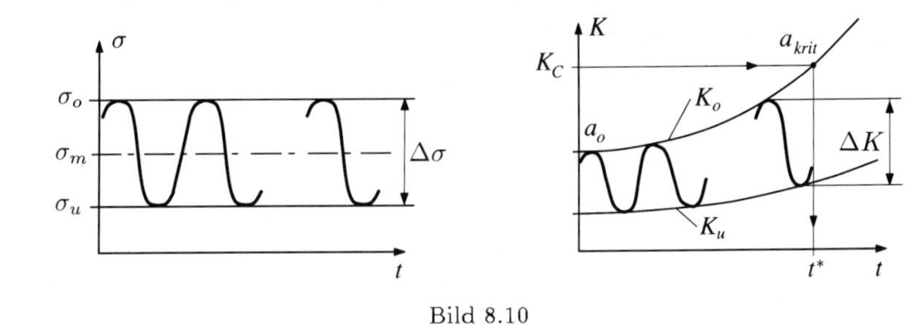

Bild 8.10

Zum aus der Belastung (bei Einstufenbelastung) bestimmten $\Delta\sigma$ ergibt sich zur *aktuellen* Rißlänge a

$$\Delta K = Y(a)\,\Delta\sigma\,\sqrt{\pi\,a} \tag{8.13}$$

mit $a(N)$ monoton wachsend (N ... durchlaufene Zyklenzahl). Im allgemeinen können Nennspannungsanteile, die zu Druckspannungen am Ort der Rißspitze führen, bei

(8.18) Ergebnisse von experimentell festgestelltem Rißwachstum an einachsig zyklisch beanspruchten Proben zeigen für metallische Werkstoffe etwa das in Bild 8.11 skizzierte grundsätzliche Verhalten. Solche Versuche werden bei $R = \sigma_{min}/\sigma_{max} \geq 0$ durchgeführt.

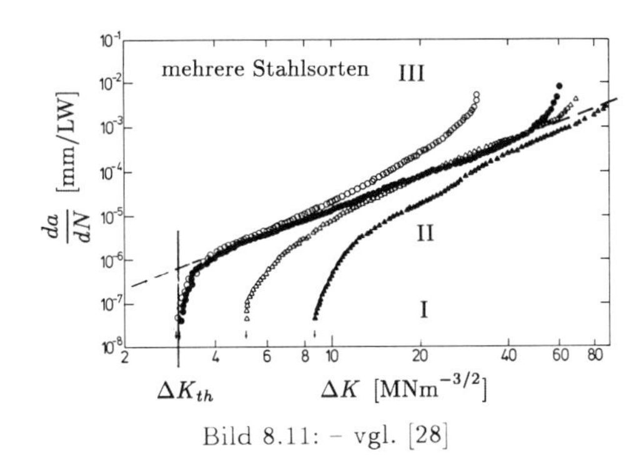

Bild 8.11: – vgl. [28]

(8.19) Der Bereich II in Bild 8.11 kann in der doppelt-logarithmischen Darstellung durch eine Gerade approximiert werden:

$$\log \frac{da}{dN} = m \log \Delta K + \log C = \log\left\{ \left(\Delta K\right)^m C \right\} \ . \tag{8.14}$$

Diese Geradengleichung führt auf das *Paris-Gesetz*:

$$\frac{da}{dN} = C \left(\Delta K\right)^m \ , \tag{8.15}$$

welches das einfachste Rißwachstumsgesetz darstellt (ohne Mittelspannungseinfluß, nur im Bereich II gültig, ...), mit C und m als Werkstoffkenngrößen.

(8.20) Aus Bild 8.11 ist erkennbar, daß die Schwingbreite des Spannungsintensitätsfaktors ΔK einen (werkstoffabhängigen, genaugenommen auch rißlängenabhängigen) Schwellwert *(Threshold-Wert)* ΔK_{th} überschreiten muß, damit Rißwachstum einsetzt. Dieser Schwellwert ΔK_{th} kann für nicht allzu kleine Risse als rißlängenunabhängig betrachtet werden. Allerdings hängt er vom Spannungsverhältnis $R = \sigma_{min}/\sigma_{max}$ etwa in folgender Form ab:

$$\Delta K_{th} = \Delta K_{th}^0 \left(1 - R\right)^\mu \ ; \tag{8.16}$$

μ ist ein weiterer Werkstoffparameter, und $\Delta K_{th}^0 = \Delta K_{th}(R = 0)$.

(8.21) Wenn die Anfangsfehlergröße a_i bekannt ist und $\Delta K > \Delta K_{th}$, kann das Paris-Gesetz (zumindest numerisch) integriert werden. Wenn innerhalb der zu betrachtenden Rißlängenveränderung der Geometriefaktor $Y(a)$ als (abschnittsweise) konstant angenommen werden darf ($Y(a) = Y_C$), dann kann das Paris-Gesetz (abschnittsweise) geschlossen integriert werden:

$$\frac{da}{dN} = C \left(Y_C \, \Delta\sigma \, \sqrt{\pi \, a}\right)^m \quad \Longrightarrow \quad dN = \frac{1}{C \left(Y_C \, \Delta\sigma \, \sqrt{\pi}\right)^m} \, a^{-m/2} \, da \tag{8.17}$$

$$\overset{\text{für } m \neq 2}{\Longrightarrow} \quad N_{ij} = \frac{1}{C \, \alpha \, \pi^{m/2}} \frac{1}{Y_C^m} \frac{1}{(\Delta\sigma)^m} \frac{1}{a_i^\alpha} \left[1 - \left(\frac{a_i}{a_j}\right)^\alpha\right] \ , \tag{8.18}$$

$$\text{mit} \quad \alpha = \frac{m}{2} - 1 \ ,$$

$$\text{soferne} \quad \Delta K > \Delta K_{th} \ , \quad K_{max} < K_C \ \text{und LEBM anwendbar.}$$

Darin bedeutet N_{ij} die Anzahl der Lastwechsel, die dazu führen, daß der Riß von der Länge a_i auf die Länge a_j anwächst.

(8.22) Weitere Rißwachstumsgesetze sind zum Beispiel:

nach Forman et al:
$$\frac{da}{dN} = C_F \left(\Delta K\right)^{\bar{m}} \frac{1}{(1-R)K_C - \Delta K} \ , \tag{8.19}$$

nach Xiulin Zheng und Hirt:
$$\frac{da}{dN} = C_X \left(\Delta K - \Delta K_{th}\right)^2 \tag{8.20}$$

und nach McEvely:
$$\frac{da}{dN} = C_E \left(\Delta K^2 - \Delta K_{th}^2\right) \frac{1 + \Delta K}{K_C - K_{max}} \ . \tag{8.21}$$

(8.23) Für Mehrstufenbelastungen kann näherungsweise mit einer konstanten „effektiven“ Spannungsschwingbreite $\Delta\sigma_{eff}$ gerechnet werden, die aus dem Lastkollektiv $(\Delta\sigma_j, \, n_j)$ wie folgt bestimmt wird:

$$\Delta\sigma_{eff} = \left[\frac{\sum\limits_j n_j (\Delta\sigma_j)^m}{\sum\limits_j n_j} \right]^{\frac{1}{m}} \ . \tag{8.22}$$

Beispiel 8.3: Der in Beispiel 8.1 behandelte Balken mit Riß sei nun mit einem Schwellmoment von der Größe $M_{min} = 0$, $M_{max} = 200$ Nm zyklisch belastet. Es ist die Anzahl der Lastwechsel zu bestimmen, die dazu führt, daß der Riß mit $a_i = 5$ mm auf $a_j = 6$ mm anwächst. Ferner soll die Anzahl der Lastwechsel bis zum Bruch abgeschätzt werden.

Folgende Werkstoffdaten für die Anwendung der Paris-Gleichung sind gegeben: $C = 1,24 \cdot 10^{-15}$ im N-mm-System, $m = 3$ (Exponent im Paris-Gesetz), $\Delta K_{th} = 60 \ \text{Nmm}^{-3/2}$, $K_{IC} = 2500 \ \text{Nmm}^{-3/2}$.

Die Belastung folgt zu
$$\Delta\sigma = \Delta\sigma_R = \frac{\Delta M}{W} = \frac{200 \cdot 10^3}{4 \cdot 60^2/6} = 83,33 \ \text{N/mm}^2 \ .$$

$\Delta K(a_i)$ (ist hier gleichzeitig K_o) folgt aus Gl. (8.12) mit

$$\Delta K = Y(a_i)\, \Delta\sigma_R \sqrt{\pi \, a_i} = 1,05 \cdot 83,33\sqrt{\pi \cdot 5} = 346,77 \ \text{Nmm}^{-3/2} \ .$$

Die Abschätzung, ob $\Delta K > \Delta K_{th}$ ergibt mit $346,77 > 60$ einen Fortschritt des Rißwachstums. Mit einem für $a \in [5,6]$ mm in etwa konstantem $Y(a) = Y_C = 1,05$ folgt aus Gl. (8.18) mit $\alpha = 0,5$ die Anzahl der Lastwechsel:

$$N_{ij} = \frac{1}{1,24 \cdot 10^{-15} \cdot 0,5\pi^{3/2}} \frac{1}{1,05^3} \frac{1}{83,33^3} \frac{1}{5^{0,5}} \left[1 - \left(\frac{5}{6}\right)^{0,5}\right] = 1,7 \cdot 10^7 \ .$$

Die Anzahl der Lastwechsel bis zum Bruch, der eintritt, wenn $K_{max} = K_{IC}$, erfordert die Kenntnis der kritischen Rißlänge a_C. Es gilt

$$K_{max} = Y(a_C)\,\sigma_o\,\sqrt{\pi\, a_C} = K_{IC} \quad ,$$

soferne LEBM gültig ist. Mit der Annahme $Y(a_C) = Y_C = 1,05$ würde aus Gl. (8.08) folgen:

$$a_C = \frac{K_{IC}^2}{Y(a_C)^2\,\sigma_o^2\,\pi} = \frac{2500^2}{1,05^2 \cdot 83,33^2\,\pi} = 259,86 \text{ mm} > h = 60 \text{ mm}\,!$$

Dieses Ergebnis ist sinnlos; eine iterative Ermittlung von a_C (unter Heranziehung der extrapolierten Kurve $Y(a/b)$) führt zunächst auf $a_{C_{eff}} \approx 43$ mm mit $Y(a_{C_{eff}}) \approx 2,6$. Zu diesem Wert folgt eine (zyklische) plastische Zone mit $w \approx 5,5$mm, sodaß mit einer kritischen Rißlänge von $a_C = a_{C_{eff}} - \frac{w}{2} \approx 40$ mm zu rechnen wäre.

Wegen der starken Veränderung von $Y(a)$ innerhalb $a_i = 5$ mm und $a_j = a_C = 40$ mm darf keinesfalls Gl. (8.18) auf das ganze Intervall $[a_i, a_j]$ angewendet werden. Eine Abschätzung mittels Gl. (8.18) ist nach Einteilung in Subintervalle $[a_i, a_2]$, $[a_2, a_3]$, ..., $[a_n, a_j]$ (n ausreichend groß) und abschnittsweiser Anwendung von Gl. (8.18) mit $Y(a) = 0,5(Y(a_k) + Y(a_{k+1}))$ möglich:

a_i [mm]	a_j [mm]	$Y(a)$	N_{ij}
5	15	1,06	$2,65 \cdot 10^7$
15	25	1,16	$6,22 \cdot 10^6$
25	34	1,48	$1,47 \cdot 10^6$
34	40	2,10	$2,41 \cdot 10^5$

Damit folgt $N = \sum N_{ij} = 3,44 \cdot 10^7$.

Beispiel 8.4: Für die im Bild 8.12 dargestellte gelochte Platte mit Riß sind folgende Daten gegeben: Ebener Spannungszustand, elastisch ideal-plastisches Werkstoffverhalten, $R_0 = 12$ mm, $b_0 = 18$ mm, ${}^0\sigma_F = 420$ N/mm^2, $K_{IC} = 2000$ Nmm$^{-3/2}$, $\Delta K_{th} = 40$ Nmm$^{-3/2}$, für das Paris-Gesetz: $C = 1,0 \cdot 10^{-15}$, $m = 3,5$. Die Belastung ist mit $\sigma_{max} = 120$ N/mm^2, $\sigma_{min} = 60$ N/mm^2 und die Sicherheit mit $\gamma_B := K_{IC}/K_I = 2$ angegeben.

Es soll untersucht werden: a) wie groß der Riß sein darf, damit die geforderte Sicherheit γ_B bei Maximallast gerade noch eingehalten wird (falls notwendig Berücksichtigung der plastischen Zone) und b) die Anzahl der Lastwechsel zwischen σ_{min} und σ_{max}, die notwendig sind, um bei der unter a) berechneten Rißlänge eine Rißverlängerung um 10% zu erreichen.

a) Aus $K_I = K_{IC}/\gamma_B$ folgt $K_I = 1000$ Nmm$^{-3/2}$. Mit Gl. (8.02) findet man in Analogie zu Gl. (8.08) eine Gleichung für iteratives Vorgehen:

$$a = \left(\frac{K_I}{Y(a)\,\sigma}\right)^2 \frac{1}{\pi} \quad .$$

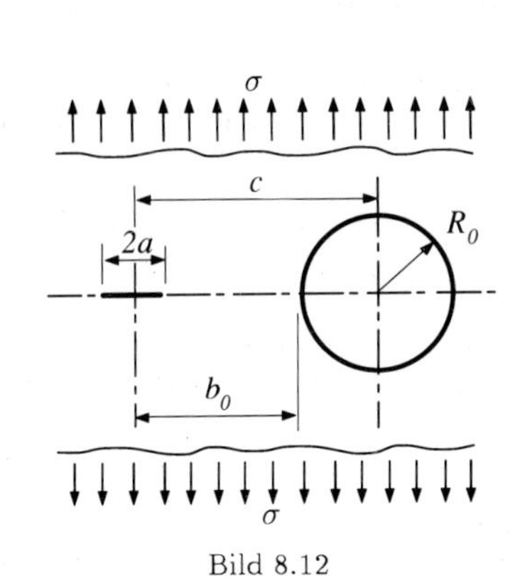

Bild 8.12

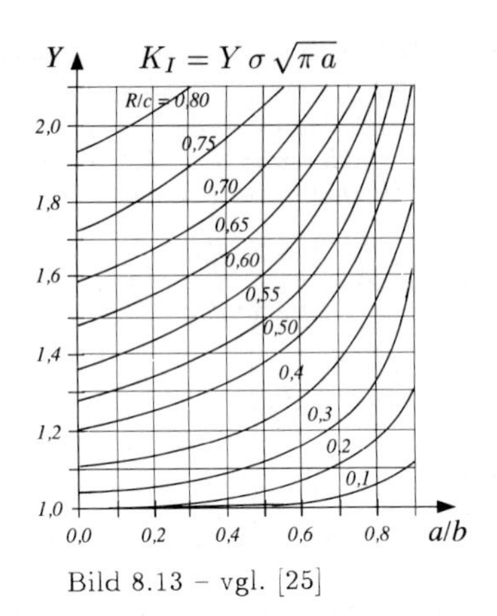

Bild 8.13 – vgl. [25]

Mit einem gewählten Startwert $a_1 = 10$ mm und dem Geometriefaktor Y aus Bild 8.13 ergibt sich folgende Iteration:

$$a_1 = 10,0 \rightarrow Y_1 = 1,26$$
$$\Rightarrow a_2 = 13,9 \rightarrow Y_2 = 1,47$$
$$\Rightarrow a_3 = 10,3 \rightarrow Y_3 = 1,30 \quad \ldots$$

Damit folgt $Y \approx 1,35$, $a \approx 12,1$ mm. Die Kontrolle auf Rißspitzenplastizität mit Gl. (8.09) liefert $w \approx 1,80$ mm. Da $a/50 = 0,24 < w < 0,2\,a = 2,42$ ist eine Korrektur laut Gl. (8.10) auf die zulässige Rißlänge $a_{zul} = a_{eff} - w/2 = 11,2$ mm erforderlich.

b) Mit $a = 11,2$ mm und $Y \approx 1,32$ liefert Gl. (8.13):

$$\Delta K = 1,32 \cdot 60\sqrt{\pi \cdot 11,2} = 469,80 \ \text{Nmm}^{-3/2} \ .$$

Mit $\Delta K > \Delta K_{th}$ kann in das Paris-Gesetz Gl. (8.18) eingesetzt werden und mit $a_1 = 11,2$ und $a_2 = 12,32$ folgt die gesuchte Anzahl von Lastwechsel zu $N_{12} = 4,6 \cdot 10^5$.

Aufgaben zu Kapitel 8:

Aufgabe 8.01: Von welcher Ordnung ist die Spannungssingularität der LEBM?

Aufgabe 8.02: Wie ist der Spannungsintensitätsfaktor definiert?

Aufgabe 8.03: Wie wird der Spannungsintensitätsfaktor berechnet?

Aufgabe 8.04: Durch welches Kriterium kann der Sprödbruch charakterisiert werden?

Aufgabe 8.05: Wodurch kann hinsichtlich der Grenzen der Anwendbarkeit der LEBM geprüft werden?

Aufgabe 8.06: Welche einfache Methode kann zur Abschätzung des Bruchversagens auch dann herangezogen werden, wenn die Anwendungsgrenzen der LEBM überschritten sind?

Aufgabe 8.07: Welche Voraussetzungen müssen für stabiles Rißwachstum innerhalb der LEBM zutreffen?

Aufgabe 8.08: Wie lautet das Paris-Gesetz und woher kommt es?

Aufgabe 8.09: Wann tritt Sprödbruch nach stabilem Rißwachstum bei zyklischer Belastung auf?

Aufgabe 8.10: Wie kann bei Mehrstufenbelastung (Lastkollektiv) das Rißwachstum abgeschätzt werden?

Aufgabe 8.11: Für einen Biegebalken mit Riß (Bild 8.14) ist gegeben: $b = 50$ mm, $a = 22,5$ mm, $t = 15$ mm; $\sigma_F = 360$ N/mm^2, $\sigma_B = 480$ N/mm^2, $K_{IC} = 1000$ Nmm$^{-3/2}$; Ermittlung des Geometriefaktors:

$$K_I = \frac{\sigma}{2}\sqrt{\pi a}\frac{\sqrt{1-(a/b)}}{1-(a/b)^3}\left[1+\frac{1}{2}\frac{a}{b}+\frac{3}{8}\left(\frac{a}{b}\right)^2-\frac{11}{16}\left(\frac{a}{b}\right)^3+0,464\left(\frac{a}{b}\right)^4\right]$$

mit $\sigma = \sigma(z = a)$. Wie groß darf das wirkende Biegemoment M sein, damit nach der Zwei-Kriterien-Methode (FAD) eine Sicherheit von $\gamma = 2,5$ nicht unterschritten wird? Hinweis: Rißschließung darf nicht berücksichtigt werden.

Aufgabe 8.12: Eine Platte mit Riß (Bild 8.15) soll untersucht werden. Geg.: Ebener Spannungszustand, $c = 18$ mm, $b = 20$ mm, $a = 8$ mm, $t = 4$ mm; $\sigma_{0,2} = 320$ N/mm^2, $\sigma_B = 450$ N/mm^2, $K_{IC} = 1800$ Nmm$^{-3/2}$, $\Delta K_{th} = 70$ Nmm$^{-3/2}$, Paris-Gesetz im N-mm-System: $m = 3,2$, $C = 2,5 \cdot 10^{-13}$. In dieser und in den folgenden Aufgaben sei der Mittelspannungseinfluß auf das Rißwachstum in den Angaben von C und ΔK_{th} bereits berücksichtigt. Ges.: 1) Ermitteln Sie die Sicherheit gegen Bruch $\gamma_B = K_{IC}/K_{Ieff}$ bei einer statischen Belastung $q = 240$ N/mm mittels LEBM; erforderlichenfalls Korrektur der Rißlänge. 2) Wie groß ist der Riß nach $2 \cdot 10^5$ Lastwechseln zwischen $q_{max} = 240$ N/mm und $q_{min} = 200$ N/mm? 3) Wie groß ist der Riß nach $1 \cdot 10^5$ Lastwechseln zwischen $q_{max} = 240$ N/mm und $q_{min} = 120$ N/mm? Hinweis: Bei der Anwendung des Paris-Gesetzes ist der Geometriefaktor (siehe Bild 8.17) auf den für die Anfangsrißlänge maßgeblichen Wert konstant zu halten. Der dadurch bedingte Fehler ist mit der ermittelten Endrißlänge abzuschätzen.

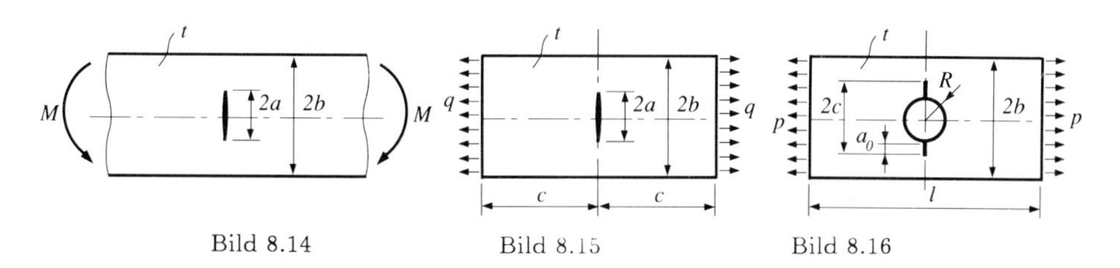

Bild 8.14 Bild 8.15 Bild 8.16

Aufgabe 8.13: Gegeben ist ein dünner Blechstreifen mit mittiger Bohrung und symmetrischen Rissen (Bild 8.16) unter schwingender Zugbeanspruchung sowie den Daten: $l = 300$mm, $b = 40$ mm, $t = 3$ mm, $R = 10$ mm, $a_0 = 3$ mm; $\sigma_{0,2} = 300$ N/mm^2, $\sigma_B = 460$ N/mm^2, $K_{IC} = 1500$ Nmm$^{-3/2}$, $\Delta K_{th} = 60$ Nmm$^{-3/2}$; Paris-Gesetz im N-mm-System: $m = 3,5$, $C = 3,6 \cdot 10^{-15}$; ebener Spannungszustand. Ges.: 1) Ermitteln Sie die Sicherheit gegen Bruch $\gamma_B = K_{IC}/K_{Ieff}$ mittels LEBM bei $p_{max} = 120$ N/mm; nötigenfalls Korrektur der Rißlänge. 2) Nach wievielen Lastwechseln zwischen $p_{max} = 120$ N/mm und $p_{min} = 90$ N/mm ist der Riß um 2 mm gewachsen? Hinweis: Der Geometriefaktor ist Bild 8.18 zu entnehmen.

Aufgabe 8.14: Ein radialer Randeinriß am Innenrand einer rotierenden Kreisringscheibe (Bild 8.19) soll untersucht werden. Geg.: Ebener Spannungszustand, $R_a = 300$ mm, $R_i = 150$ mm, $a = 45$ mm; $\varrho = 7840$ kg/m^3, $^0\sigma_F = 320$ N/mm^2, $\sigma_B = 400$ N/mm^2, $\nu = 0,3$, $K_{IC} = 2000$ Nmm$^{-3/2}$, $\Delta K_{th} = 60$ Nmm$^{-3/2}$; Paris-Gesetz im N-mm-System: $m = 3,2$, $C = 1,3 \cdot 10^{-15}$. Ges.: 1) Berechnen Sie die Sicherheit gegenüber Bruch $\gamma_B = K_{IC}/K_{Ieff}$ bei maximaler Belastung ($n = 2400$U/min) mittels LEBM; eventuell Korrektur der Rißlänge. 2) Nach wievielen Lastwechseln zwischen $n_1 = 2400$ U/min und $n_2 = 1800$ U/min ist der Riß um 3 mm gewachsen? Hinweis: Der Geometriefaktor ist Bild 8.20 zu entnehmen;

mit $$\sigma = \frac{3+\nu}{4}\varrho\,\omega^2\left(R_a^2+\frac{1-\nu}{3+\nu}R_i^2\right) \; .$$

$K_I = Y\,\sigma\,\sqrt{\pi\,a}$

Bild 8.17

Bild 8.18

Bild 8.19

Bild 8.20

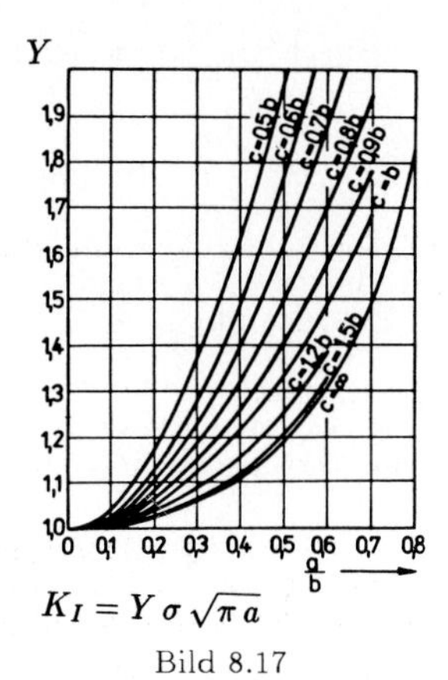

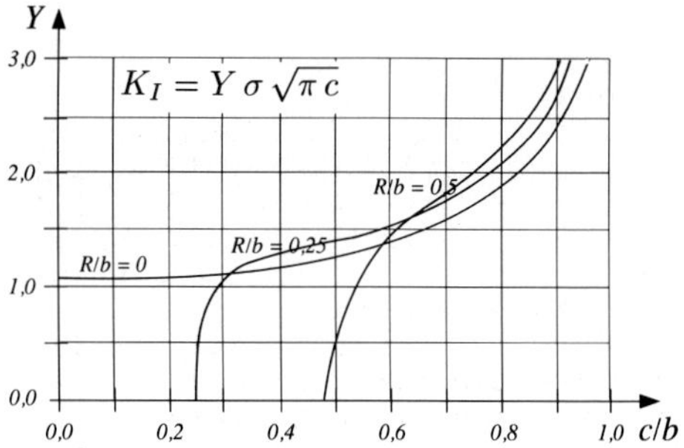

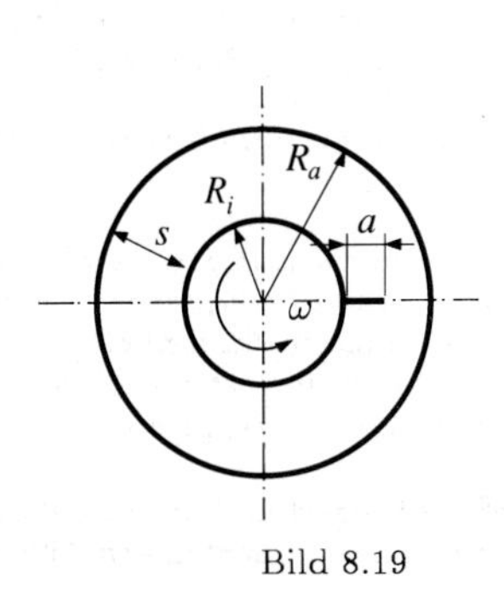

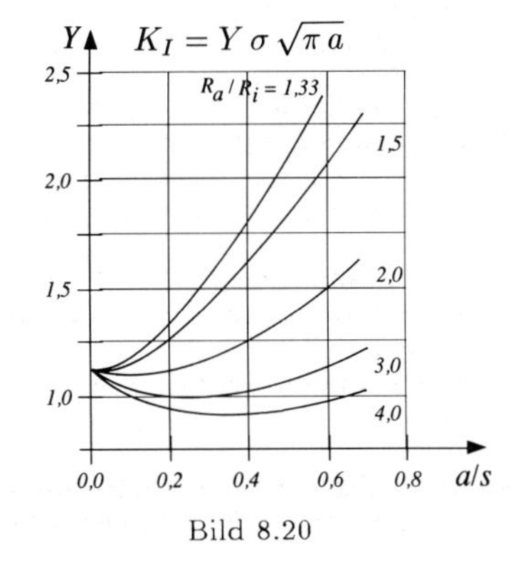

Lösungen zu den Aufgaben

Kapitel 1:

Aufgabe 1.01:

- Verkehrsmittel — Flugzeugbau, Raumfahrt, Schiffbau (Funktion und Betriebskosten)
  KFZ-Bau (PKW, LKW, Tankwagen, ...)
  Schienenfahrzeuge (Wirtschaftlichkeit, Massenkräfte, ...)
  Seilbahnbau, Aufzugbau, ...
- Verpackungs- und Transporteinrichtungen (Rentabilitätsbetrachtungen)
- Hebe- und Fördermaschinen
- Metall-Leichtbau (Hallen, Fassaden, Maste, Türme, Brücken, ...)
- Lagertankbau, stationäre Behälter
- Allgemeiner Maschinenbau; z.B. Wasserkraftwerkbau (Druckrohrleitungen, Spiralgehäuse, Saugrohr, Generatorkuppel, ...), Roboter und Handhabungsgeräte, ...
- Sportartikel; z.B. Schi, Tennisschläger, Surfbretter, Hängegleiter, Ultraleichtflugzeuge, ...

Aufgabe 1.02:

Maßnahmen	*Einschränkungen*
• Materialauswahl — höhere Festigkeit, geringeres spezifisches Gewicht, höhere Steifigkeit (Elastizitätsmodul), besseres bruchmechanisches Verhalten, ...	Fertigungsverfahren, Verwendungszweck (Korrosion, Entflammbarkeit, ...), Preis
• Verbundwerkstoffe (GFK, CFK, MMC), Werkstoffverbunde (Sandwichkonstruktionen), ...	— „ —, Recycling
• genauere Berechnungsverfahren — weniger durch Unsicherheiten in der Berechnung begründete Materialzugaben, ...	Zeitaufwand, Berechnungskosten
• konstruktive Maßnahmen — Integralbauweise, Krafteinleitung, Leichtbauprofile, Optimierungsverfahren, Details (Kerben, ...)	technologische Einschränkungen, Lagerhaltung, Verwendungszweck, Ästhetik
• Auswahl der Verbindungselemente bzw. Schweiß- und Klebeverbindungen	vorgeschriebene Formen (z.B. Tragflächenprofil)
• ...	

Aufgabe 1.03: Da sich der Zellengewichtsanteil um 5% verringert und der Anteil des Treibstoffes am Gesamtgewicht mit 25% gleich bleibt, steigt der Zuladungsanteil von 25% auf 30%, also um 20%!

Aufgabe 1.04:

- Erfüllung des *Verwendungszweckes* unter Beachtung größtmöglicher *Wirtschaftlichkeit* der Herstellung und des Betriebes.
- Sicherheit gegen *Versagen* durch
  - zu große Deformationen (Beeinträchtigung der Funktionstüchtigkeit, Dichtheit, Lagerbeanspruchung, Freiraum für Steuergestänge, ...)
  - bleibende Deformationen (örtliches Plastifizieren, Kriechen, ...)
  - Sprödbruch durch Überlast (Gewaltbruch)
  - Bruch durch Ermüden (high cycle fatigue, low cycle fatigue, Rißausbreitung, ...)
  - instabiles plastisches Rißwachstum
  - Spannungsrißkorrosion
  - Materialzerrüttung
  - Stabilitätsverlust (statische, dynamische Instabilitäten)
  - Erreichen der (plastischen) Traglast
  - Erreichen der Lebensdauer durch Kriechen
  - Korrosion, Entflammung, Tragfähigkeitsverlust durch Alterung, Bestrahlung usw.
  - ...
- *Wartbarkeit* (möglichst geringer Wartungsaufwand, möglichst gute Zugänglichkeit)
- *Zuverlässigkeit*
- Erfüllung von *Vorschriften* und Normen (und Auflagen seitens des Kunden)
- *Ästhetik*
- Aspekte des *Umweltschutzes*
- *Recyclingfähigkeit*

Aufgabe 1.05:

- Lasten direkt in die Auflager (Anschlüsse) einleiten.
- Kraftübertragung durch ebene, gerade Zug-Elemente.
- Einzelkräfte auf Spanten (Flugzeugzelle, Tragflächen, ...) oder Rippen einleiten.
- Keine plötzlichen Querschnittsänderungen vorsehen.
- Ausschnitte und dergleichen in gering beanspruchte Gebiete legen.
- Spannungssingularitäten und -konzentrationen durch Maßnahmen wie z.B. Ausrundungen oder Ausbildung von Rippenenden vermeiden.
- Günstige Materialausnutzung. So nehmen z.B. Leichtbauträger Rücksicht auf die Spannungsverteilung, oder durch die Verwendung von Faserverbundwerkstoffen wird eine Variation der Materialeigenschaften entsprechend der örtlichen Beanspruchung erzielt.
- Sinnvolle Materialauswahl bzw. Materialkombinationen
- ...

Aufgabe 1.06: $G_1/G_2 = 11,6/1$.

Kapitel 2:

Aufgabe 2.01: Siehe (2.5) und (2.6).

Aufgabe 2.02: Siehe Gl. (2.14), Gl. (2.15), Bild 2.6 und Bild 2.7.

Aufgabe 2.03: Siehe Gl. (2.23).

Aufgabe 2.04: Siehe (2.17); Gl. (2.31) und Gl. (2.34).

Aufgabe 2.05: Siehe Gl. (2.50).

Aufgabe 2.06: Siehe (2.23).

Aufgabe 2.07: Siehe (2.24) und (2.26).

Aufgabe 2.08: Siehe (2.27) bis (2.31).

Aufgabe 2.09: Siehe Gl. (2.68).

Aufgabe 2.10: Siehe Gl. (2.69) und Anmerkung (2.36).

Aufgabe 2.11: Siehe (2.39) und (2.40).

Aufgabe 2.12: Siehe (2.43), Gl. (2.75) und Gl. (2.76).

Aufgabe 2.13: Siehe (2.44), (2.45), Gl. (2.77) und Gl. (2.78).

Aufgabe 2.14: Nach Anschreiben der Transformationsgl. für $\varepsilon_{\eta\eta}$ und $\varepsilon_{\xi\xi}$ folgt:

$$\begin{aligned} \varepsilon_{yy} &= \frac{2}{3}\Big(\varepsilon_{\xi\xi} + \varepsilon_{\eta\eta} - \frac{\varepsilon_{xx}}{2}\Big) \\ \varepsilon_{xy} &= \frac{1}{\sqrt{3}}\Big(\varepsilon_{\xi\xi} - \varepsilon_{\eta\eta}\Big) \end{aligned} \quad \Longrightarrow \quad \begin{aligned} \sigma_{xx} &= \frac{E}{1-\nu^2}\left[\varepsilon_{xx} + \frac{2\,\nu}{3}(\varepsilon_{\xi\xi} + \varepsilon_{\eta\eta} - \frac{\varepsilon_{xx}}{2})\right] , \\ \sigma_{yy} &= \frac{E}{1-\nu^2}\left[\frac{2}{3}(\varepsilon_{\xi\xi} + \varepsilon_{\eta\eta} - \frac{\varepsilon_{xx}}{2}) + \nu\,\varepsilon_{xx}\right) , \\ \sigma_{xy} &= 2\,G\,\frac{1}{\sqrt{3}}\,(\varepsilon_{\xi\xi} - \varepsilon_{\eta\eta}) \ . \end{aligned}$$

Aufgabe 2.15: Da ein lineares Problem vorliegt, kann die Gesamtlösung aus den Teillösungen für isotherme Innendruckbelastung und dem Aufheizen überlagert werden:

$$\sigma_{xx} = \sigma_{xx}^P + \sigma_{xx}^T = p\,r\,\nu/t - E\,\alpha\,\Delta T \ .$$

Aufgabe 2.16: Bei orthotropem Materialverhalten entsteht durch die Drehung eine voll besetzte $\underset{\approx}{\mathbf{E}}_\gamma$-Matrix, bei isotropem Verhalten ergibt sich $\underset{\approx}{\mathbf{E}}_\gamma = \underset{\approx}{\mathbf{E}}_0$.

Aufgabe 2.17:

RB.: $\quad A = 0 \ , \ D = -C \ , \ B = \dfrac{\alpha\,h\,\sinh\alpha h}{\sinh^2\alpha h - \alpha^2\,h^2}\,q_0 \ , \ C = \dfrac{\sinh\alpha h + \alpha\,h\,\cosh\alpha h}{\sinh^2\alpha h - \alpha^2\,h^2}\,q_0 \ ;$

$$\Longrightarrow \quad n_{xx} = (2\,B\,\cosh\alpha y + \alpha\,y\,B\,\sinh\alpha y - C\,\sinh\alpha y - \alpha\,y\,C\,\cosh\alpha y)\sin\alpha x \ .$$

Reihenentwicklung für $h \ll l$ liefert: $\qquad n_{xx} \approx q_0\dfrac{6(h-2y)l^2}{\pi^2\,h^3}\sin\dfrac{\pi x}{l}$

entspricht gelenkig gelagertem Balken mit $M'' = -q(x)$ und $\sigma_{xx} = n_{xx}/t = \frac{M}{J}\left(\frac{h}{2} - y\right)$.

Aufgabe 2.18: $\qquad E_t(\sigma) = \dfrac{1}{\frac{1}{E} + n\frac{\sigma^{n-1}}{B^n}} \ , \quad E_w = \dfrac{1}{\frac{1}{E} + \frac{n}{2}\frac{\sigma^{n-1}}{B^n}} \ , \quad \sigma^* = \dfrac{\pi^2\,E_w(\sigma^*)}{\lambda_K^2} \ .$

Aufgabe 2.19: a) $M_P/M_F = 1,5$, b) $M_P/M_F = 16/(3\,\pi) = 1,7$, c) $M_P/M_F = 2$, d) $\beta \geq 1 + \alpha^3/(3\alpha - 4)$ mit $\alpha > 4/3$, $\alpha_{min} = 1,9$, $\beta_{min} = 5,1$.

Aufgabe 2.20: 1) $M^{EP} = 1,847 \cdot 10^6$ Nmm. 2) $\sigma^R(z = \xi) = 67,15$ N/mm², $\sigma^R(z = h/2) = -77,00$N/mm² (siehe Bild 9.1). 3) $\varrho_{min} = 4186$mm.

Aufgabe 2.21: 1) $\xi = 38,73$ mm $\Rightarrow M_F^- = 6,67 \cdot 10^6$ Nmm. 2) $M_P^- = 1,25 \cdot 10^7$ Nmm. 3) $\sigma^R(z = a/2) = 10,0$ N/mm², $\sigma^R(z = \xi) = -3,52$ N/mm², $\varrho = 7,70 \cdot 10^5$ mm.

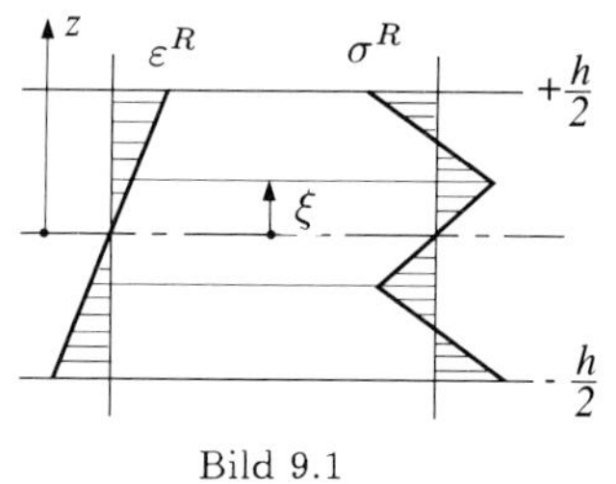

Bild 9.1

Aufgabe 2.22: 1) $M_{max} = 2,25 \cdot 10^6$ Nmm $< M_P = 2,7 \cdot 10^6$ Nmm $\Rightarrow$ kein plast. Versagen. 2) σ^0 erfüllt $F = 0$, $M = 0 \Rightarrow$ Eigenspannungsfeld; z.B. mit $\sigma_1 = 240$ N/mm² ist 1. Melanscher Satz erfüllt $\Rightarrow$ Einspielen.

Kapitel 3:

Aufgabe 3.01: Es ergeben sich folgende Mittelwerte:

Werkstoff	γ [N/dm³]	E [N/mm²]	σ_B [N/mm²]	σ_B/γ [km]	E/γ [km]
Holz	4	10^4			2500
Mg-Leg.	18	$4,5 \cdot 10^4$	300	16,7	2500
Al-Leg.	28	$7,2 \cdot 10^4$	400	14,3	2570
Titan	45	$1,1 \cdot 10^5$	1200	26,7	2440
Stahl	80	$2,1 \cdot 10^5$	700	8,8	2630
Polyester	13	$2,1 \cdot 10^3$	60	4,7	163
Phenolformaldehyd	13	$2,1 \cdot 10^3$	35	2,7	161
Araldid Gießharz	12	$2,5 \cdot 10^3$	65	5,3	204
Methylmethocrylat	12	$2,8 \cdot 10^3$	50	4,2	233
Glasfasern					
ø 6μ	26	$7,6 \cdot 10^4$	3500	137,0	2950
ø 10μ	26	$7,6 \cdot 10^4$	2000	78,0	2950
Quarzfaser	27	$7,0 \cdot 10^4$	2450	92,6	2650
Asbestfaser	24	$1,9 \cdot 10^5$	1500	62,5	7700
Kohlefaser	16	$3,0 \cdot 10^5$	1800	112,5	18750
Aramidfaser	25	$1,2 \cdot 10^5$	2500	100,0	4800

Aufgabe 3.02:

- geringes Gewicht bei hoher Festigkeit (große Reißlänge der Fasern) und hoher Steifigkeit (große E/γ - Werte der Fasern),
- ort- und richtungsabhängige Materialeigenschaften als Optimierungsergebnis realisierbar,
- Duktilitätssteigerung bei spröder Matrix (z.B. Keramik),
- günstiges Verhalten bei zyklischer Beanspruchung,
- gute Korrosionseigenschaften und erhöhte Abriebfestigkeit,
- komplexe Formen nahtlos herstellbar (Integralbauweise) — z.B. gewickelte Behälter, ...
- gute elektrische und thermische Isolation bei einer Kunststoffmatrix,
- Rohstoffe für Kunststoffmatrizen leicht beschaffbar,
- bei entsprechenden Fasern (z.B. Kohlenstoff, Bor, Keramik, ...) extrem kleine Wärmedehnungskoeffizienten,
- bei einer Metallmatrix hohe Temperaturbeständigkeit, bei Keramik- oder Kohlenstoffmatrix sehr hohe Temperaturbeständigkeit,
- ...

Aufgabe 3.03:

- teuer — insbesondere kohlefaserverstärkte Kunststoffe (CFK) und Metall-Matrix-Verbundwerkstoffe (MMC),
- bei einer Kunststoffmatrix die Nachteile der Kunststoffe: Umweltbelastung (allerdings wurden auch für Verbundwerkstoffe Recyclingverfahren entwickelt); Materialverschlechterung bei Feuchtigkeits- und Temperatureinfluß; zeitabhängiges Materialverhalten (Alterung); Kriechdeformationen bei Langzeitbelastung, ...
- ...

Aufgabe 3.04:

- Materialeigenschaften der Fasern (Werkstoffe, Faserdicke, ...),
- Materialeigenschaften der Matrix,
- Faseranteil im Verbundstoff,
- Anordnung der Fasern,
- Güte des Verbundes zwischen Fasern und Matrix,
- Umgebungsbedingungen,
- Art der Belastung (statisch oder dynamisch).

Aufgabe 3.05:

- regellos als Matte (Einfluß der Faserlänge),
- parallelliegende Fasern,
- Gewebe (gewöhnliche und hochsteife),
- ...

Aufgabe 3.06:

Vormaterialien: Rovings, Gewebe (woven rovings, fabrics), Pre-pregs (vorimprägniertes Halbzeug), Kurzfasern (0,2 bis 50 mm), Wirrfasermatten, Platten (für SMC), Vorformlinge.

Fertigungsmethoden: Handlaminieren, Sprühverfahren, Formen in der Heißpresse (3 - 7 MPa) (SMC, BMC, DMC, HMC, ev. in Verbindung mit IMC), Vakuum-Formen, Autoklave-Formen, Harz-Einspritzen (ev. mit Vorformlingen) und ev. in Verbindung mit Vakuumtränken, Spritzgießen (RIM - Reaction Injection Moulding, RRIM - Reinforced Reaction Injection Moulding), Strangziehen, Wickeln, ...

Aufgabe 3.07: Siehe (3.3).

Aufgabe 3.08: $M_{T,zul} = 1,29 \cdot 10^7$ Nmm.

Kapitel 4:

Aufgabe 4.01: Siehe (4.1).

Aufgabe 4.02: Siehe (4.4).

Aufgabe 4.03: Siehe Gl. (4.09); (4.12), (4.13).

Aufgabe 4.04: Siehe (4.14).

Aufgabe 4.05: Siehe Gl. (4.10).

Aufgabe 4.06: Siehe Gl. (4.14).

Aufgabe 4.07: Siehe Gl. (4.24), Gl. (4.25); (4.19) und (4.20).

Aufgabe 4.08: Siehe Gl. (4.28).

Aufgabe 4.09: Siehe Gl. (4.34) bis Gl. (4.40).

Aufgabe 4.10: Siehe (4.25).

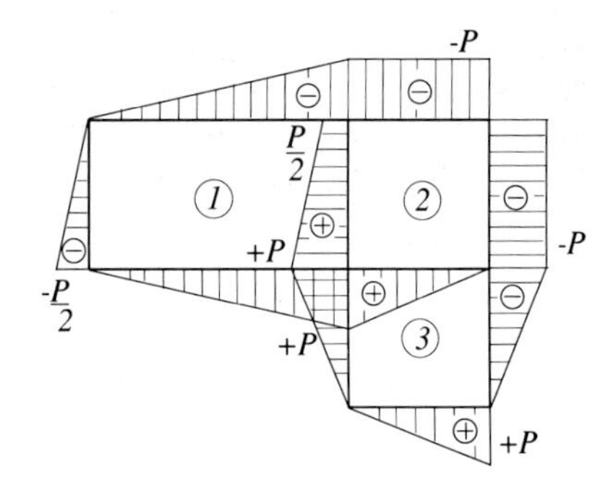

Bild 9.2

Aufgabe 4.11: 1) Der SMP liegt im Schnittpunkt der Mittellinien der beiden Rechtecke. 2) $J_T = t^3(b+h)/3 = 88733\,\text{mm}^4$.

Aufgabe 4.12: $$q_1 = \frac{1}{a+b} P\left(\alpha+2\right) \;,\; q_2 = \frac{P}{b}\left[1 - \frac{a}{a+b}\left(\alpha+2\right)\right] \;,\; q_3 = \frac{P}{b} \;.$$

1) $\alpha_1 = -2$, 2) $\alpha_2 = -0,5$, 3) Normalkraftverlauf siehe Bild 9.2, $P = P^*/\gamma = 3342\,\text{N}$, Beulen in Feld 1: $\gamma = q_1^*/q_1 = 2,7$.

Aufgabe 4.13: $$y_M(a) = \frac{b}{1+\frac{a}{8}}\left[\frac{3}{2} - \frac{h+b-\frac{ah}{8}}{b+h}\right] \quad , \quad y_M(a=0) = \frac{b}{2} \;.$$

Aufgabe 4.14: 1) $M_T/Qa = 3/(2+4k^2)$, 2) $k = \sqrt{0,5} = 0,707$.

Aufgabe 4.15: 1)
$$\frac{t_1}{t_2} = \frac{\frac{1}{2b(a+b)}\left[M_T + Q\left(\frac{a}{4} - \frac{b}{2}\right)\right]}{\frac{Q}{4b} + \frac{1}{2b(a+b)}\left[M_T + Q\left(\frac{a}{4} - \frac{b}{2}\right)\right]} ,$$

2)
$$\vartheta = \frac{1}{2b(a+b)G}\Big\{\frac{1}{2b(a+b)}\Big[M_T + Q\Big(\frac{a}{4} - \frac{b}{2}\Big)\Big]\Big(3\frac{b}{t_1} + \frac{b}{t_2} + 2\frac{a}{t_2}\Big) + \\ + \frac{Q}{b}\Big(2\frac{a}{4t_2} + \frac{b}{2t_2} - \frac{b}{2t_1}\Big)\Big\} .$$

Aufgabe 4.16: 1) $x = \frac{M_T}{Q} - \frac{b}{2}$. 2) Siehe Bild 9.3.

Aufgabe 4.17: $Q_{max} = Q = \dfrac{mg}{2}$, $M_{max} = 2\,Q\,l$, $q_0 = \dfrac{Q}{16a^2}(2\,l + \dfrac{8\,a}{22})$;

1)
$$\tau_1 = \frac{q_0}{t} , \quad \tau_3 = \frac{5Q}{22at} + \frac{q_0}{t} , \quad \tau_7 = -\frac{5Q}{22at} + \frac{q_0}{t} , \quad \tau_{10} = -\frac{Q}{22at} + \frac{q_0}{t} .$$

2)
$$F_1 = \sigma\,A_1 = \frac{Q\,l}{11\,a} , \quad F_2 = \sigma\,A_2 = \frac{4\,Q\,l}{11\,a} .$$

3a)
$$\text{Blech: } \sigma_V = \sqrt{3}\,\tau_{max} , \quad \text{Steife: } \sigma_V = \frac{Q\,l}{11\,A_1\,a} .$$

3b)
$$\text{Blech: } \sigma_V = \sqrt{\frac{Qla}{11a^2A_1 + \frac{14}{3}ta^3} + 3\left[\frac{5Q}{22at} + \frac{1}{16a^2t}\left(2Ql + \frac{8}{22}Qa\right)\right]^2} ,$$

$$\text{Steife: } \sigma_V = \frac{Q\,l\,a}{11\,a^2\,A_1 + \frac{14}{3}\,t\,a^3} , \qquad 4)\ \vartheta = \frac{3\,Q\,l}{32\,G\,t\,a^3} , \qquad 5)\ \tau_{max} = \tau_3 .$$

Kapitel 5:

Aufgabe 5.01: Siehe (5.1).

Aufgabe 5.02: Siehe (5.2).

Aufgabe 5.03: $H/P = 6/17 = 0,3529$.

Aufgabe 5.04: $M_T = \frac{\sqrt{3}}{6}Fa$, $M_b = -\frac{1}{2}Fa$. Schnitt E: $\sigma_{max} = 52,08\ \mathrm{N/mm^2}$, $\tau = 20,0\ \mathrm{N/mm^2}$, $\gamma = \sigma_F/\sigma_V = 3,76$. Schnitt D: $\sigma_{max} = 104,17\ \mathrm{N/mm^2}$, $\tau_1 = 15,62\ \mathrm{N/mm^2}$; $\tau_2 = 23,44\ \mathrm{N/mm^2}$, $\gamma_{min} = \sigma_F/\sigma_{V,1} = 2,18$.

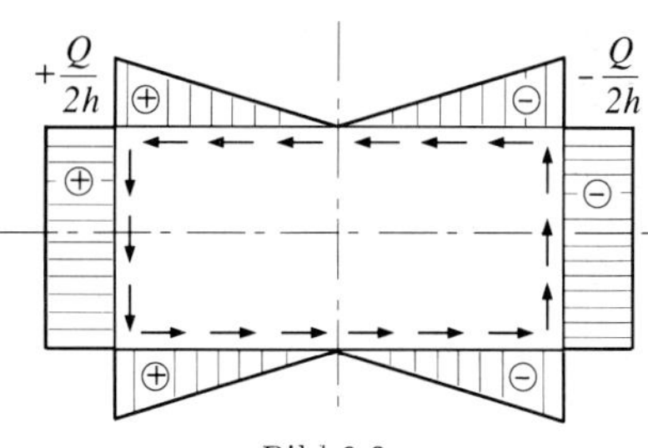

Bild 9.3

Aufgabe 5.05:
$$n_{rr} = n_{rr}^{(0)} + X^{(1)}\,n_{rr}^{(1)} , \quad n_{\varphi\varphi} = n_{\varphi\varphi}^{(0)} + X^{(1)}\,n_{\varphi\varphi}^{(1)} , \quad N = X^{(1)}\,N^{(1)} .$$

$$\text{Scheibe: } U^* = \frac{1}{2E}\int_0^{2\pi}\int_{R_i}^{R_a}\left(n_{rr}^2 + n_{\varphi\varphi}^2 - 2\,\nu\,n_{rr}\,n_{\varphi\varphi}\right)\left(\frac{1}{t_1}\right) r\,dr\,d\varphi;$$

$$\text{Steife: } U^* = \left(X^{(1)}\right)^2 \frac{R_a^3\,\pi}{E\,b\,t_2} , \quad X^{(1)} = \frac{2\,q_i\,R_i^2\,R_a^2}{\frac{R_a^3\,t_1\,(R_a^2 - R_i^2)}{t_2\,b} + R_i^2\,R_a^2\,(1+\nu) + R_a^4\,(1-\nu)} .$$

Aufgabe 5.06: 1) $v = P/114,6$ in [kN] und [cm]. 2) $v^* = (P - 0,3488)/58,065$ in [kN] und [cm].

Kapitel 6:

Aufgabe 6.01: Siehe (6.1), Bild 6.1 und Bild 6.2.

Aufgabe 6.02: Siehe (6.2).

Aufgabe 6.03: Knicken, Biegedrillknicken, Drillknicken; ev. in Verbindung mit Biegung: Kippen und – bei dünnwandigem Profil – durch lokales Flansch- oder Wandbeulen.

Aufgabe 6.04: Siehe Gl. (6.10).

Aufgabe 6.05: Siehe Gl. (6.16) bzw. Gl. (6.17).

Aufgabe 6.06: Siehe (6.15).

Aufgabe 6.07: Siehe (6.16) und Gl. (6.34).

Aufgabe 6.08: Siehe (6.4).

Aufgabe 6.09: Siehe (6.18) und Gl. (6.35).

Aufgabe 6.10: Siehe Gl. (6.38) und Bild 6.18.

Aufgabe 6.11: Siehe Gl. (6.42) in Verbindung mit (6.25).

Aufgabe 6.12: Siehe (6.26).

Aufgabe 6.13: Siehe (6.29) und (6.30).

Aufgabe 6.14: Siehe (6.31) und (6.32).

Aufgabe 6.15: Siehe (6.33), Gl. (6.52) und Bild 6.46.

Aufgabe 6.16: Siehe (6.39) bis (6.41), Bild 6.49 und Bild 6.50.

Aufgabe 6.17: Siehe Bild 6.50.

Aufgabe 6.18: Siehe (6.45).

Aufgabe 6.19: Siehe (6.46).

Aufgabe 6.20: a) Feststellung ob kurz, mittellang oder lang (vgl. Bild 6.53 und Gl. (6.61)); b) je nach Klassifizierung Berechnung der theoretischen Beulspannung σ^*_{th} nach (6.51), (6.61) bzw. (6.62); c) Berücksichtigung eines Abminderungsfaktors α zur Ermittlung von σ^*_{pr}, siehe (6.52) bis (6.54) bzw. (6.62); d) für kurze Zylinder Berücksichtigung des ev. „Plattenbeulens" mittels Gl. (6.72) und Überprüfung mittels Gl. (6.73); e) für lange Zylinder Berücksichtigung des ev. Stabknickens; f) Kontrolle, ob elastisches Verzweigen vorliegt und nötigenfalls Berechnung auf elasto-plastisches Schalenbeulen nach (6.55) bzw. Plattenbeulen oder Knicken nach (2.26).

Aufgabe 6.21: Siehe (6.57).

Aufgabe 6.22: Möglicherweise stabilisierend, weil imperfektionsglättend, siehe (6.58), (6.59); bzw. destabilisierend, weil Begünstigung des Plastifizierens, siehe (6.60).

Aufgabe 6.23: Siehe (6.64) bis (6.67) und Gl. (6.76) bis Gl. (6.77).

Aufgabe 6.24: Siehe (6.64), (6.65), (6.68) und (6.69).

Aufgabe 6.25: Siehe (6.76).

Aufgabe 6.26: Siehe (6.78).

Aufgabe 6.27: Siehe (6.80) und Gl. (6.86) mit Gl. (6.87) und Gl. (6.90).

Aufgabe 6.28: Da antimetrische Modes von Feder unbeeinflußt, werden hier die Lösungen für symmetrischen Mode angegeben: Mit Stablänge $= 2\,l$, $\xi = x/l$, $\mu^2 = P\,l^2/EJ$ folgt $w = C_1 + C_2\,\xi + C_3\,\cos\mu\xi + C_4\,\sin\mu\xi$. Aus RB.: $w(0) = 0$, $M(0) = 0$, $w'(1) = 0$ (Symmetrie), $2\,EJ\,w'''(1)/l^3 - c\,w(1) = 0$ (Querkraft) folgt nach Nullsetzen der Koeff.det. die Eigenwertgl.: $\tan\sqrt{P\,l^2/EJ} = \sqrt{P\,l^2/EJ}\,(1 - 2\,P/c\,l)$.

Aufgabe 6.29: Exakt: Mit $EJ\,w'' = -P(w+e)$ folgt

$$w(x) = e\left[\frac{\cos\sqrt{\frac{Pl^2}{EJ}}\left(\frac{1}{2} - \frac{x}{l}\right)}{\cos\frac{1}{2}\sqrt{\frac{Pl^2}{EJ}}} - 1\right] \overset{\text{Reihenentw.}}{\Longrightarrow} w(x) \approx \frac{P\,e}{2\,EJ}\,\frac{(x\,l - x^2)}{1 - \frac{P\,l^2}{\pi^2\,E\,J}} \overset{\text{Gl. (6.35)}}{=} w_{II} \;.$$

Aufgabe 6.30: Nach Iteration für Stab 2: $P^*_K = 195$ kN, $M_{II} = 0{,}907\,M_I$, $d = 3{,}72$ cm; $G_1/G_2 = 1/10{,}9$.

Aufgabe 6.31: Stab 1: $P^* = \left(1 + \frac{1}{\sqrt{2}}\right)\frac{\pi^2\,E\,J}{2\,a^2}$.

Aufgabe 6.32: 1) $A_{2_{krit}} = 553{,}9\ \text{mm}^2$; $w^* = 28{,}91$ mm $\Rightarrow J_{2_{krit}} = 4{,}055 \cdot 10^6\ \text{mm}^4$.
2) Siehe Bild 9.4.

Aufgabe 6.33: 1) $l = \dfrac{E\,u}{\sigma_{zul}}$, $d = \dfrac{4\,u}{\pi}\sqrt{\dfrac{E}{\sigma_{zul}}}$, $t = \dfrac{P}{4\,u\sqrt{\sigma_{zul}\,E}}$.

2) Stahl: $l = 700$ mm, $d = 33,6$ mm, $t = 0,157$ mm; $m = 0,091$ kg, Alu: $l = 700$ mm, $d = 33,6$ mm, $t = 0,472$ mm; $m = 0,095$ kg.

Aufgabe 6.34: 1) $b = 66,4$ mm, $t = 1,77$ mm. 2) $\sigma_{max} = 94,4$ N/mm^2 $\Rightarrow \gamma_b = 1,65$.

Aufgabe 6.35: 1) $d_1 = 48,8$ mm. 2) $a_2 = 79,7$ mm. 3) Versagen durch lokales Beulen vor globalem Knicken; $u_{II} = 4,52$ mm, $F_{II} = 108849$ N; Skizze siehe Bild 9.5.

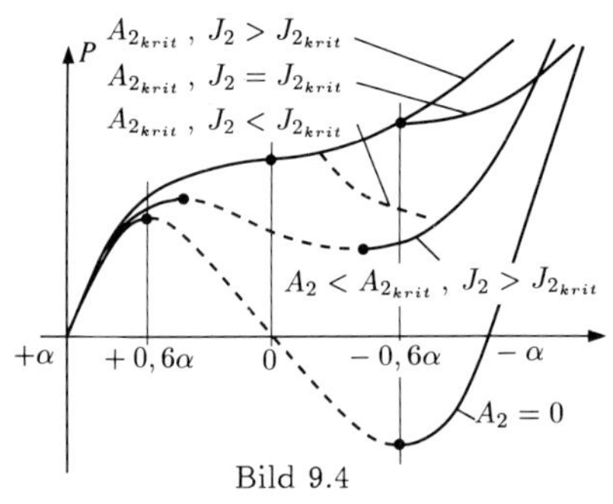

Bild 9.4

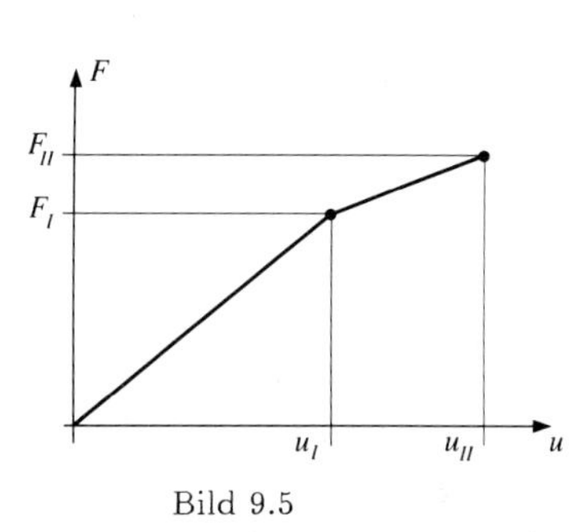

Bild 9.5

Aufgabe 6.36:

$$1)\ P = \frac{4}{a}\left(\frac{\pi}{a}\right)^2 \left\{ E_1 J_1 \left[\frac{b}{2} - \frac{a}{4\pi}\sin\left(\frac{2\pi b}{a}\right)\right] + E_2 J_2 \left[\frac{a}{4} - \frac{b}{2} + \frac{a}{4\pi}\sin\left(\frac{2\pi b}{a}\right)\right]\right\} .$$

2) $D = 189,7$ mm, $s = 1,78$ mm. 3) $P_K = 1,23 \cdot 10^6$ N $\Rightarrow \gamma_K = 19,3$.

Aufgabe 6.37: 1) $b = 2,159$ cm, $t = 0,044$ cm. 2) $\gamma_F = 3,39$. 3) $G = 2,204$ N.

Aufgabe 6.38: $F_1 = -68661$ N, $F_2 = 137321$ N. 1) Globales Knicken (nein): $P_K = 307054$ N $> F_1$; Lokales Beulen (ja): $\sigma = 114,43$ N/mm^2 $> \sigma^* = 56,7$ N/mm^2. 2) Nach Iteration: $\sigma_1 = 117,76$ N/mm^2, $b_m = 78,38$ mm; $\gamma_F = 3,06$, $P_K = 256490$ N, $\gamma_K = 4,63$.

Aufgabe 6.39: $a = 1,354$ cm, $t = 0,074$ cm; $C_W = 0$ (vgl. [35]), $J_T = 4\,a\,t^3/3$, $i_M^2 = (4\,a^2 + t^2)/12$; ${}_TP^* = 9,5$ kN; d.h. der so optimierte Stab würde drillknicken!

Aufgabe 6.40: $P^*_{K,2} = 4395$ N; 1) $\alpha = 43,70°$. 2) $v^* = 1,11$ mm, $u^* = 1,46$ mm, $P^*_{K,1} = 42869$ N, $P^*_3 = 5770$ N, $P^* = 35388$ N.

Aufgabe 6.41: 1) $d = 8,36$ mm. 2) $P^* = 5870$ N. 3) Stab indifferent, Schubfeld stabil $\Rightarrow$ Struktur stabiles Nachbeulverhalten.

Aufgabe 6.42: $t_1 = 0,347$ cm, $t_2 = t_4 = 0,311$ cm, $t_3 = 0,240$ cm.

Aufgabe 6.43: 1) $t = 3,13$ mm. 2) $\gamma = \sigma^*/\sigma = 59,8/17,1 = 3,5$.

Aufgabe 6.44: 1) $P_{krit} = 512$ N. 2) $a_1 = 13$ mm, $\hat{P}_{krit} = 1570$ N. 3) $t_2 = 0,215\,\pi\,b^2/l_K$. 4) $b = 17,7$ mm, $t_2 = 0,302$ mm.

Aufgabe 6.45: $t_1 = 2,90$ mm, $t_2 = 1,18$ mm, $t_3 = 2,95$ mm, $t_4 = 2,36$ mm, $c = 33,94$ mm, $e = 101,83$ mm, $m = 2687$ kg.

Aufgabe 6.46: 1) $\sigma = 307,7$ N/mm^2 $> \sigma^* = 86,5$ N/mm^2 $\Rightarrow$ lokales Beulen. 2) $b_m = 33,33$ mm, $\sigma_L = 375$ N/mm^2, $J = 8981$ mm^4; $\gamma_K = P_K/P = 3,45$.

Aufgabe 6.47: 1) $P^* = 174,71$ kN $< P \Rightarrow$ lokales Beulen. 2) $b_m = 120,7$ mm, $\sigma_L = 93,2$ N/mm^2, $J = 3,83 \cdot 10^6$ mm^4; $\gamma_K = P_K/P = 209$, $\gamma_F = \sigma_F/\sigma_L = 3,6$.

Aufgabe 6.48: 1) $q_1 = P/(2a)$, $q_2 = q_3 = P/a$. 2) Siehe Bild 9.6. 3) $P = 224$ kN. 4) $\xi_1 = 17,6$, $\xi_2 = \xi_3 = 26,9$.

Aufgabe 6.49: 1) $P = 1,93$ kN. 2) $P_{zul} = 150$ kN. 3) Skizze siehe Bild 9.7 mit $\sigma_x = \tau = 125$ N/mm^2, $q = 125$ N/mm, $H = V = 75$ kN; $Q(x) = -H + \sigma_x\,x\,t$, $N(x) = P_{zul} + V - q\,x$, $M(x) = H\,x - \sigma_x\,t\,x^2/2$.

Aufgabe 6.50: $p^*_{pr} = 163,97$ N/mm^2; $\Delta T = 53,45$ K.

Aufgabe 6.51: 1) $\sigma^*_{pr} = 90,9$ N/mm^2, $p^*_{pr} = 0,026$ N/mm^2; $p_{max} = 0,015$ N/mm^2. 2) $H_{max} = 46,5$ kN.

Aufgabe 6.52: 1) $M = 4,86 \cdot 10^8$ Nm. 2) $\sigma = 45,87$ N/mm^2. 3) $\sigma^*_{pr} = 74,83$ N/mm^2, $\bar{\sigma} = 48,55$ N/mm^2 $\Rightarrow \gamma = 1,5$.

Aufgabe 6.53: 1) Zylinder 1: $\sigma_1^* = 114,7$ N/mm^2, Zylinder 2: $\sigma_2^* = 167,0$ N/mm^2. 2) $\Delta T = 89,65$ K. 3) $\Delta T = -44,47$ K.

Aufgabe 6.54: $t = 5,6$ mm.

Aufgabe 6.55: 1) Am Auflager: $M_{max} = -216,02$ kNm. 2) $\sigma_{max} = 11,46$, $\sigma_{pr}^* = 120,86$ N/mm^2, $\gamma = 10,5$; 3) $\tau_{max} = 8,44$ N/mm^2, $\tau_{pr}^* = 26,61$ N/mm^2, aus Interaktion mit Gl. (6.81) analog zu (6.71): $\gamma = D/d = 2,6$.

Aufgabe 6.56: 1) Kugelkalotte: $p = 7,36$ N/cm^2 (konservative Abschätzung), $p_{pr}^* = 14,51$ N/cm^2, $\gamma_{Beul} = 2$; $\bar{\sigma} = 17,56$ N/cm^2, $\gamma_F = 23$. 2) Kegelschale: $P = 2,17 \cdot 10^6$ N, $P_{pr}^* = 1,86 \cdot 10^7$ N, $p = 9,81$ N/cm^2, $p_{pr}^* = 14,67$ N/cm^2, Interaktion: $\gamma = 1,3$; Unterer Rand: $\sigma_{ss} = 13,80$ N/mm^2, $\sigma_{\varphi\varphi} = 32,74$ N/mm^2, $\bar{\sigma} = 28,46$ N/mm^2, $\gamma_F = 14$.

Kapitel 7:

Aufgabe 7.01: Siehe (7.1).

Aufgabe 7.02: Bei Sandwichbalken dürfen die Schubdeformationen (schubweicher Kern) nicht vernachlässigt werden, und die Biegelängsspannungen werden (näherungsweise) nur von den Deckschichten übertragen.

Aufgabe 7.03: Siehe (7.5).

Aufgabe 7.04: Siehe (7.7) bis (7.16).

Aufgabe 7.05: Siehe (7.11), (7.14); wegen (7.13) ist (7.12) zu beachten!

Aufgabe 7.06: Siehe (7.13).

Aufgabe 7.07: 1) $b = 33$ mm, $P^* = 32,35$ kN; $\sigma^* = 25,80$ kN/cm^2 $< \sigma_F^D$. 2) $G_{xz}^K = 2,45$ kN/cm^2, $E_{xz}^K = 2,66$ kN/cm^2.

Aufgabe 7.08: 1) $P^* = 1295$N. 2) Stabknicken entscheidend: $S^* = 5748$N $\Rightarrow P_{zul} = 717$N.

Aufgabe 7.09: $F = 32000$ N $\Rightarrow P_{krit} = 18475$ N; Knittern entscheidend: $t_{SW} = 1,42$ mm.

Aufgabe 7.10: Stab 3 (Stabknicken entscheidend): $F = -4817$ N $\Rightarrow P_{krit} = 3406$ N; Stab 7: mit verschmiertem Modul $G^V = 70,71$ N/mm^2, $E^V = 353,56$ N/mm^2 $\Rightarrow t = 0,45$ mm aus Bemessung auf Stabknicken.

Kapitel 8:

Aufgabe 8.01: $1/\sqrt{r}$.

Aufgabe 8.02: Siehe Gl. (8.02)

Aufgabe 8.03: Siehe (8.3) und Gl. (8.02).

Aufgabe 8.04: Siehe (8.7).

Aufgabe 8.05: Siehe (8.13) und (8.11) mit Gl. (8.09).

Aufgabe 8.06: Siehe (8.14) und (8.15).

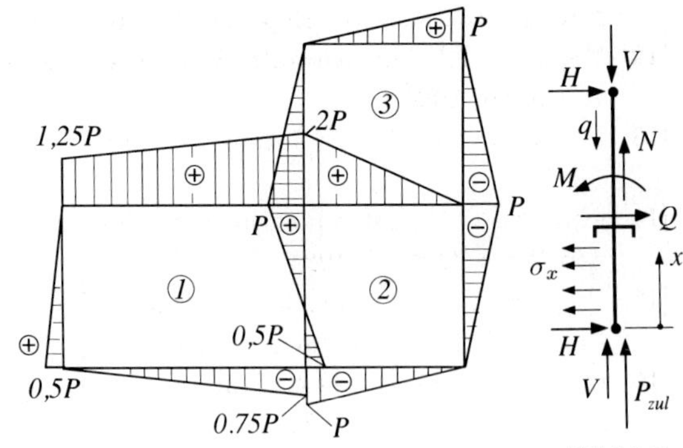

Bild 9.6

Bild 9.7

Aufgabe 8.07: $\Delta K > \Delta K_{th}$, $K_{max} < K_C$.

Aufgabe 8.08: Siehe Gl. (8.15); (8.18) und (8.19).

Aufgabe 8.09: Wenn $a \rightarrow a_C = K_o^2/(\pi\, Y^2(a_C)\,\sigma^2)$ mit $K_o = K(\sigma_{max})$.

Aufgabe 8.10: Siehe (8.23).

Aufgabe 8.11: $M = 4,139 \cdot 10^6$ Nmm.

Aufgabe 8.12: 1) $\gamma_B = 4,68$. 2) Riß wächst nicht! 3) $a = 8,50$ mm, Fehler $= 0,05$ mm.

Aufgabe 8.13: 1) $\gamma_B = 5,19$. 2) $N = 1,56 \cdot 10^8$.

Aufgabe 8.14: 1) $\gamma_B = 3,75$. 2) $N = 5,78 \cdot 10^7$.

Literatur

[1] Agarwal, B.D.; Broutman, L.J.: Analysis and Performance of Fiber Composites. John Wiley & Sons, New York-Chichester-Brisbane-Toronto-Singapore, 1990.

[2] Auli, W.: Statische und dynamische Stabilität elastischer Leichtbaukonstruktionen unter konservativer und nichtkonservativer Belastung. Heft ILFB-4/86 der Berichte aus dem Institut für Leichtbau und Flugzeugbau, TU Wien, 1986.

[3] Callodine, C.R.: Theory of Shell Structures. Cambridge University Press, Cambridge-New York-New Rochelle-Melbourne-Sydney, 1988.

[4] Czerwenka, G.; Schnell, W.: Einführung in die Rechenmethoden des Leichtbaus I und II. Bibliographisches Institut, Mannheim, 1970.

[5] DAST-Richtlinie 013 „Beulsicherheit für Schalen". Deutscher Ausschuß für Stahlbau, 1977.

[6] Dreyer, H.J.: Leichtbaustatik. B.G. Teubner, Stuttgart, 1982.

[7] Erlacher, K.: Die mittragende Breite bei der Biegung von Trägern. Heft ILFB-1/92 der Berichte aus dem Institut für Leichtbau und Flugzeugbau, TU Wien, 1992.

[8] Feigl, G.; Fischer, F.D.; Maurer, K.; Rammerstorfer, F.G.: „Empfehlungen zur Bruchmechanischen Bewertung von Fehlern in Konstruktionen aus metallischen Werkstoffen". 2. Aufl., Österr. Stahlbauverband, Wien, 1992.

[9] Gibson, L.J.; Ashby, M.F.: Cellular Solids: Structure and Properties. Pergamon Press, Oxford, 1988.

[10] Hertel, H.: Leichtbau, Springer-Verlag, Berlin-Heidelberg-New York, 1980.

[11] Kollar, L.; Dulacska, E.: Buckling of Shells for Engineers. John Wiley & Sons, New York-Chichester-Brisbane-Toronto-Singapore, 1984.

[12] Megson, T.H.G.: Aircraft Structures. Edward Arnold, London-Melbourne-Auckland, 1990.

[13] Murakami, Y.: Stress Intensity Factors Handbook. Pergamon Press, Oxford, 1987.

[14] Murray, N.W.: Introduction to the Theory of Thin-Walled Structures. Clarendon Press, Oxford, 1984.

[15] Niederstadt, G.: Leichtbau mit kohlenstofffaserverstärkten Kunststoffen. Expert-Verlag, Sindelfingen, 1985.

[16] ÖNORM B 4650, Teil 4 „Stahlbau; Beulung von Kreiszylinderschalen". Österr. Norm. Inst., Wien, 1977.

[17] Parkus, H.: Mechanik der festen Körper. Springer-Verlag, Wien, 1986.

[18] Peterson, R.E.: Stress Concentration Factors. John Wiley & Sons, New York-Chichester-Brisbane-Toronto-Singapore, 1974.

[19] Plantema, F.J.: Sandwich Construction. John Wiley & Sons, New York-London-Sydney, 1966.

[20] Rammerstorfer, F.G.; Dorninger, K.; Starlinger, A.: „Composite and Sandwich Shells". In „Nonlinear Analysis of Shells by Finite Elements" (Edt: Rammerstorfer, F.G.), Springer-Verlag, Wien-New York, 1992.

[21] Rammerstorfer, F.G.; Scharf, K.; Böhm, H.J.: „Eine kritische Betrachtung der Schubfeldtheorie". In ZAMM 67 (1987) 4, T133 - T136.

[22] Reckling, K.A.: Plastizitätstheorie und ihre Anwendung auf Festigkeitsprobleme. Springer-Verlag, Berlin-Heidelberg-New York, 1967.

[23] Resinger, F.; Grainer, R.: Erläuterungen zur ÖNORM B4650, Teil 4 „Stahlbau; Beulung von Kreiszylinderschalen". In ÖNORM 5 (1978), S37-41.

[24] Roark, R.J.; Warren, C.Y.: Formulas for Stress and Strain. McGraw Hill Inc., New York, 1975.

[25] Rooke, D.P.; Cartwright, D.J.: Compendium of Stress Intensity Factors. Hillington Press, Uxbridge, 1976.

[26] Rotter, J.M.; Seide P.: „On the Design of Unstiffened Shells Subjected to an Axial Load and Internal Pressure". In Procs. ECCS Colloquium on Stability of Plate and Shell Structures, Ghent Univ., 1987.

[27] Schapitz, E.: Festigkeitslehre für den Leichtbau. VDI-Verlag, Düsseldorf, 1963.

[28] Schwalbe, K.H.: Bruchmechanik metallischer Werkstoffe. Carl Hanser Verlag, München-Wien, 1980.

[29] Stamm, K.; Witte, H.: Sandwichkonstruktionen – Berechnung, Fertigung. Springer-Verlag, Wien-New York, 1974.

[30] Starlinger, A.: Development of Efficient Finite Shell Elements for the Analysis of Sandwich Structures under Large Deformations and Global as well as Local Instabilities. Dissertation TU Wien, VDI Forschungsberichte 18/93, VDI-Verlag, Düsseldorf, 1991.

[31] Troger, H.; Steindl, A.: Nonlinear Stability and Bifurcation Theory. Springer-Verlag, Wien-New York, 1991.

[32] Vinson, J.R.: The Behavior of Thin Walled Structures. Kluwer Academic Publications, Dordrecht-Boston-London, 1989.

[33] Vinson, J.R.; Sierakowski R.L.: The Behavior of Structures Composed of Composite Materials. Martinus Nijhoff Publ., Dordrecht-Boston-Lancaster, 1986.

[34] Weeton, J.W.; Peters, D.M.; Thomas, K.L.: Engineers' Guide to Composite Materials. American Society for Metals, Metal Park, OH, 1987.

[35] Wiedemann, J.: Leichtbau: Band 1 – Elemente; Band 2 – Konstruktion. Springer-Verlag, Berlin-Heidelberg-New York-Tokyo 1986 bzw. 1989.

[36] Ziegler, F.: Technische Mechanik der festen und flüssigen Körper. Springer-Verlag, Wien-New York, 1992.

[37] Ziegler, F.; Rammerstorfer, F.G.: „Thermoelastic Stability". In „Thermal Stresses III" (Edt. Hetnarski, R.B.), S.107-189, North Holland Publ. Comp., 1989.

[38] Zienkiewicz, O.C.; Taylor R.L.: The Finite Element Method, McGraw Hill Inc., London, 1989.

Sachverzeichnis